Armin Rohm (Hrsg.)

Change-Tools

Erfahrene Prozessberater präsentieren wirksame Workshop-Interventionen

managerSeminare Verlags GmbH, Bonn

Armin Rohm (Hrsg.)

Change-Tools

Erfahrene Prozessberater präsentieren wirksame Workshop-Interventionen

3. überarbeitete Auflage 2008
Endenicher Str. 282, D-53121 Bonn
Tel: 0228-977910, Fax: 0228-9779199
info@managerseminare.de
www.managerseminare.de

ISBN: 978-3-936075-39-7

Lektorat: Ralf Muskatewitz
Cover: Silke Kowalewski
Druck: Kösel GmbH & Co. KG, Krugzell

Inhaltsverzeichnis

Phase 3: Bearbeiten

Phase 4: Abschließen

Vorwort

Liebe Leserin, lieber Leser,

Als mir der Verlag managerSeminare anbot, die Umsetzung der „Change-Tools-Idee“ als Herausgeber zu betreuen, habe ich mir ganz bewusst drei Fragen gestellt und beantwortet:

1. Was erwarte eigentlich ich – als Leser – von einer Methodensammlung, damit ich mich sofort angesprochen fühle?
2. Was braucht es, damit ich das Buch nicht nur in die Hand nehme, sondern anschließend mit Freude lese?
3. Welche Anforderungen muss es erfüllen, damit ich es nach dem Lesen überzeugt und gerne weiterempfehle?

Angesprochen fühle ich mich, wenn das Thema des Buches einen konkreten Nutzen für mein berufliches Handeln verspricht. Angesprochen fühle ich mich auch, wenn die Namen der Autoren und/oder ihre Themen Kompetenz und Vielfalt verheißen.

Ob ich das Buch dann auch mit Freude lese, vielleicht sogar intensiv damit arbeite oder ob ich es nach wenigen Leseproben schnell und auf Dauer beiseite lege, ist ein anderes Thema. Die Beiträge müssen es schaffen, mich zu inspirieren und zum Handeln anzuregen. Das gelingt immer dann, wenn die Methoden bzw. die Art und Weise der Beschreibung einen gewissen Neuigkeitswert haben. Und sie sollten vollständig, klar und nachvollziehbar beschrieben sein. Ich möchte neugierig auf die Tools werden. Ich möchte sie dann auch direkt anwenden können, ohne erst ein zusätzliches Buch, einen Fragebogen oder eine Lizenz erwerben zu müssen.

Wenn das Buch darüber hinaus auch noch leserfreundlich strukturiert ist und sich die Methoden tatsächlich als Bereicherung für meine Arbeit erweisen – dann empfehle ich das Buch begeistert weiter.

Als Herausgeber war mir wichtig, diesen Ansprüchen gerecht zu werden. Noch mehr aber wünsche ich mir, dass die „Change-Tools“ Ihre Erwartungen erfüllen.

Die vorliegende Methodensammlung ist ein Praxishandbuch für Prozessmoderation. Die „Change-Tools" wenden sich insbesondere an Menschen, die sich professionell mit der Konzeption und Durchführung von Workshops beschäftigen.

Workshops sind Dienstleistungen, die auf der Basis eines sorgfältig geklärten Auftrags maßgeschneidert entwickelt werden müssen. Es gibt keine Patentrezepte nach dem Motto: „Man nehme ..." Dennoch haben die meisten Prozessbegleiter im Laufe der Zeit diverse Tools entwickelt, die sich bei ähnlichen Ausgangssituationen immer wieder zumindest in ähnlicher Weise anwenden lassen. Solche „Change-Tools" werden Ihnen in diesem Buch ausführlich vorgestellt. Erfahrene Profis präsentieren wirksame Workshop-Interventionen aus ihrer Praxis und gewähren spannende Einblicke in die methodische Vielfalt der Prozessmoderation. Die Beiträge bieten eine abwechslungsreiche Mischung aus Struktur und Prozess, aus Analyse und Synthese, aus Erlebnis und Ergebnis, aus Humor und Ernsthaftigkeit, aus Kreativität und Pragmatismus. Viele der vorgestellten Interventionen wurden bislang noch nicht oder nicht in dieser anwendungsorientierten Form veröffentlicht.

Die Methoden sind oftmals komplex und in der Umsetzung anspruchsvoll. Um mit den Tools seriös und erfolgreich arbeiten zu können, sollten Sie bereits über erste Erfahrungen in der Moderation von Gruppenprozessen verfügen. Noch wichtiger ist Ihr professionelles Selbstverständnis. Bei aller Vielfalt haben alle Tools eines gemeinsam: Sie dienen der Unterstützung der Klienten bei der Selbstdiagnose und beim Finden eigener Lösungen. Es geht also immer um Hilfe zur Selbsthilfe. Die Interventionen können nur dann die von den Autoren beschriebene positive Wirkung entfalten, wenn der Anwender aus einer entsprechenden Haltung heraus agiert und die Autonomie des Klientensystems jederzeit achtet.

Das Buch eignet sich meiner Überzeugung nach in idealer Weise für Prozessberater, Moderatoren, interne Prozessbegleiter, Organisationsentwickler und Projektmanager sowie für Teilnehmer und Absolventen von „systemischen" Ausbildungen.

„Change-Tools" beinhaltet viele nützliche Impulse für Ihre berufliche Praxis. Sie sind herzlich eingeladen, die für Sie passenden Interventionen anzuwenden und in Ihren individuellen „Werkzeugkoffer" zu integrieren.

Nun wünsche ich Ihnen viel Freude beim Lesen!

Ich danke allen, die zum Entstehen dieses Buches beigetragen haben:

- Den Autoren für ihre spannenden Beiträge und ihre Bereitschaft auch „methodische Geheimnisse" preiszugeben.
- Den „Testlesern" für ihre wertvollen Hinweise und die konstruktiven Verbesserungsvorschläge.
- Herrn Ralf Muskatewitz vom Verlag managerSeminare für die professionelle und angenehme Zusammenarbeit.
- Herrn Christopher Rauen, der als Herausgeber der „Coaching-Tools" ein Vorbild geschaffen hat, wie inhaltliche Vielfalt mit einheitlicher formaler Logik gepaart werden kann.

September 2006
Armin Rohm

Zum Aufbau dieses Buches

Analog zu den vier Phasen der Prozessmoderation besteht dieses Buch aus vier Kapiteln:

1. Anwärmen
2. Orientieren
3. Bearbeiten
4. Abschließen

Die vier Phasen beschreiben einen idealtypischen Workshop-Verlauf. Jede Phase ist sowohl sachlich als auch emotional bedeutsam.

Anwärmen

Die Situation eines Workshops unterbricht die betriebliche Alltagsroutine der Teilnehmer. Deshalb brauchen diese zu Beginn der Veranstaltung ausreichend Zeit, um das Tagesgeschäft loszulassen und „anzukommen". Die Phase *Anwärmen* dient dazu, eine angenehme Atmosphäre zu schaffen, die es den Teilnehmern ermöglicht, miteinander in Kontakt zu kommen und sich auf das Thema und die Ziele des Workshops einzustimmen. In dieser Phase werden beispielsweise die Erwartungen und Befürchtungen abgefragt, die Rollen der Beteiligten geklärt und erste kollektive „Aha-Erlebnisse" inszeniert.

Orientieren

Die Phase *Orientieren* hat die Aufgabe, das Thema des Workshops differenziert aufzubereiten, eine umfassende Beteiligung zu ermöglichen und eine gemeinsame Ausrichtung herzustellen. In dieser Phase werden Themen gesammelt, strukturiert, vernetzt und priorisiert. Gleichzeitig werden Ängste und Widerstände identifiziert und eine breite Akzeptanz für das Veränderungsthema hergestellt.

Bearbeiten

Die *Bearbeitungsphase* zielt darauf ab, Lösungsoptionen zu generieren und zu bewerten, konkrete Entscheidungen zu treffen und verbindliche Maßnahmen zu definieren. Auf der emotionalen Ebene geht es darum, Konsens herzustellen, bestehende Irritationen und Konflikte zu klären und die Übernahme von Verantwortung sicherzustellen.

Abschließen

Die Phase *Abschließen* führt den Workshop zu einem guten Ende. Die sachliche Funktion besteht in der Unterstützung des Praxistransfers und in der gemeinsamen Auswertung des Workshops. Gleichzeitig wird persönliches Feedback ermöglicht, die Selbstverpflichtung der Akteure verstärkt, das Engagement gewürdigt und eine gemeinsame Aufbruchstimmung erzeugt.

Wie lange die einzelnen Phasen in der Praxis dauern und ob dabei eher sachliche oder emotionale Aspekte im Vordergrund stehen, ist abhängig vom Thema und von der Zielsetzung des Workshops, von der Gesamtdauer der Veranstaltung, von den Interessen und Befindlichkeiten der Beteiligten und von der vorherrschenden Workshop-Kultur.

In diesem Buch ist jedes Change-Tool einer dieser vier Phasen zugeordnet. Dabei bezieht sich die Zuordnung immer auf das vom Autor beschriebene Beispiel. Einige Tools können durchaus auch in anderen Prozessphasen eingesetzt werden. Verstehen Sie deshalb die vier Kapitel bitte lediglich als grobe Orientierung. Beachten Sie bitte auch, dass sich die Zuordnung auf die Workshop-Phase und nicht auf die entsprechende Phase im Change-Prozess bezieht. Es ist durchaus möglich, dass zum Beispiel ein Tool zur Erarbeitung von Visionen im Kapitel „Bearbeiten" zu finden ist, obwohl es in Bezug auf den gesamten Veränderungsprozess eher zur Phase „Orientieren" gehört.

Jedes Kapitel beginnt mit einer Übersichtstabelle und einer kurzen „Anmoderation". Die Tabelle gibt dem Leser einen ersten Impuls, zu welchen Anlässen die einzelnen Tools sinnvoll einsetzbar sind und stellt zudem die bevorzugten Kontexte der Autoren vor. Die „Anmoderation" stellt die Autoren und ihre Beiträge kurz vor.

Struktur der Tools

Alle Toolbeschreibungen folgen einer klaren, einheitlichen formalen Logik. Sie lehnen sich dabei weitgehend an die Struktur der von Christopher Rauen herausgegebenen „Coaching-Tools" an:

- Ein *Zeitstrahl* deutet die ungefähre relative Dauer des Tools und die Position in der Gesamt-Dramaturgie an.
- Danach erfahren Sie den *Namen des Autors* sowie die *Bezeichnung des Tools*.
- Eine *Kurzbeschreibung* bringt in wenigen Sätzen auf den Punkt, worum es bei dem jeweiligen Tool geht.
- Die *Dauer* gibt an, wie viel Zeit die praktische Anwendung der Methode ungefähr erfordert (ohne Vorbereitungszeit).

- In der Rubrik *Anwendungsbereiche* beschreiben die Autoren, in welchem Kontext (z.B. Prozessoptimierung, Teamentwicklung, ...) und in welchen spezifischen Ausgangssituationen (z.B. Polarisierung in Teams, Umsetzung einer beschlossenen Veränderung, ...) die Tools bevorzugt eingesetzt werden können.
- Unter *Zielsetzung/Nutzen* wird beschrieben, was die Anwendung des Tools konkret bewirkt (sachlich, emotional, systemisch).
- Anschließend folgt eine *ausführliche Beschreibung*. Bezogen auf einen konkreten Kontext oder entlang eines Beispiels beschreiben die Autoren Schritt für Schritt den genauen Ablauf und die methodischen „Feinheiten“, die für eine erfolgreiche Inszenierung wesentlich sind.
- In der Rubrik *Voraussetzungen/Kenntnisse* folgen Hinweise, welche Fähigkeiten oder Erfahrungen der Berater benötigt, um mit dem Tool professionell arbeiten zu können.
- Unter *Kommentar/Erfahrungen* geben die Autoren nützliche, ergänzende Hinweise (z.B. über Variationsmöglichkeiten, mögliche Schwierigkeiten, persönliche Erfahrungen, ...).
- Die *technischen Hinweise* beziehen sich auf die optimale Gestaltung der Rahmenbedingungen (z.B. räumliche Voraussetzungen, benötigte Medien und Materialien, Vorbereitung von Visualisierungen, ...).
- Die Rubrik *Quellen/Weiterführende Literatur* rundet den Beitrag ab. Hier finden Sie insbesondere Informationen zum theoretischen Hintergrund der Methode.

Die „Change-Tools“ wenden sich ausdrücklich an Leserinnen und Leser gleichermaßen. Wir bitten die Leserinnen um Verständnis dafür, dass wegen des besseren Leseflusses durchgängig die männliche Sprachform verwendet wird.

Phase 1

Anwärmen

Die Tools im Überblick:

	Projektarbeit	Problemlösung	Visions-/Zielfindung	Strategieentwicklung	Strategieumsetzung	Prozessoptimierung	Strukturentwicklung	Arbeit an der Unternehmenskultur	Teamentwicklung	Konfliktklärung
Wo, bitte, geht's nach Norden?		●	■	●	●	●	●	●	●	●
Magische Dreiecke			●	●	●	●	●	●	●	
World Café	●	●	●	●	●	●	●	●	●	
Der frühe Blick auf Gelungenes	●	●		●		●	●		■	●
Kaskadengespräch		●						●	●	●
Dienstalterpolonaise			■				●	■	●	
Fast Networking		●	●	●	●		●	●		
„Kohlköpfe" identifizieren					■	●	●			
Chef-Interview		●	●	●	●	●	●	●	■	■

● = Anwendungsmöglichkeit(en)

■ = bevorzugter Kontext des Autors

Katja Vittinghoff stellt ein Tool vor, das gleich zu Beginn eines (Großgruppen-)Workshops einen kollektiven „Aha-Effekt" auslöst. *„Wo, bitte, geht´s nach Norden?"* ist eine humorvolle Intervention, welche die Teilnehmer aktiviert und für eine gemeinsame Ausrichtung sorgt.

Armin Rohm präsentiert eine interaktive Übung, welche die wechselseitigen Beziehungen und Abhängigkeiten in Organisationen auf spielerische Weise sichtbar macht. Die *„Magischen Dreiecke"* sensibilisieren frühzeitig für die „unerwünschten Nebenwirkungen" von Veränderungsprozessen.

Josef W. Seifert beschreibt das *„World Café"* – eine Methode, die eine angenehme, lockere Atmosphäre erzeugt und auch große Gruppen bis 200 Personen schnell in einen intensiven Austausch bringt.

Dr. Peter Röhrig zeigt, wie die persönlichen Ressourcen, Stärken und Talente der Teilnehmer gezielt „aufgespürt" und positiv verstärkt werden können. *„Der frühe Blick auf Gelungenes"* setzt Energien frei und sorgt für ein Klima der Verbundenheit.

Das von Ralf Besser vorgestellte *„Kaskadengespräch"* ermöglicht es, die kulturellen Themen einer Organisation spielerisch und effektiv zu erarbeiten. Eine Abfolge von Rollenspielen bringt die im System vorhandenen, unterschiedlichen Sichtweisen auf kreative Weise auf den Punkt.

Armin Rohm beschreibt die *„Dienstalterpolonaise"*. Das Tool hilft den Teilnehmern, sich an die prägenden, historischen Ereignisse in ihrer Organisation zu erinnern und die jeweiligen Auswirkungen auf die Unternehmenskultur zu verstehen.

„Fast Networking" sorgt für einen dynamischen Einstieg in das Thema des Workshops. Iris Wenck beschreibt, wie in Form von „Mini-Interviews" das relevante Wissen aller Teilnehmer abgefragt, verdichtet und visualisiert, und ganz nebenbei eine gute Arbeitsatmosphäre erzeugt werden kann.

Dr. Susanne Klein stellt eine Methode vor, welche die professionelle Balance von Bewahren und Verändern fördert. *„Kohlköpfe identifizieren"* hilft den von einer Veränderung betroffenen Führungskräften, unverzichtbare Abläufe herauszufinden und nicht mehr zeitgemäße Routinen loszulassen.

Das *„Chef-Interview"* bietet sich an, wenn auf Grund der Person oder der Rolle des Chefs zu befürchten ist, dass emotionale Themen die zu bearbeitenden Sachthemen überlagern. Rolf Balling zeigt, wie der Chef durch einfühlsame und direkte Befragung als Person und in seinen Absichten/Befürchtungen deutlich gemacht werden kann.

Wo, bitte, geht's nach Norden?

Von Katja Vittinghoff

Anwärmen	Orientieren	Bearbeiten	Abschließen

Kurzbeschreibung

Zur erkenntnisreichen und humorvollen Auflockerung von Großgruppenformaten ist diese Sequenz ein kleines Juwel. „Wo, bitte, geht's nach Norden?" eignet sich gut für mehrtägige Workshops mit Gruppen ab ca. 20 Personen. Mit geringem medialen Aufwand wird deutlich, wie sich Gruppen implizit austauschen und sich selbst organisieren – kollektiver Aha-Effekt inklusive.

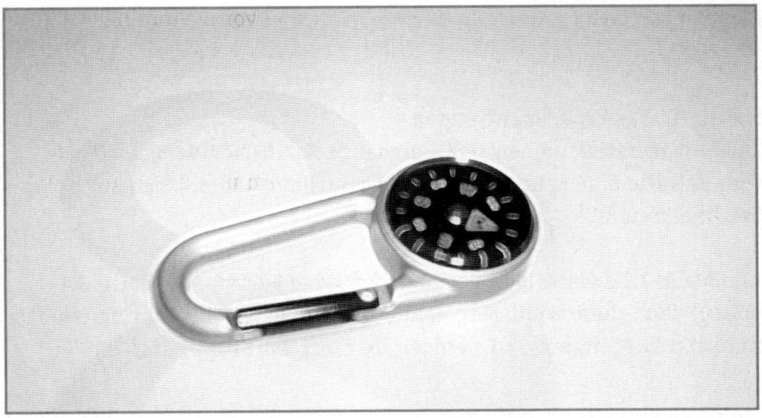

Dauer

Das Tool eignet sich besonders für den Einsatz in ein- bis dreitägigen Workshops. Die Durchführung erfolgt in zwei bis drei Sequenzen und dauert jeweils ungefähr fünf Minuten.

Anwendungsbereiche

„Wo, bitte, geht's nach Norden?" ist geeignet, wenn Sie ...

- einen lockeren Einstieg wählen möchten,
- eine (Groß-)Gruppe nach einer längeren Phase des Zuhörens aktivieren wollen,

- die Aufmerksamkeit einer Gruppe fokussieren möchten,
- die überleitende Moderation zwischen zwei Programmpunkten auflockern möchten,
- den Eindruck haben, dass es in der Gruppe ein Minimum an Bereitschaft gibt, etwas Neues auszuprobieren und es in Ordnung ist, gemeinsam zu lachen.

Zielsetzung/Nutzen

In Veränderungsprozessen geht es oft darum, dass heterogene Gruppen schnell handlungsfähig werden sollen. Selten teilen diese Gruppen eine gemeinsame Geschichte, geschweige denn eine gemeinsame Kultur, und trotzdem gilt es, aus dem Stand heraus leistungsfähig zu sein. Eine verbreitete Vorannahme ist es hierbei, dass solche Prozesse viel Energie und Zeit verschlingen.

„Wo, bitte, geht´s nach Norden?" macht deutlich, wie leicht es gelingen kann, sich gemeinsam auszurichten. Der Clou dieser kurzen Sequenz besteht darin, dass das Prinzip weder vorab erklärt noch pädagogisch anmoderiert wird. Stattdessen ist die Gruppe eingeladen, eine spontane Erfahrung zu machen und am eigenen Leibe zu erleben, wie wenig kraftaufwendig es sein kann, sich als Gruppe zu fokussieren.

Ausführliche Beschreibung

Schritt 1: Das Experiment wagen

Zur Anmoderation eignen sich Übergänge zu Themen wie: „Sich als Gruppe auf ein gemeinsames Ziel konzentrieren" oder: „Sich auf hoher See orientieren".

Am Besten, Sie vermeiden personenbezogene Metaphern (Lotse, Kapitän), denn diese würden zu sehr die taktangebende Funktion einer Autorität suggerieren und weniger die Kraft der Gruppe stärken.

Ein Beispiel: In einer Serie von Moderationen mit je 100 Personen pro zweitägigem Workshop platzierten wir „Wo, bitte, geht's nach Norden?" vor dem ersten Fachvortrag des ersten Tages und bereiteten den Gastredner auch dementsprechend vor.

Sie bitten die Gruppe, jetzt ganz mutig/sportlich/abenteuerlustig zu sein und aufzustehen. Allein die Einladung, die Augen zu schließen, kann für einige Unternehmenskulturen eine große Herausforderung sein, so dass bereits dieser Schritt lobend verstärkt werden kann. Sie bitten die Teilnehmerinnen und Teilnehmer, langsam mit einem Finger deutlich in die Richtung zu zeigen, in der für sie Norden liegt. Hier können Sie gut die Subjektivität hervorheben und damit den Trost vorausschicken, der die anschließende Unterschiedlichkeit gut begleiten kann. Dann machen Sie es spannend und geben das Zeichen zum Augenöffnen, lachen verständnisvoll mit und bitten die Gruppe, sich im Raum umzusehen und die derzeitige Variantenvielfalt wahrzunehmen.

Bei unserem Kunden war es hilfreich, die Gruppe zu ermutigen, die Finger noch einige Sekunden ausgestreckt zu halten, bis sich alle umsehen konnten. Auch kann es gut sein, die Bandbreite an Fingerzeigen zur Kreativität umzudeuten.

Mit diesen Impressionen moderieren Sie zum nächsten Tagesordnungspunkt und zwar so, dass die Gruppe ihr „Gesicht wahren" kann: *„Und mit dieser Vielfalt an Himmelsrichtungen können wir uns nun gut dem Thema xy widmen …"*

Schritt 2: Den Zauber sichtbar machen
Am nächsten Tag – und das kann wie zufällig in den Sinn kommend anmuten – fragen Sie die Gruppe erneut, wo denn heute für sie Norden sei. Die „schlanke Version" kann sitzend stattfinden, die „Vollversion" wie am Vortag im Stehen. Dann bitten Sie einige Teilnehmer, öffentlich zu vermuten, wie die Gruppe es geschafft hat, sich ohne Absprache einheitlich auszurichten. Ebenfalls kann ein wertschätzender Kommentar oder ein kurzes Zwiegespräch der Moderatoren die Leistung der Gruppe hervorheben.

In unserem Beispiel wählten wir die Kombination aus Wertschätzung, Kurzerklärung und Überleitung zum nächsten Thema: *„Gratulation, wie haben Sie das denn geschafft? … Wenn wir mal annehmen, dass Sie heute Nacht keinen Geografie-Workshop besucht haben, ist es erstaunlich, wie eine interessante Frage und die Möglichkeit oder die Bereitschaft, sich auszutauschen ausreicht, um sich in so einer großen, heterogenen Gruppe gemeinsam auszurichten und sich selbst eine gemeinsame Orientierung zu schaffen … Was könnte denn für Sie bei den folgenden Umsetzungsschritten eine gute Orientierung darstellen?"*

Schritt 3: Das Erlebnis vertiefen
Innerhalb der Abschlussphase eines Workshops kann „Wo, bitte, geht's nach Norden?" erneut eingesetzt werden. In dieser Situation ist allerdings der Aha-Effekt kleiner, da die Gruppe bereits eine homogene Richtungsangabe erwartet. Deswegen ist es hier wichtig zu verstehen,

dass sich der Zweck dieser nochmaligen Frage geändert hat. Wenn es zu Beginn darum ging, konstruktiv zu überraschen und die Kraft der Selbstorganisation einer Gruppe erkennen zu lassen, so besteht der jetzige Sinn der Fragestellung darin, das positive Erleben und die Erinnerung daran zu verstärken.

Mein Lieblingsrezept für Lernprozesse braucht drei Zutaten: Irritation, emotionale Bedeutung und Wiederholung. Hierin liegt der Schlüssel, um Lernerfahrungen zu vertiefen. Doch Vorsicht! Bevor Sie ein drittes Mal die gleiche Frage stellen, beobachten Sie genau, welchen „Gruppenzustand" Sie gerade verankern. Sollte die Gruppe nur auf Überraschungen positiv reagieren und noch keine Beobachtungsgabe für Unterschiede entwickelt haben, belassen Sie es lieber bei der zweiten Fragesequenz. Denn wir befinden uns hier in einem Workshop und nicht in einer Fortbildung, in der Erlebtes reflektiert wird und Meta-Kommunikation als zusätzlicher Erkenntnisquell dient.

Folgende Anzeichen helfen Ihnen, sich für ein drittes „Wo, bitte geht's nach Norden?" zu entscheiden:

- Die Stimmung bei der zweiten Beantwortung war lebhaft, interessiert und humorvoll.
- Die Gruppe registriert aufmerksam Veränderungen und interpretiert diese wertschätzend.
- Ihre Metaphern (z.B. Kurssetzen, hohe See, Pfadfinder etc.) werden durch mehrere Gruppenteilnehmer aufgenommen und vielleicht sogar weiterentwickelt.
- Der Workshop ist gut gelaufen und die Gruppe erlebt sich gerne als Gemeinschaft.

Wenn Sie diese oder ähnliche Kriterien erfüllt sehen, ist die Bahn frei für „Norden, die Dritte".

Voraussetzungen/ Kenntnisse

Für den Fall, dass Teilnehmer oder Auftraggeber erfahren möchten, wie es denn sein kann, dass bei der zweiten Befragung die Gruppe in Richtung Norden zeigt, können Grundkenntnisse der Chaostheorie nützlich sein. Ansonsten reicht es vollkommen aus, das Ergebnis für sich sprechen zu lassen.

Für Interessierte: Das Zauberwort hierbei heißt „Selbstorganisation" (und hiermit sind keine Techniken des Zeitmanagements gemeint!). Selbstorganisation beschreibt die Fähigkeit einer Gruppe, durch stabile

Rahmenbedingungen und gleichzeitig freier Beweglichkeit die Handlungsfähigkeit in komplexen Anforderungen zu unterstützen – eine Fähigkeit, deren Bedeutung für das Gelingen von Veränderung Gold wert ist.

Übertragen auf unsere Großgruppe bedeutet dies, dass es „nur" klare und über die Workshop-Dauer verlässliche Rahmenbedingungen braucht (Saal/Raum, Rollen der Moderatoren, Workshop-Zeiten, Fragestellung) und kulturelle Regeln, die oft implizit sind (z.B.: „Wir tauschen uns in den Pausen aus, wir möchten erfolgreich sein und das auch zeigen"). Wenn diese Voraussetzungen gegeben sind, organisiert sich eine Gruppe wie von selbst. Und ohne, dass es eines Kurzvortrags oder einer Nachhilfestunde in Geografie bedarf, verbreitet sich die Kenntnis mühelos – und kann einfach durch die zweite Befragung transparent gemacht werden.

Durch diesen Zusatz unterscheidet sich diese zweiteilige Variante von der einfachen Variante, in der die Gruppe lediglich einmal gebeten wird, in Richtung Norden zu zeigen. Wie beim Lotto, gewinnt die Gruppe – oder sie verliert. Beide Möglichkeiten sind eher simple Abfragen, die keinen Prozess ermöglichen.

Erst die mindestens zweimalige Frage verdeutlicht die Kraft der Gruppe,
- sich zu entwickeln, und dass es in Ordnung ist, sich zu zeigen,
- sich zu vernetzen, ohne dass es Einzelnen auffällt,
- sich mühelos auszurichten.

Kommentar/ Erfahrungen

Bereiten Sie sich darauf vor, dass Sie nach der ersten Fragerunde um die Auflösung gebeten werden. In dieser Situation gilt es, freundlich die Balance zu halten zwischen Kontakthalten zur Gruppe und dem standhaften Nicht-Beantworten der Frage, wo es denn nach Norden geht. Dieses Offenlassen ist wichtig, damit die Spannung bestehen bleibt und sich die Gruppe bis zur zweiten Fragerunde weiterhin untereinander austauscht. Mögliche Reaktionen könnten sein: *„Ja, wo mag denn wohl Norden sein...?"*; *„Ja, das glaube ich, dass Sie das gerne herausfinden möchten!"* Sollte die Gruppe (was sehr selten vorkommt)

bei der zweiten Frage nur wenige „Treffer" mehr landen als bei der ersten, können Sie auch einen (symbolischen) Preis in Aussicht stellen und zum Ende des Workshops ein drittes Mal die Frage beantworten lassen. Für die dritte Frage kann die Gruppe zur Beantwortung auch sitzen bleiben.

Die beliebtesten Fehler von „Wo, bitte, geht's nach Norden?" sind:
- Nur einmal zu fragen
- Die Teilnehmer zu befragen, warum sie gerade in diese Richtung zeigten
- Die Frage „Wo, bitte, geht's nach Norden?" selbst zu beantworten oder sie durch jemand anderen beantworten zu lassen
- Zu glauben und zu vermitteln, der Sinn der Frage läge in deren Beantwortung

Technische Hinweise

Räumliche Voraussetzungen:
Die Teilnehmer sollten bequem aufstehen können. Im Prinzip kann die Übung aber auch im Sitzen erlebt werden.

Vorbereitung:
Die Nichtpfadfinder unter uns benötigen einen Kompass.

Quellen/ Weiterführende Literatur

- Hermann Haken (1995). Erfolgsgeheimnisse der Natur. Synergetik: Die Lehre vom Zusammenwirken. Reinbek bei Hamburg: Rowohlt.
- Katja Vittinghoff (2001). Zehn Gebote für Beratung. In: Doering/ Doering. Von der Sensorischen Integration zur Entwicklungsbegleitung. Dortmund: Borgmann Publishing. Seiten 210- 233.
- Katja Vittinghoff/Silke Katterbach (2002). Entwicklung durch Störung – Die Bedeutung von Instabilität in Lernprozessen. In: Doering/Doering (Herausgeber). Störe meine Kreise nicht ... . Dortmund: Borgmann Publishing. S. 147-159.

Magische Dreiecke

Von Armin Rohm

Anwärmen	Orientieren	Bearbeiten	Abschließen

Kurzbeschreibung

Das Tool „Magische Dreiecke“ ist eine interaktive, systemische Einstiegsübung für Gruppen zwischen 10 und 30 Personen. Es verdeutlicht spielerisch die wechselseitigen Beziehungen und Abhängigkeiten in Organisationen. Die Teilnehmer entwickeln Verständnis für die oft überraschenden „Nebenwirkungen“ von Veränderungsprojekten und für die Notwendigkeit breiter Beteiligung.

Dauer

Die Übung dauert zwischen 30 und 60 Minuten. Die Dauer ist abhängig von der Gruppengröße, der Anzahl der inszenierten Prozessschritte, der Intensität der Auswertung – und vom Zufall.

Anwendungsbereiche

Die Methode bietet sich an, wenn die Teilnehmer eines Workshops aus verschiedenen Unternehmensbereichen und/oder aus unterschiedlichen Standorten der Organisation stammen. In der hier vorgestellten Version passt das Tool besonders in die Startphase von komplexen Veränderungsvorhaben. Es kann im Kontext von Prozessoptimierung oder Strukturentwicklung ebenso verwendet werden wie im Rahmen von Visionsfindungs- oder Strategieentwicklungsprozessen.

Zielsetzung/Nutzen

Die Methode sorgt dafür, dass die Teilnehmer in einem ruhigen Prozess die Komplexität der Veränderungsdynamik in Organisationen live erleben und spüren können. Sie erkennen, wie das Verhalten der Kollegen ihr eigenes Verhalten beeinflusst und umgekehrt. Der systemische Gedanke, dass jede Ursache zugleich Wirkung und jede Wirkung zugleich Ursache ist, wird bei dieser Übung offensichtlich. Die Übung fördert das kollektive, vernetzte Denken.

Die Teilnehmer erleben das Wechselspiel von Balance und Veränderung. Um von einer Phase der Balance zu einer nächsten Phase der Balance zu gelangen, ist Veränderung und Bewegung notwendig, und zwar in der Regel im gesamten System. Es wird deutlich, wie scheinbar kleine Eingriffe oftmals enorme Auswirkungen im System haben können.

Ausführliche Beschreibung

Das Tool kommt zu Beginn des Workshops zum Einsatz, vor – oder noch besser anstatt – der üblichen Begrüßungszeremonie. Bei zwölf Teilnehmern wird eine große, freie Fläche von mindestens 80 Quadratmetern benötigt. Am einfachsten ist die Durchführung in der freien Natur.

Der Einsatz des Tools wird im Folgenden anhand eines Kick-off-Workshops zur Restrukturierung einer Non-Profit-Organisation beschrieben. Am Workshop nehmen Führungskräfte aus allen Fachbereichen teil.

Schritt 1: „Magische Dreiecke" erzeugen

Wenn alle Teilnehmer anwesend sind, bittet der Berater die Gruppe nach draußen. Er begrüßt sie kurz, nennt seinen Namen und erläutert seine Rolle. Er erklärt, dass er die Veranstaltung gerne mit einem kleinen Experiment beginnen möchte. Zu diesem Zweck sollen sich die Anwesenden zunächst in einem Kreis von etwa zehn Metern Durchmesser aufstellen.

Dann erteilt er folgende Instruktion: *„Suchen Sie sich bitte aus dem versammelten Teilnehmerkreis zwei Personen aus, und zwar schweigend und absolut ‚konspirativ'. Niemand außer Ihnen darf wissen, wer die auserwählten Personen sind."* Der Berater wartet kurze Zeit und erfragt dann, ob jeder zwei „Zielpersonen" ausgesucht hat. Wenn nicht, gibt er nochmals eine Minute Zeit, um dies zu tun. Dann fährt er fort: *„Ihre Aufgabe ist es nun – immer noch schweigend, diskret und völlig unverdächtig – mit den beiden Personen Ihrer Wahl ein gleichseitiges Dreieck zu bilden. Die Seitenlänge des Dreiecks kann beliebig lang sein. Das Experiment ist zu Ende, wenn die gesamte Gruppe ein stabiles Gleichgewicht erreicht hat und tatsächlich jeder mit ‚seinen' beiden Zielpersonen ein gleichseitiges Dreieck bildet. Sie sind also erst dann erfolgreich, wenn alle Akteure die gestellte Aufgabe bewältigt haben – und zwar gleichzeitig."*

Jetzt setzen sich die Teilnehmer stumm in Bewegung und orientieren sich dabei an den Bewegungen der beiden ausgewählten Kollegen. Die eigenen Bewegungen lösen ebenfalls Bewegungen bei weiteren Teilnehmern aus, zumindest dann, wenn man selbst auch als „Zielperson" ausgewählt wurde. Meist versucht die Gruppe, das „Problem" zu Beginn auf engstem Raum zu lösen, bis dann einige den Rahmen bewusst erweitern, indem sie mit großen Dreiecken ihr Glück versuchen. Je nach Teilnehmerzahl dauert es meistens drei bis zehn Minuten, bis ein stabiles Gleichgewicht erreicht ist.

Abb.1:
Das System in Balance

Wenn die Aufgabe gelöst ist, bittet der Berater die Teilnehmer, an ihrem derzeitigen Platz stehen zu bleiben. Jetzt darf wieder gesprochen werden. Der Berater stellt dann einige Auswertungsfragen, beispielsweise:

- *Was wurde bei diesem Experiment deutlich?*
- *Wie haben Sie Ihre Rolle erlebt?*
- *Was hat das Ganze mit unserem Workshop zu tun?*

Die Fragen sollen nicht zu sehr ins Detail gehen. Es geht an der Stelle (noch) nicht um eine präzise Analyse, sondern eher darum, erste Impulse und Stimmungen aufzunehmen. Der Berater bittet deshalb auch ausdrücklich um kurze Statements.

Schritt 2: Beraterintervention(en) und Reorganisation(en)
Der Berater inszeniert nun „typische Eingriffe" in das System. Er verändert zum Beispiel die Positionen einzelner Akteure oder gibt neue Regeln vor. Die Gruppe muss jeweils auf die Interventionen reagieren, mit dem Ziel, die Balance des Systems wiederherzustellen. Sinnvollerweise kommentiert der Berater seine „Eingriffe" und stellt dabei Bezüge zur Alltagswirklichkeit des Klientensystems her.

Beispiel-Intervention 1: Stilllegung eines Unternehmensbereichs
Der Berater erklärt: *„Alle bislang intern ergriffenen Maßnahmen waren leider nicht ausreichend, um die schwierige Lage Ihrer Organisation nachhaltig zu entspannen. Sie haben deshalb ein externes Beratungsunternehmen beauftragt, konkrete Vorschläge zur Optimierung Ihrer Prozesse und Strukturen zu erarbeiten. Schnell gibt es eine erste Lösung: die Wäscherei erwirtschaftet seit Jahren Verluste. Sie sind in diesem Bereich nicht wettbewerbsfähig, deshalb wird die Wäscherei geschlossen und das dort beschäftigte Personal freigesetzt."*

Der Berater entfernt nun ein komplettes Dreieck aus dem System. Er spricht einfach einen beliebigen Teilnehmer als „Leiter der Wäscherei" an, und bittet ihn, aus dem Experiment auszusteigen und seine beiden Bezugspersonen mitzunehmen. Sie haben ab sofort eine beobachtende Funktion. Die restlichen Teilnehmer erhalten nun den Auftrag, erneut die Balance des Systems herzustellen. *„Diejenigen unter Ihnen, die mit einer oder gar zwei Personen der Wäscherei ein Dreieck gebildet haben, suchen sich bitte neue Kontaktpersonen und bilden neue gleichseitige Dreiecke."*

Die Gruppe setzt sich erneut in Bewegung, um nach einiger Zeit wieder ihr Gleichgewicht zu finden. Danach bittet der Berater die Teilnehmer wieder um kurze Statements:
- *Was hat die Schließung der Wäscherei verändert?*
- *Wer ‚musste' sich bewegen, und wer nicht?*
- *Wie haben die ‚Kollegen aus der Wäscherei' in ihrer Beobachterrolle den Prozess erlebt?*
- *Wo befanden sich die Bezugspersonen der Abteilung Wäscherei vor der Intervention und wo befinden sie sich jetzt? Wie viel Veränderung hat stattgefunden?*

Beispiel-Intervention 2: Fluktuation
Der Berater inszeniert einen weiteren Eingriff in das „Restsystem": *„Die Schließung der Wäscherei sorgt für massive Verunsicherung in der Belegschaft und im Führungskreis. Es besteht die Sorge, dass weitere Abteilungen geschlossen werden könnten. Der Leiter der Holzwerkstatt und der Küchenchef verlassen das Unternehmen und wechseln zum Wettbewerber."*

Der Berater wählt zwei Akteure aus und bittet sie, aus dem Experiment auszusteigen. Die restlichen Teilnehmer werden wieder aufgefordert, sich – falls notwendig – wieder neue Bezugspersonen zu suchen und ein letztes Mal die gleichseitigen Dreiecke zu bilden.

Nachdem das Gleichgewicht wieder erreicht ist, lässt der Berater noch kurze Statements zu und leitet dann zügig zur Auswertung der Übung und zum Transfer in die Praxis über.

Schritt 3: Austausch
Der Berater bittet die Teilnehmer, sich zu Paaren zusammenzufinden (bei ungerader Teilnehmerzahl gibt es auch eine Dreiergruppe). *„Tauschen Sie sich bitte mit Ihrem Gesprächspartner zu der Frage aus: ‚Was war meine wichtigste Erkenntnis bei diesem Experiment?' Schreiben Sie bitte Ihre jeweilige Antwort in wenigen Worten auf eine Moderationskarte."*

Der Berater gibt den Paaren fünf Minuten Zeit für diesen Schritt. Dann bittet er die Teilnehmer, sich einen „neuen" Gesprächspartner zu suchen und mit ihm die Frage zu diskutieren: *„Worauf müssen wir bei dem anstehenden Veränderungsprozess vor allem achten?"* Die Teilnehmer erhalten wieder fünf Minuten Zeit und jeder schreibt seine wichtigste Botschaft in Form einer kurzen Aussage auf eine Moderationskarte.

Schritt 4: Auswertung
Der letzte Prozessschritt findet dann im Seminarraum statt. Auf zwei vorbereiteten Pinwänden sind die beiden Leitfragen aus Schritt drei visualisiert. Der Berater bittet die Teilnehmer zu den Pinwänden zu kommen. Die Teilnehmer kommentieren kurz, was ihre wichtigsten Erkenntnisse bei der Übung waren und pinnen ihre Karten auf die Pinwände. Sie sprechen dabei immer zu ihren Kollegen – nicht zum Moderator. Falls sich die Teilnehmer (zumindest teilweise) noch nicht persönlich kennen, kann an der Stelle auch die Vorstellungsrunde integriert werden, indem die Teilnehmer zusätzlich ihren Namen, ihre Funktion bzw. den Standort, an dem sie tätig sind, nennen.

Danach wiederholt der Berater die Leitfrage der zweiten Pinwand. *„Worauf müssen wir bei dem anstehenden Veränderungsprozess vor allem achten?"* Die Teilnehmer erklären in wenigen Worten ihre Einstellung zu diesem Thema und pinnen ihre Karten an.

Nach einer kurzen Pause kann dann die Themenfindung für den Workshop beginnen. Die beiden Pinwände bleiben während des gesamten Workshops sichtbar im Raum stehen. Oft haben die visualisierten Aussagen den Charakter von „Leitlinien für Change-Prozesse". Der Berater und die Teilnehmer können sich während der praktischen Arbeit später immer wieder auf diese Erkenntnisse beziehen. Dies kann dann sinnvoll sein, wenn Maßnahmen zur Bearbeitung in Projektteams delegiert werden und der Berater überprüfen will, ob tatsächlich die „richtigen" Personen beteiligt wurden, oder auch, wenn die voraussichtlichen Auswirkungen bestimmter Maßnahmen reflektiert werden sollen.

Voraussetzungen/ Kenntnisse

Die Durchführung der Übung erfordert je nach Zielsetzung unterschiedliche Fähigkeiten des Beraters. Soll „nur" verdeutlicht werden, dass alles irgendwie mit allem zusammenhängt, ist es möglich, nur Schritt 1 durchzuführen. Hierzu sind keine besonderen Kenntnisse notwendig. Soll aber im Rahmen der hier beschriebenen „XL-Version" ein tiefer gehendes Verständnis für systemische Wechselwirkungen erzeugt werden und sollen die Teilnehmer für den angemessenen Umgang mit Komplexität in Veränderungsprozessen sensibilisiert werden, dann benötigt der Berater fundierte systemische Kenntnisse, insbesondere um die „richtigen" Fragen zu generieren und Impulse für die Interpretation der Interventionen zu liefern.

Kommentar/ Erfahrungen

In der „Light-Version" (nur Schritt 1) können die „magischen Dreiecke" als Einstieg bei nahezu jedem beliebigen Workshop-Thema genutzt werden. Im Rahmen von Teamentwicklungen ist es durchaus möglich, das Tool einfach „just for fun" als interaktiven Einstieg ohne tiefgründige Auswertung zu inszenieren.

Wenn sich der Berater für die „XL-Version" entscheidet, dann sollte es im Workshop auf jeden Fall um ein komplexes Thema gehen, das viele Bereiche betrifft und vermutlich weit reichende Veränderungen auslösen wird.

Besonders „erhellend" sind die „Magischen Dreiecke" in Ausgangssituationen, in denen die verantwortlichen Entscheider die Komplexität ihres Vorhabens und die Tragweite der Veränderungen tendenziell unterschätzen. Hier kann das Tool dazu beitragen, dass die Entscheider nochmals ihre Vorstellungen hinsichtlich Zeitplan, Bereitstellung von Ressourcen und angemessener Beteiligung überprüfen.

Manchmal äußern Teilnehmer im Vorfeld von Workshops Unverständnis darüber, dass sie bei der Veranstaltung dabei sein „müssen", obwohl sie doch eigentlich vom Thema nicht betroffen sind. Die „magischen Dreiecke" sind dann ein guter Einstieg, um sofort zu „beweisen", dass jeder in irgendeiner Form Beteiligter ist und deshalb auch zur erfolgreichen Bearbeitung der anstehenden Fragen beitragen kann.

Technische Hinweise

Räumliche Voraussetzungen:
Idealerweise wird die Übung in der freien Natur durchgeführt. Sie funktioniert aber auch in einem großen Seminarraum ohne Tische, Stühle oder sonstige „Hindernisse". Falls im Veranstaltungsraum einige Stützpfeiler stehen, können diese als „unumstößliche Tatsachen" in den Prozess integriert werden.

Vorbereitung:
Es ist sinnvoll, die jeweiligen Berater-Interventionen auf der Basis der Informationen aus der Auftragsklärung „maßgeschneidert" zu inszenieren. Die „Geschichte" rund um die Eingriffe ins System sollte von den Akteuren als realistisches Szenario wahrgenommen werden.

Quellen/ Weiterführende Literatur

Die Grundidee (Schritt 1) der „Magischen Dreiecke" stammt aus der Ideenfabrik von MWonline (www.mwonline.de). Bärbel Röpke-Stieghorst hat dort eine Kurzbeschreibung des Tools zur Verfügung gestellt, nachdem sie die praktische Anwendung auf einer Veranstaltung mit Joseph O'Connor live erlebt hat.

World Café

Von Josef W. Seifert

Anwärmen	Orientieren	Bearbeiten	Abschließen

Kurzbeschreibung

Das „World Café" ist ein Moderationsdesign, das gut geeignet ist, einen Workshop auf eine lockere und informative Weise zu eröffnen. Das Tool bietet sich vor allem für größere Gruppen von 20 bis 200 Teilnehmern an, insbesondere, wenn sich die Teilnehmer persönlich noch nicht (gut) kennen. Die Methode ermöglicht einen intensiven Austausch in angenehmer Atmosphäre.

Dauer

Je nach Gruppengröße, Zielsetzung und Intensität des Austauschs dauert das „World Café" ungefähr 1 bis 2 Stunden.

Anwendungsbereiche

Der Bogen der Anwendungsmöglichkeiten ist weit gespannt. Ideal ist dieses Moderationsdesign zur Gestaltung des Einstiegs in eine Vortrags- oder Moderationsveranstaltung, um die anwesenden Menschen miteinander bekannt zu machen. Dies kann der einzige gewollte Zweck des „World Café" sein, aber auch ein erwünschter positiver Nebeneffekt.

Ebenso kann das Tool als Auftaktsequenz eines Strategie- oder Visions-Workshops dienen. Es kann zur Einleitung eines komplexen Change-Prozesses mit breiter Beteiligung ebenso eingesetzt werden, wie als Einstieg in einen Follow-up-Workshop oder auch nur zur interaktiven Reflexion eines Vortrages. Auch wenn sich die Teilnehmer schon recht gut kennen, bietet das „World Café" einen geeigneten Rahmen, um in entspannter Atmosphäre Sichtweisen, Erwartungen oder Ideen bezüglich der Lösung eines Problems oder zur Gestaltung der Zukunft einer Organisation auszutauschen.

Das „World Café“ ist in aller Regel nicht darauf angelegt, unmittelbar Ergebnisse zu erzielen, Entscheidungen zu treffen oder Maßnahmenpläne zu erarbeiten. Es dient vielmehr einer ersten gemeinsamen Orientierung.

Zielsetzung/Nutzen

Beim Einstieg in eine Veranstaltung können die Teilnehmer durch ein „World Café“ mühelos in ein angeregtes, businessrelevantes Gespräch gebracht werden. Oft sind es Menschen, die im Alltag zwar per Telefon und/oder E-Mail miteinander kommunizieren, sich aber persönlich nie oder nur selten treffen, weil sie an unterschiedlichen Orten oder zu unterschiedlichen Zeiten für dieselbe Organisation arbeiten. Ziel eines „World Cafés“ ist es dann, diese Menschen miteinander in persönlichen Kontakt zu bringen und dadurch deren (Arbeits-)Beziehungen zu intensivieren, getreu dem Motto: Wenn die persönliche Beziehung stimmt, ist fast alles möglich und wenn diese nicht stimmt, ist so gut wie nichts möglich!

Das „World Café“ bietet viele Vorteile:

- Die Hürde, auf jemanden zuzugehen, der einem noch – mehr oder weniger – fremd ist, wird stark reduziert.
- Man muss nicht auf eine „passende Gelegenheit“ warten, um mit jemandem in Kontakt zu kommen.
- Der sonst allgegenwärtige Ergebnisdruck fehlt, es entsteht eher die Atmosphäre eines informellen Gespräches.
- Gedanken können am Tisch, sozusagen „unter uns“, leichter vorgetragen werden, als in der großen Runde.
- „Vielredner“ haben es schwer, zu dominieren. Stille Menschen können sich leichter einbringen.

Ausführliche Beschreibung

Wie ein typischer Ablauf des „World Cafés“ aussehen kann soll im Folgenden am Beispiel eines Zukunfts-Workshops beschrieben werden. Teilnehmer der Veranstaltung sind Führungskräfte eines internationalen Konzerns. Sie kommen aus verschiedenen Niederlassungen im deutschsprachigen Raum und kennen sich entweder nur flüchtig oder sie begegnen sich auf der Veranstaltung zum ersten Mal.

Der Moderator hat dafür gesorgt, dass die Räumlichkeiten optimal vorbereitet wurden. Für ein „World Café“ benötigt man einen hellen Raum mit Tageslicht, der so groß ist, dass er für die Anzahl der Teilnehmer mit zum Beispiel Vierertischen eingerichtet werden kann. Dabei soll eine lockere „Caféhaus-Atmosphäre“ entstehen. Unterstützt werden kann dies noch durch leise (!) Musik ... Die Tische stehen möglichst nicht „in Reih und Glied“, sondern in einem lockeren Arrangement. Zudem stehen sie weit genug auseinander, so dass sich die Teilnehmer nicht gegenseitig stören, wenn sie an den Tischen Platz nehmen und miteinander reden. Jeder Tisch ist mit einer weißen Papiertischdecke gedeckt, und wenn es der Platz erlaubt, stehen Blumen auf jedem Tisch. Es gibt direkt am Tisch – oder alternativ an einer Getränketheke – Kaffee, Tee und Kekse. Zudem liegen auf den Tischen Moderations-Filzschreiber in unterschiedlichen Farben; je Teilnehmer mindestens ein Stift und gegebenenfalls einige Moderationskarten. In der Mitte des Tisches steht ein „Eiskartenständer“ mit einer Karte, auf der keine Eissorten, sondern sorgfältig vorbereitete Arbeitsfragen formuliert sind.

Schritt 1: Erstellung von „Kurzporträts“
Wird das „World Café“ zur Gestaltung des Einstiegs genutzt, beginnt es in aller Regel damit, dass jeder Teilnehmer einen „Steckbrief“ von sich anfertigt. Das ist ein „Kurzporträt“ von sich, zum Beispiel auf einem DIN-A4-Blatt, das vielleicht schon beim Eintreffen erstellt wird. Darauf steht dann etwa: *„Name:“*, *„Funktion:“*, *„Dabei seit: ...“*, *„Meine Stationen in der Organisation bisher:“ „Was ich mache, wenn ich nicht im Job bin: ...“* oder Ähnliches. Es kommt sehr gut an, wenn man Fotos von den Teilnehmern macht, die dann ausgedruckt und auf den Steckbrief geklebt oder „getackert“ werden.

Die Fragen auf dem „Steckbrief“ müssen natürlich mit den Fragen auf den bereits erwähnten „Eiskarten“ korrespondieren, sprich: Die Fragen auf den Steckbriefen sind Fragen zur Person, die Fragen auf der „Eiskarte“ ergänzen die Fragen auf den Steckbriefen. Wird das „World Café“ hingegen an einer späteren Stelle im Prozess eingesetzt, ändern sich die Fragen gemäß der entsprechenden Zielsetzung. An der Eingangstür zum „World Café“ werden die Teilnehmer gebeten, sich einen Platz an einem der Tische zu wählen. Erwünscht ist dabei in der Regel, dass sich jeder an einen Tisch mit ihm unbekannten oder wenig(er) vertrauten Personen setzt.

Am Tisch stellt sich dann jeder Teilnehmer anhand seines Steckbriefes den jeweils anderen vor und ergänzt seine Vorstellung um kurze Antworten zu den Fragen auf den „Eiskarten“. Die vorbereiteten Fragen helfen, dass man nicht nach Worten suchen muss, was man denn nun sagt und erhöht dadurch die „Dichte“ des Dialoges.

Schritt 2: Anmoderation

Wenn alle einen Platz eingenommen haben, bittet der Moderator die Teilnehmer, an jedem Tisch einen „Gastgeber" oder „Tischmoderator" zu wählen. Dieser hat dann die Aufgabe, das Geschehen am Tisch anzuleiten. Dazu gehört es, darauf zu achten,

- dass jeder am Tisch zu Wort kommt.
- dass die Arbeitsfragen „abgearbeitet" werden.
- dass Gedanken nicht nur verbal ausgetauscht, sondern die Tischdecken als Visualisierungsmedium genutzt und Gedanken, Ideen, Kommentare, ... einfach auf die Tischdecken geschrieben oder gemalt werden.
- dass, wenn das „World Café" als Themensammlungsphase gedacht ist und mit den Nennungen später weitergearbeitet werden soll, Themenvorschläge auf die Karten geschrieben werden.

Die Nutzung der „Tischmoderatoren" als „Hilfs-Sheriffs" bringt so viel Struktur in den Ablauf, dass auf jegliche weitere Regeln verzichtet werden kann. Das konkrete Geschehen an den Tischen kann (und soll) ohnehin nicht bestimmt werden. Das Moderations-Design muss so viel Freiheitsgrade lassen, dass die Teilnehmer „vergessen", dass sie moderiert werden.

Die gestellten Fragen müssen für die Teilnehmer so spannend sein, dass sie begierig sind zu erfahren, was die anderen dazu zu sagen haben und auch selbst Lust haben, sich dazu zu äußern.

Schritt 3: Die erste Gesprächsrunde

Die erste Gesprächsrunde beginnt und die Teilnehmer wenden sich neugierig den vorbereiteten Fragen auf den Eiskarten zu:

- *Wo sehen Sie ungenutzte Märkte?*
- *Welche Zielgruppen müssen wir stärker betreuen?*
- *Welche Leistungen sollten stärker herausgestellt werden?*
- ...

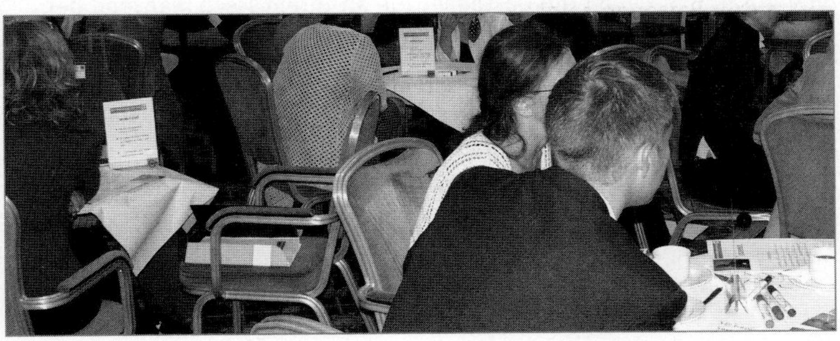

Abb. 1: Das „World Café" in Aktion (Quelle: WIFI Österreich)

Während der Gesprächsrunden geht der Moderator zwischen den Tischen durch das „Café" und beobachtet das Geschehen. Bei „Unregelmäßigkeiten" schafft er Abhilfe. Wenn es also beispielsweise Tische mit nur zwei Teilnehmern gibt, bittet er die Menschen, sich an einem anderen Tisch zusammenzufinden. Wenn er den Eindruck hat, dass an einem Tisch nach 15 Minuten immer noch derselbe Teilnehmer redet, klärt er kurz, ob auch die anderen schon Gelegenheit hatten, etwas beizutragen ...

Nach etwa 30 Minuten endet die erste Runde, und die Teilnehmer werden gebeten, sich einen anderen Tisch zu suchen – nur der „Gastgeber" bleibt an „seinem" Tisch sitzen und darf gespannt sein, wer nun zu ihm kommen wird.

Schritt 4: weitere Gesprächsrunden
Haben sich die neuen Gruppen gefunden, gibt der Tischmoderator einen kurzen Überblick über das, was an seinem Tisch in der letzten Runde diskutiert wurde, und bittet dann die neuen „Gäste", die Arbeitsfragen nun ebenfalls zu bearbeiten und die Ideen auf der Tischdecke bzw. auf Moderationskarten zu visualisieren.

Nach weiteren 20 bis 30 Minuten findet ein erneuter Tischwechsel statt, der „Gastgeber" erwartet neue Gäste – und der Diskussionsprozess kommt erneut in Gang.

Nach wiederum ca. 30 Minuten geht das „World Café" mit der dritten Runde zu Ende.

Schritt 5: Vernissage
Der Moderator bittet nun die „Gastgeber", die Tischdecken ihres Tisches abzunehmen. Diese werden dann alle nebeneinander an Moderationswände geheftet oder auf einer Leine aufgehängt, wo sie nun von allen Teilnehmern als Abschluss des Cafés besichtigt werden. Alternativ oder zusätzlich geben die Gastgeber die an ihrem Tisch während der Gesprächsrunden beschrifteten Moderationskarten den Moderatoren.

Die „Tischdecken-Ausstellung" bedarf keiner speziellen Moderation. Die Teilnehmer werden gebeten, alleine oder mit Partnern ihrer Wahl die Notizen zu „sichten". Wenn es beschriebene Moderationskarten gibt, können auch diese an Pinwänden ausgehängt werden, so dass die Teilnehmer sehen, was insgesamt entstanden ist.

Nach der „Vernissage“ wird gegebenenfalls mit den beschriebenen Moderationskarten weitergearbeitet. Der Moderator fängt dann mit der Gruppe einfach an dieser Stelle des Prozesses mit der „ganz normalen Business-Moderation“ an. Er hat jetzt ideale Bedingungen, da die Gruppenmitglieder bereits miteinander „warm“ geworden sind.

Die Dokumentation der Veranstaltung erfolgt in Form eines Fotoprotokolls.

Voraussetzungen/ Kenntnisse

Für die Inszenierung eines „World Cafés“ sollte man eine solide Ausbildung in Business-Moderation und ein gerüttelt Maß an Moderationserfahrung mit großen Gruppen (mehr als 20 Teilnehmer) haben. Die Moderation ist vergleichbar mit Schlittschuhlaufen: sieht einfach aus – wenn man dann aber selbst auf dem Eis steht ...

Kommentar/ Erfahrungen

Abschließend sei ein kleiner „Schönheitsfehler“ an diesem Moderationsdesign nicht verschwiegen: Ein „World Café“ bringt einen relativ großen Aufbau und ggf. Umbau-Aufwand für die Tagungsstätte mit sich, der in einem professionell geführten Haus allerdings zu keinen ernsthaften Schwierigkeiten führen sollte, zumal die Vorteile die viele Mühe lohnen.

Für die Realisierung eines „World Cafés“ ist es besonders wichtig (wie für Großgruppenmoderationen allgemein), dass man ausreichend „fleißige Hände“ zur Verfügung hat. Zur Moderation reichen ein bis zwei Professionals völlig aus, aber wer nimmt die Teilnehmer in Empfang? Wer kümmert sich um die Tischdecken, die hoffentlich nicht durchweichen, so dass die Notizen der Teilnehmer anschließend auch auf den Tischen stehen? Wer steht dem Moderator als „Trouble-Shooter“ zur Seite? Und noch ein letzter Hinweis aus der Praxis für die Praxis: Man sollte sich (wenn irgend möglich) die Räumlichkeiten vorab ansehen und überprüfen, inwieweit sie für die geplanten Aktivitäten geeignet sind. Schon mancher „Ballsaal“ hat sich als „Handtuch“ entpuppt oder ist mit Säulen bestückt, hat eine abgehängte Decke oder kein Tageslicht oder ...

Das „World Café“ eignet sich übrigens hervorragend als Design zur Gestaltung der Einstiegs- und ggf. auch der Sammelphase eines „Moderationszyklus“ im Rahmen der Arbeit mit der Moderationsmethode/SIX STEPS® (vgl. Literaturhinweise).

Technische Hinweise

Ausstattung:

- Kleine (runde) Tische, mit ausreichender Bestuhlung
- Weiße, glatte Papiertischdecken
- Bunte Moderationsstifte und ggf. Moderationskarten für jeden Tisch
- Ständer mit den Fragen für jeden Tisch
- Ggf. Steckbriefe
- Tassen und Ähnliches für die Cafébesucher
- Heißgetränke, Snacks und Ähnliches
- Pinwände für die Gesprächsergebnisse und ggf. Folgearbeit
- Flip-Charts
- Moderationskoffer
- Mikrofon für den Moderator

Vorbereitung:

Im Rahmen der Vorbereitung müssen folgende Fragen beantwortet werden:

- Zielsetzung geklärt?
- Teilnehmerkreis benannt?
- Moderator verpflichtet?
- Räumlichkeiten reserviert?
- Ggf. Umbau organisiert?
- Raumausstattung geordert?
- Technik (incl. Techniker) klar?
- Ablauf klar (Eröffnung, Durchführung, Abschluss des „World Cafés")?
- Dokumentation sichergestellt?

Quellen/ Weiterführende Literatur

- Juanita Brown/David Isaacs (2005). The World Café. San Francisco: Berret-Koehler Publisher Inc.
- Unter www.theworldcafe.com. stellen Juanita Brown und David Isaacs nützliche Informationen zur Verfügung. Unter anderem gibt es eine hervorragende kostenlose Checkliste zur Vorbereitung und Durchführung der Methode („quick reference guide").
- Josef W. Seifert (22. Auflage 2005). Visualisieren – Präsentieren – Moderieren. Offenbach: GABAL Verlag.
- Josef W. Seifert (5. Auflage 2006). Moderation & Kommunikation. Offenbach: GABAL Verlag.

Der frühe Blick auf Gelungenes

Von Dr. Peter Röhrig

Anwärmen	Orientieren	Bearbeiten	Abschließen

Kurzbeschreibung

„Der frühe Blick auf Gelungenes" ist ein aktivierender Einstieg in Workshops aller Art. In Kleingruppen werden individuelle Stärken, Fähigkeiten und Talente „aufgespürt" und gegenseitig positiv verstärkt. Dies schafft schnell Verbundenheit und Kooperationsbereitschaft zwischen den Teilnehmenden und setzt Energien frei.

Dauer

Die Übung dauert zwischen 15 und 20 Minuten. Bei großen Gruppen sollte der Moderator etwas mehr Zeit einplanen, weil das Zusammenfinden der Teilnehmenden zu Dreiergruppen dann meist länger dauert.

Anwendungsbereiche

Das Tool kommt in der Anwärmphase zum Einsatz und eignet sich als universell anwendbarer Einstieg in eine lösungs- und ergebnisorientierte Gruppenarbeit. Die Übung ist auch in sehr großen Gruppen möglich.

Zielsetzung/Nutzen

Eine der Grundregeln des lösungsorientierten Ansatzes lautet: *„Wenn etwas funktioniert, mache mehr davon!"* Vor allem, wenn es um Veränderungen in der Organisation geht, bietet die Übung eine wichtige Grundlage für die Teilnehmenden, sich an gelungene Veränderungen zu erinnern und auf diesen Erfahrungen aufzubauen. In Teamentwicklungs-Workshops schafft sie eine positive Grundstimmung, vor allem wenn die Situation innerhalb und außerhalb des Teams als schwierig und bedrückend empfunden wird.

Ausführliche Beschreibung

Die Übung wird zu Beginn eines Workshops eingesetzt, unmittelbar nachdem der Auftraggeber den Anlass und die Zielsetzung der Veranstaltung erläutert hat und der Moderator sich selbst und seine Rolle im weiteren Verlauf vorgestellt hat.

Schritt 1: Interviews in Dreiergruppen
Die Teilnehmenden werden gebeten, sich zu dritt zusammenzusetzen – am besten mit Teilnehmenden, die sie noch gar nicht kennen oder nicht so gut kennen. In jeder Gruppe werden die Rollen A, B und C verteilt. B befragt zunächst A, C hört zu. A beantwortet folgende Frage: *„Von all den Dingen, die Sie in Ihrer Arbeit tun, was würden Sie sagen, womit sind Sie im Moment am ehesten zufrieden?"*

Die Frage soll möglichst im Wortlaut gestellt werden. Der Interviewer kann und soll hartnäckig nachfragen (*„Womit noch?"„Was noch?"*), so lange, bis „nichts mehr kommt" bzw. bis drei Minuten vorbei sind.

Schritt 2: Positive „Klatschrunde"
In den nächsten beiden Minuten folgt: B und C geben A eine wertschätzende Rückmeldung darüber, welche (professionellen) Qualitäten sie in dem kurzen Gespräch bei ihm wahrgenommen haben. Dabei sprechen sie aber nicht mit ihm, sondern über ihn, d.h., sie „klatschen und tratschen positiv". Der Moderator betont diese Besonderheit des Feedbacks und bittet die beiden Feedback-Geber, sich so hinzusetzen, dass sie nur miteinander Blickkontakt haben, nicht aber mit dem Feedback-Nehmer. Dieser sitzt während der „Klatschrunde" ein wenig abgesetzt, hört aufmerksam zu, greift aber nicht ins Gespräch ein.

Nach insgesamt fünf Minuten gibt der Moderator ein Zeichen und die Rollen wechseln: C befragt B, C und A geben B Anerkennungen. Schließlich befragt A dann C. A und B geben C Anerkennungen.

Die Rückmeldungen werden nicht kommentiert – weder in den Kleingruppen, noch anschließend im Plenum. Die Feedback-Nehmer können sich lediglich für die Anerkennung bedanken.

Voraussetzungen/ Kenntnisse

Die Durchführung der Übung erfordert keine besonderen Voraussetzungen vom Moderator. Erfahrungen in der lösungsorientierten Haltung und Fragetechnik sind hilfreich.

Kommentar/ Erfahrungen

Mit einer echten Wertschätzung erfreuen wir das Herz unseres Gegenübers. Falls die Gruppe noch wenig Erfahrung mit wertschätzender Rückmeldung hat, können vorab folgende Tipps hilfreich sein:

- Menschen sind bestrebt, Anerkennung zu erhalten. Positives Feedback zu dem, was gelingt, ist eine Quelle der Arbeitsfreude und ein weit größerer Ansporn als kritische Anmerkungen zu dem, was nicht gelingt.
- Lob soll nicht alles schönreden und entspringt nicht der Motivation, freundlich oder „nett" zu sein. Es muss ernst gemeint sein. Seien Sie deshalb echt und ehrlich! Denn nur ehrliches Lob kommt an. Denken Sie daran: Kein Lob ist besser als unehrliches.
- Formulieren Sie Ihre Anerkennung knapp und klar! Lassen Sie dabei Einschränkungen und negative Bemerkungen weg. Aus dem Alltag wissen wir, wie Einschränkungen auch ein echtes Lob verwässern können: „Du siehst ausgeruht und entspannt aus" kommt besser an als: „Du siehst viel entspannter aus als in den letzten Wochen."

Wenn die Teilnehmerzahl nicht durch drei teilbar ist, gibt es außer den 3er-Gruppen noch mindestens eine Zweiergruppe, zu der sich der Moderator hinzugesellen kann. Wenn er bei dieser Übung mitmacht, kann er es selbst genießen, Anerkennung für Dinge zu bekommen, die ihm in der nahen Vergangenheit besonders gut gelungen sind. Dann muss er sich allerdings daran erinnern, jeweils den Beginn der neuen Runde einzuläuten.

Ursprünglich war die Übung so angelegt, dass sich die Interviewpartner fragen ließen, was ihnen in letzter Zeit besonders gut gelang. Dann konnte es passieren, dass Teilnehmende sich darüber beklagten, dass bei ihnen in letzter Zeit alles schief gelaufen sei oder dass es einfach nichts Gelungenes in ihrer Arbeitssituation gäbe. Die schwedischen Kollegen Björn Johansson und Eva Persson haben die Frage weiter entwickelt und so sorgfältig formuliert, dass sie nicht mehr „argumentierbar" ist. Selbst im größten „Schlamassel" wird es irgendetwas in der Arbeit geben, womit jeder „am ehesten zufrieden" sein kann. Wenn die Situation in der Gruppe besonders desolat ist, kann es helfen, vorher eine Übung zur „Vergangenheitsbewältigung" zu machen. Dabei wird in Kleingruppen alles, was in der Vergangenheit trotz widriger Umstände gelungen ist, auf ein Flip-Chart notiert.

Als Alternative zu dieser Anwärmübung kann – vor allem bei Workshops mit kleineren Teams – eine solche Sammlung von Dingen, die funktionieren, im Plenum erstellt werden. Gerade wenn es um Veränderungen in der Organisation geht, lohnt es sich, zu Beginn zu fragen: *„Was klappt denn bei Ihnen so gut, dass es nicht verändert werden sollte?"* Die häufig lange Liste, die dabei entsteht, nimmt vielen Teilnehmenden die Angst, sich auf Veränderungen einzulassen.

Komplimente und Anerkennungen können sehr wirksame Botschaften sein. Erfahrungsgemäß bringt es wenig, an die Übung eine Reflexionsrunde anzuschließen. Die Wirkung der Übung erschließt sich den Teilnehmenden unmittelbar. Als nächster Schritt bietet sich die Klärung von Erwartungen und Zielen des Workshops an: *„Welche Ziele müssen erreicht und welche Erwartungen erfüllt sein, damit sich eine Mitarbeit gelohnt hat?"* Nach dieser kurzen und aktivierenden Aufwärmübung kann und soll sich der Moderator dafür ruhig Zeit nehmen.

Technische Hinweise

Räumliche Voraussetzungen:
Am besten lässt sich die Übung im Stuhlkreis durchführen. Dann werden einfach jeweils drei Stühle zusammengestellt und es kann losgehen. Bei Theaterbestuhlung oder wenn Tische im Raum stehen, ist es oft einfacher, die Übung im Stehen durchzuführen.

Vorbereitung:
Es ist empfehlenswert, die Leitfragen für die Interviews (*„Von all den Dingen, die Sie in Ihrer Arbeit tun, was würden Sie sagen, womit sind Sie im Moment am ehesten zufrieden?"* und *„Womit noch?"; „Was noch?"*) sowie die Dauer der Interviews (je drei Minuten) und der Klatschrunden (je zwei Minuten) auf einem Flip-Chart zu visualisieren. In Gruppen mit mehr als 30 Teilnehmenden müssen diese Arbeitsanweisungen entweder auf mehreren Flip-Charts im Raum verteilt zu lesen sein oder auf die Wand bzw. eine Leinwand projiziert werden.

Quellen/ Weiterführende Literatur

Der Ursprung dieser Übung liegt in den Grundlagen des lösungsorientierten Beratungsmodells, das von Steve de Shazer, seiner Ehefrau Insoo Kim Berg und ihren Mitarbeitenden am „Brief Family Therapy Centre" in Milwaukee entwickelt wurde (www.bftc.org).

Eindrucksvolle Demonstrationen ähnlicher Anwärmübungen gaben Evan George auf der SOL Conference in Interlaken 2005 (www.briefconsultancy.com) und Björn Johanssons in einem Workshop bei der SOL Summer University in Venedig 2005 (www.solutionwork.com/lu/ und www.solworld.org).

Eine Vielzahl von Beispielen für gelungene Anerkennung sind zu finden bei:

- Lilo Schmitz. Motivation und Empowerment. In: K. A. Geißler / W. Loos (Hrsg.). Handbuch Personalentwicklung. Köln: Deutscher Wirtschaftsdienst.

Kaskadengespräch

Von Ralf Besser

Anwärmen	Orientieren	Bearbeiten	Abschließen

Kurzbeschreibung

Das „Kaskadengespräch" ist eine Abfolge von inszenierten Gesprächssituationen mit definierten Rollen. Nacheinander reden drei verschiedene Zweiergruppen „inkognito" übereinander. Zu Beginn tauscht sich eine Gruppe spontan über ein vom Moderator vorgegebenes Thema aus. Eine zweite Gruppe, die „zufällig" und „unbemerkt" mitgehört hat, unterhält sich danach über dieses Gespräch. Zum Abschluss redet eine dritte Gruppe, die beide Gespräche „belauscht" hat, aus der Perspektive unbeteiligter Beobachter über beide Gespräche.

Dauer

Die reine Durchführung der drei Gespräche dauert ca. 10 Minuten, die Auswertung minimal 20 Minuten.

Anwendungsbereiche

Das „Kaskadengespräch" eignet sich hervorragend zu Beginn eines Veränderungsprozesses, um „typische" Verhaltensweisen sowie die dahinter liegenden Haltungen von Teams, Abteilungen und Organisationen sichtbar zu machen. Die Intervention ermöglicht es, kulturelle Themen spielerisch und effektiv zu erarbeiten. Die Anwendung der Methode ist immer dann Erfolg versprechend, wenn die Teilnehmer bereit sind, sich auch auf „weiche" Themen einzulassen und sich mit den psychologischen Hintergründen der anstehenden Veränderungen auseinander zu setzen.

Generell eignet sich das „Kaskadengespräch" als Workshop-Einstieg, wenn es darum geht, „verdeckte" Grundhaltungen/Problemstellungen schnell aufzudecken, um im weiteren Verlauf des Workshops immer wieder Bezug darauf nehmen zu können.

Die Intervention kann auch als „Anwärmer" in Großveranstaltungen genutzt werden.

Zielsetzung/Nutzen

Veränderungsprozesse werden oft zu isoliert von der gelebten Kultur aufgesetzt. Das kann mit ein Grund sein, warum sie scheitern oder wenig Kraft besitzen. Das „Kaskadengespräch" setzt genau hier an: Es rückt die kulturellen Aspekte in den Mittelpunkt und stellt den Bezug zum geplanten Veränderungsprozess her. Die Abfolge der Gespräche sorgt dafür, dass „heikle" Themen zur Sprache kommen und dabei aus verschiedenen Blickwinkeln betrachtet und kommentiert werden.

Das kollektive, intuitive Wissen um Zusammenhänge wird direkt zugänglich. Gerade auch Kritisches oder gar Tabuisiertes ist nach der Intervention besprechbar und damit bearbeitbar.

Die Intervention ist in der Durchführung eher humorvoll, in der anschließenden Auswertung werden aber überraschend tiefgehende Erkenntnisse möglich. Offene oder verdeckte Haltungen, Glaubenssätze, informelle Regeln werden aufgedeckt.

Ausführliche Beschreibung

Die Inszenierung des „Kaskadengesprächs" soll nachfolgend am Beispiel eines Workshops zur Entwicklung von Führungsgrundsätzen beschrieben werden. Die Intervention soll dazu genutzt werden, um die typische (Führungs-)Kultur des Unternehmens aufzudecken.

Es ist nur eine kurze Anwärmphase nötig, um in einem Workshop mit dem „Kaskadengespräch" beginnen zu können (zum Beispiel kurze Vorstellungsrunde und Vorstellen der Ziele der Veranstaltung). Es ist sogar eher hilfreich, ohne große Erklärungen gleich mit der Übung zu beginnen.

Schritt 1: Das erste Gespräch
Die Teilnehmer sitzen im Stuhlkreis. Der Moderator kündigt ein „kleines Experiment" an, für dessen Durchführung er unbedingt zwei Freiwillige aus der Gruppe braucht. Nachdem sich zwei Personen gemeldet haben, bittet er sie an einen Platz im Seminarraum, den er vor Beginn des Workshops mit diversen Hilfsmitteln zu einer „Bushaltestelle" umgestaltet hat. Die anderen Teilnehmer werden gebeten, sich so hinzusetzen, dass sie das folgende Experiment gut beobachten können.

Der Moderator gibt den beiden Akteuren folgende Instruktion: *„Stellen Sie sich vor, Sie sind zwei gewerbliche Arbeitnehmer Ihres Unternehmens. Sie treffen sich nach Feierabend an dieser Bushaltestelle und kommen spontan über die Führungskultur in Ihrer Organisation ins Gespräch. Die Aufgabenstellung ist: ‚Wie reden zwei Mitarbeiter typischerweise über die Kultur des Unternehmens? Über welche Themen, Ereignisse, Beobachtungen würden sie sich austauschen und welche Ansichten würden sie vertreten?' Bitte simulieren Sie nun dieses Gespräch. Sie können ruhig Klartext reden – Sie sind ja unter sich."*

Die beiden Teilnehmer versetzen sich in ihre Rollen und plaudern aus der zugewiesenen Perspektive ungezwungen über die Führungskultur des Unternehmens.

Das Gespräch wird vom Moderator auf dem Flip-Chart stichwortartig mitprotokolliert. Wenn das Wesentliche ausgetauscht oder das Flip-Chart-Blatt beschrieben ist, beendet der Moderator das Gespräch mit den Worten: *„Ihr Bus ist gerade angekommen. Sie steigen ein und fahren nach Hause."* Die beiden Mitarbeiter verlassen die „Bühne" und nehmen wieder im Plenum Platz.

Schritt 2: Das Gespräch über das Gespräch

Der Moderator fährt zur gesamten Gruppe gewandt fort: *„Zufälligerweise standen während des Gespräches auch zwei Führungskräfte Ihres Unternehmens an der Bushaltestelle, die die Mitarbeiter nicht kannten. Sie konnten das gesamte Gespräch inkognito mithören und der Unterhaltung entnehmen, dass es sich um Mitarbeiter aus ihrem Unternehmen gehandelt hat. Jetzt, da sie allein an der Bushaltestelle stehen und auf ihren Bus warten, haben sie Gelegenheit, sich über das Gespräch der beiden Mitarbeiter spontan auszutauschen."*

Der Moderator bittet erneut zwei Teilnehmer, diese Gesprächssituation zu simulieren. Wichtig ist, dass sich diese Sequenz nahtlos an das erste Gespräch anschließt. Es kann erforderlich sein, erste Kommentare zu unterbinden und auf die spätere Auswertung zu verweisen.

Die beiden Rollenspieler unterhalten sich nun wiederum spontan aus dem Blickwinkel von Führungskräften über das, was sie aus dem Munde der beiden Mitarbeiter gehört haben. Sie kommentieren deren Statements und bringen – entsprechend ihrer Rolle – eigene Sichtweisen zum Ausdruck.

Auch dieses Gespräch wird mitprotokolliert und nach einer angemessenen Zeit vom Moderator abgebrochen: *„Ihr Bus ist gerade angekommen ...“* Die „Führungskräfte“ verlassen die Szene und nehmen wieder im Plenum Platz.

Schritt 3: Das Meta-Gespräch

Der Moderator übernimmt wieder die Leitung und fährt in seiner „Geschichte“ fort: *„Während der ganzen Zeit waren zwei Monteure an einem Kabelverteiler beschäftigt und konnten beide Gespräche mithören. Sie unterhalten sich nun ebenfalls aus ihrer eher unbeteiligten Sicht über das gerade Gehörte.“*

Wieder werden zwei Freiwillige gebeten, die Instruktion spontan umzusetzen. Das letzte Rollenspiel beginnt ... Auch diese Aussagen werden mitprotokolliert. Nach angemessener Zeit beendet der Moderator erneut das Gespräch.

Schritt 4: Gemeinsame Auswertung

Jetzt kommt die wichtigste Phase der Intervention, die Reflexion auf die eigene Praxis. Der Moderator hängt die beschriebenen Flip-Chart-Blätter so auf, dass die Notizen zu allen drei Gesprächen für alle Teilnehmer sichtbar sind. Die erste Schlüsselfrage lautet: *„Haben die Gespräche, so wie sie abgelaufen sind, etwas mit Ihrer Realität zu tun?“* Fast immer kommt als Antwort ein grundsätzliches „Ja“.

Die zweite Frage des Moderators lautet: *„Welche Weisheiten, Erkenntnisse, Grundsätze, wie es in Ihrer Praxis aussieht, stecken in den Gesprächen (versteckt oder offen)? Welche Hypothesen lassen sich formulieren?“*

Die Hypothesen der Teilnehmer werden vom Moderator auf ein weiteres Flip-Chart-Blatt notiert. Dabei ist es notwendig, jeweils nachzufragen, an welchen Gesprächsinhalten die jeweilige Vermutung festgemacht wird.

Anschließend wird gemeinsam bewertet, welche Hypothesen den stärksten Praxisbezug haben. Dann erfragt der Moderator die Relevanz der Themen im Hinblick auf den Workshop: *„Was bedeuten diese Ergebnisse für das Thema und den Ablauf unseres Workshops?“* Auf der Basis der Antworten können dann erste Konsequenzen für den weiteren inhaltlichen Verlauf der Veranstaltung diskutiert und die Dramaturgie entsprechend angepasst werden.

An geeigneten Stellen in der Veranstaltung kann immer wieder auf die aufgedeckten Thesen eingegangen werden. Die Inhalte können dadurch tiefer diskutiert und bearbeitet werden. Wird zum Beispiel in dem Workshop von den Teilnehmern versucht, die behandelten Themen im Gegensatz zu den Erfahrungen aus dieser Übung „schönzureden", kann der Moderator auf die erarbeiteten Thesen verweisen. Die Thesen sind belastbar, weil sie von den Teilnehmern selbst erarbeitet und bestätigt wurden. Sie ermöglichen daher intensiveres und auch kritisches Hinterfragen in solchen Situationen.

Voraussetzungen/ Kenntnisse

Der Moderator benötigt die Kompetenz mit einer guten Portion innerer Überzeugung, die Intervention anzustoßen und in der Auswertung genau nachzufragen.

Kommentar/ Erfahrungen

Es ist erstaunlich, wie schnell bei dieser Intervention Wesentliches, sonst kaum Aussprechbares und auch gerade Tabus aufgedeckt werden können.

Eine gute Dramaturgie setzt Spannung und unvorhergesehene Elemente voraus. Daher wird die Wirkung dieser Übung verstärkt, wenn die Kaskade, wie beschrieben, überraschenderweise abläuft. Das Thema des Gesprächs wird vom Moderator im Plenum kurz und knapp vorgestellt und die Situation inszeniert: Das heißt, es wird symbolisch der Ort und die Situation kreiert, in dem/der das erste Gespräch der ersten Personengruppe zu dem Thema stattfinden soll. Dem Plenum wird dann bewusst nur die Rolle der ersten Personengruppe erläutert. Die Beteiligten der folgenden Gesprächsrunden und deren Rollen werden vom Moderator erst nach und nach aufgedeckt.

Die Inszenierung sollte immer in eine „spannende Geschichte" eingebettet sein. Vor der Inszenierung muss deshalb das Thema, um das es in dem „Kaskadengespräch" gehen soll, genau definiert sein. Es kann wie in dem obigen Beispiel um die Führungskultur des Unternehmens gehen, um den Umgang mit Veränderung, um die Zukunft der Firma oder um ähnliche Inhalte. Je nach Zielsetzung und Thema des Workshops definiert der Moderator maßgeschneidert die Gesprächs-Situation und die drei Personengruppen. Die ersten beiden Gruppen müssen in einem direkten Zusammenhang miteinander stehen (z.B. Führungskräfte – Mitarbeiter, Innendienst – Außendienst, Vertrieb – Produktion, ...), die dritte Gruppe sollte eher eine neutrale, unbeteiligte Rolle innehaben.

Die Intervention setzt ein gemeinsames Verständnis der Kultur und/ oder eine geteilte kollektive Erfahrung voraus. Das kann etwa die Kundenorientierung von Behörden oder das Erleben von Fremdheit sein. Fehlt dieser gemeinsame Erfahrungshintergrund – beispielsweise bei „Fusions-Workshops" mit Teilnehmern aus ehemals verschiedenen Unternehmen mit unterschiedlichen Kulturen – so kann das Tool seine Wirkung kaum entfalten.

Das „Kaskadengespräch" kann in vielen Variationen inszeniert werden:

- Statt Zweiergespräche können auch *Selbstgespräche* geführt werden.
- Die letzte Gesprächsrunde kann auch vom „lieben Gott" oder einer anderen höheren Instanz kommentiert werden.
- Das „Kaskadengespräch" kann auch als Ideengeber für Problemlösungen genutzt werden. Dann unterhalten sich im dritten Schritt zwei außergewöhnlich verschiedene Personen über die ersten beiden Unterhaltungen, zum Beispiel ein Schauspieler mit einem Werbefachmann oder ein Künstler mit einem Börsenmakler.

Auch bezüglich der Auswertung des Gesprächs sind viele Varianten möglich. Je nach Fokus des Workshops kann der Moderator fragen:

- *Bei welchen Themen lag die größte Gesprächsenergie/-aufmerksamkeit?*
- *In welcher Art und Weise nehmen die Gespräche aufeinander Bezug?*
- *Welche Lösung schlummert hinter der Gesamtheit der Aussagen?*

Technische Hinweise

Vorbereitung:
Die Gesprächssituationen sollten möglichst mit geeigneten „Requisiten" bildhaft dargestellt werden. „Zur Not" können auch einige Moderationskarten auf den Boden gelegt werden, die durch die Form der Anordnung die Situation widerspiegeln.

Dienstalterpolonaise

Von Armin Rohm

Anwärmen	Orientieren	Bearbeiten	Abschließen

Kurzbeschreibung

Die Teilnehmer erinnern sich an die Ereignisse, welche die Geschichte ihrer Organisation maßgeblich beeinflusst haben und beleuchten spielerisch die jeweiligen Auswirkungen auf die Unternehmenskultur. Die „Dienstalterpolonaise" ist eine interaktive, amüsante Methode, die für einen spannenden Workshop-Beginn sorgt und eine elegante Überleitung in das Thema ermöglicht.

Dauer

Die Anwendung der Methode dauert durchschnittlich zwei Stunden.

Anwendungsbereiche

Das Tool kommt in der Anwärmphase zum Einsatz und eignet sich vor allem im Zusammenhang mit Themen, bei denen kulturelle und historische Aspekte einer Organisation oder eines Teams von besonderer Bedeutung sind. Typische Anwendungsfelder sind die Erarbeitung von Unternehmensleitbildern, die Entwicklung von Visionen oder die grundlegende Reformierung bestehender Strukturen. Darüber hinaus kann die „Dienstalterpolonaise" in Teamentwicklungsprozessen eingesetzt werden, insbesondere, wenn im Team unterschiedliche Generationen von Mitarbeitern eine gemeinsame Zukunft entwerfen sollen.

Zielsetzung/Nutzen

Wenn als Resultat von Veränderungsprozessen Neues entstehen soll, ist es oftmals notwendig, zunächst das Alte zu verstehen und zu würdigen. Das Tool „Dienstalterpolonaise" unterstützt diesen Prozess, indem es die Tradition des Unternehmens mit ihren vielen Facetten und „Merkwürdigkeiten" auf lockere, humorvolle Weise transparent macht. Die Methode aktiviert die Teilnehmer gleich zu Beginn des Workshops und sorgt für gute Stimmung. Der Moderator erhält nützliche Hinweise, die er im weiteren Prozess gezielt aufgreifen kann, wenn es darum geht, das Spannungsfeld zwischen Bewahren und Verändern zu bearbeiten.

Ausführliche Beschreibung

Die „Dienstalterpolonaise" wird zu Beginn eines Workshops eingesetzt, unmittelbar nachdem der Auftraggeber den Anlass und die Zielsetzung der Veranstaltung erläutert hat und der Moderator sich selbst und seine Rolle im weiteren Verlauf vorgestellt hat.

Am Beispiel eines „Workshops zur Entwicklung eines Unternehmensleitbilds" soll im Folgenden der mögliche Ablauf verdeutlicht werden:

Schritt 1: Aufstellung nach Dienstalter und Vorstellungsrunde
Die Teilnehmer werden gebeten, sich entsprechend der Dauer ihrer Betriebszugehörigkeit in einem Halbkreis aufzustellen. Sie organisieren sich dabei selbst. Der Moderator definiert lediglich den Rahmen, indem er dort, wo der Halbkreis beginnen soll, eine Karte mit dem Eintrittsjahr des Dienstältesten auf den Boden legt. Das gewünschte Ende markiert er mit einer Karte mit der aktuellen Jahreszahl.

Nachdem sich die Teilnehmer aufgestellt haben, folgt eine kurze Vorstellungsrunde, beginnend beim Dienstältesten. Sie kann z.B. anhand visualisierter Satzergänzungen erfolgen:

- Ich heiße ... und arbeite in diesem Unternehmen seit ...
- Die größte Herausforderung bei meiner Arbeit ist ...
- Wenn das ein richtig guter Workshop wird, dann werde ich das daran bemerken, dass ...

Während sich die Teilnehmer vorstellen, erhalten sie vom Moderator Karten mit Nummern entsprechend ihrer Betriebszugehörigkeit. Der Dienstälteste erhält die Nummer eins, der zuletzt eingestellte Mitarbeiter erhält die höchste Zahl.

Schritt 2: Definition der „Unternehmens-Epochen"
In unserem Beispiel könnte der nächste Prozessschritt wie folgt anmoderiert werden: *„Sie sind heute hier zusammengekommen, um gemeinsam ein Leitbild für Ihre Organisation zu entwickeln. Sie werden unter anderem den Zweck Ihres Unternehmens diskutieren, die Grundsätze Ihres Handelns klären und Entscheidungen treffen, in welche Richtung Sie sich miteinander entwickeln wollen. Manchmal ist es nützlich, zunächst einen Blick in die Vergangenheit zu richten, bevor Entscheidungen für die Zukunft getroffen werden. Die Frage ‚wo wollen wir gemeinsam hin'*

lässt sich am besten beantworten, wenn zuvor die Fragen ‚wo kommen wir her' und ‚wo stehen wir heute' bearbeitet wurden. Die nächsten Prozessschritte sollen Ihnen dabei helfen."

Der Moderator präsentiert der Gruppe die Visualisierung eines Zeitstrahls, der mit der Jahreszahl des Eintritts des Dienstältesten beginnt und mit der aktuellen Jahreszahl endet. Hinter der aktuellen Jahreszahl sollte noch etwas Platz gelassen werden, weil dort in einer späteren Prozessphase die gewünschte Zukunft thematisiert und visualisiert wird. Die Instruktion für den nächsten Schritt könnte lauten:

„Ihr Unternehmen hat schon einige Höhen und Tiefen erlebt. Manche von Ihnen waren persönlich dabei, andere kennen die Ereignisse aus Erzählungen und wieder andere wissen nur wenig über die Geschichte Ihres Unternehmens. Um ein gemeinsames Verständnis zu fördern, wollen wir diese Geschichte hier in Erinnerung rufen. Zu diesem Zweck definieren wir auf diesem Zeitstrahl die wichtigsten Epochen, die Ihre Organisation durchlebt hat. Eine Epoche bezeichnet laut Brockhaus einen längeren Zeitabschnitt, dessen Beginn und Ende mit einem deutlichen, einschneidenden Wandel verbunden sind, auch verstanden als Zeitpunkt, mit dem eine neue bedeutsame Entwicklung beginnt. Beispiele könnten ein Wechsel in der Unternehmensführung sein, die Einführung eines neuen Produkts, der Umzug in neue Geschäftsräume, aber auch krisenhafte Ereignisse wie der Abbau von Personal oder Schließung eines Standorts. Ich bitte Sie nun, gemeinsam die verschiedenen Epochen Ihres Unternehmens zu identifizieren, zu benennen und auf dem Zeitstrahl zu visualisieren. Notieren Sie bitte auch die Ereignisse, die jeweils den Übergang in eine andere Epoche eingeleitet haben. Es geht dabei ausschließlich um die Epochen und Ereignisse, die zumindest vom Dienstältesten unter Ihnen auch tatsächlich erlebt wurden."

Die Teilnehmer organisieren sich wieder weitgehend selbst. Der Moderator bleibt im Hintergrund. Meist muss er in der Diskussion die Akteure nochmals daran erinnern, sich ausschließlich auf diejenigen Ereignisse zu konzentrieren, die einen „einschneidenden Wandel" ausgelöst haben.

Wenn die Epochen definiert sind und eine lockere Atmosphäre herrscht, ermuntert der Moderator die Gruppe, für jede Epoche zusätzlich ein „knackiges Motto" zu formulieren, das die besondere Kultur des Unternehmens in diesem Zeitabschnitt auf den Punkt bringt. Diese Aussagen werden ebenfalls visualisiert.

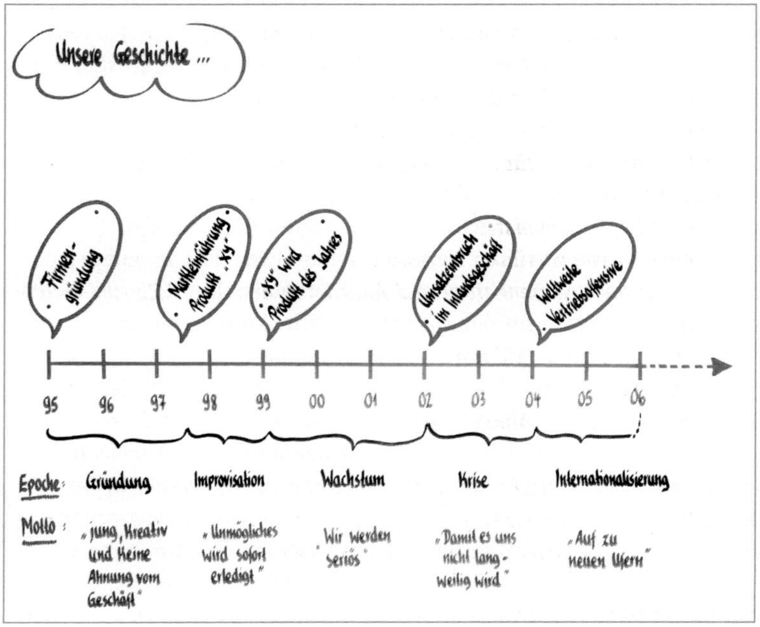

Abb. 1: Visualisierung der Epochen auf dem Zeitstrahl

Danach schreibt jeder Mitarbeiter seinen Namen auf die bei der Vorstellung erhaltene nummerierte Karte und ordnet sie auf der Pinwand „seiner Eintrittsepoche" zu.

Schritt 3: Impressionen aus den Epochen

Im nächsten Schritt wird die Gesamtgruppe in mehrere Kleingruppen entsprechend der Epochen aufgeteilt, wobei jeder Teilnehmer derjenigen Epoche zugeteilt wird, in die der Zeitpunkt seines Eintritts in das Unternehmen fällt. Die Kleingruppen werden nun eingeladen, sich getrennt und ungestört voneinander den Besonderheiten „ihrer" Epoche zu widmen.

Die Instruktion könnte lauten:

- *Erinnern Sie sich bitte daran, was Ihre ersten Eindrücke waren, als Sie in dieses Unternehmen kamen und tauschen Sie sich darüber in Ihrer Kleingruppe kurz aus (Zeit: 20 Minuten):*
  - *Was ist Ihnen in den ersten Monaten Ihrer Tätigkeit besonders aufgefallen?*
  - *Was hat Sie erstaunt, verwirrt, gefreut, geärgert, ...?*
  - *Was war zu dieser Zeit ‚typisch' für die Arbeit in Ihrem Bereich?*

- *Worin unterschied sich Ihre Organisation von anderen Unternehmen?*
- *Gibt es spezielle Erinnerungen oder Anekdoten?*

▶ *Bereiten Sie gemeinsam eine kleine Präsentation vor (Zeit: 30 Minuten). Ihrer Kreativität sind dabei keine Grenzen gesetzt. Sie können beispielsweise ...*
- *eine Reportage erstellen.*
- *eine Pressemitteilung verfassen*
- *‚typische' Begebenheiten und Anekdoten aus ‚Ihrer' Epoche erzählen*
- *einen Sketch aufführen*
- *ein Bild malen*
- *ein Märchen erzählen ...*

Der Moderator sorgt dafür, dass die Gruppen ungestört arbeiten können, hilft eventuell, benötigte „Requisiten" zu besorgen und erinnert gegen Ende an die Zeitvorgabe.

Schritt 4: Unternehmensgeschichte live!
Nach einer kurzen Pause präsentieren die Gruppen ihre Ergebnisse im Plenum. Es beginnt die Gruppe mit den „dienstältesten" Teilnehmern. Der Moderator kündigt die Darbietungen im Stile eines Conferenciers an und sorgt auf charmante Weise dafür, dass alle Gruppen den verdienten Applaus erhalten.

Die Epochenberichte werden nicht diskutiert, es sind lediglich Verständnisfragen und kurze Antworten zugelassen. Der Moderator fotografiert einige Szenen der Darbietungen und integriert die Bilder später in das Fotoprotokoll.

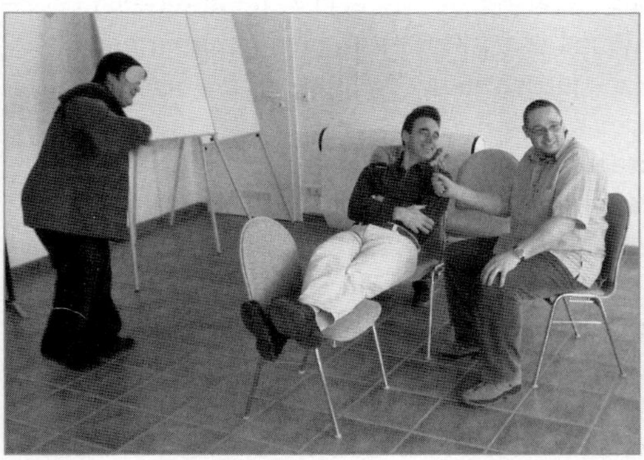

Abb.2: Spannende Darbietungen ...

Abb. 3: ... sorgen für ausgelassene Stimmung

Nach einer Pause kann der Moderator dann direkt die nächste Prozessphase einleiten. Er kann beispielsweise fragen:

- *Welche Werte wurden in den einzelnen Präsentationen deutlich – wie haben sich diese im Laufe der Epochen gewandelt?*
- *Welche offiziellen oder geheimen Spielregeln gab und gibt es in Ihrer Organisation?*
- *Was verraten die Beiträge über die unverwechselbare Identität Ihres Unternehmens?*
- *Was wollen Sie unbedingt bewahren und was wollen Sie gerne verändern?*
- *Wenn ich als Moderator Ihre Organisation nun charakterisieren müsste – was glauben Sie, würde ich wohl erzählen?*

Voraussetzungen/ Kenntnisse

Die Durchführung der „Dienstalterpolonaise" erfordert eine gewisse Routine in der Moderation von Gruppenprozessen und ein sensibles Gespür für den Umgang mit „verdeckten" Botschaften.

Kommentar/ Erfahrungen

Die „Dienstalterpolonaise" wird von den meisten Teilnehmern als unkonventioneller, kurzweiliger und erkenntnisreicher Einstieg in das Thema wahrgenommen. Die Präsentationen sind häufig überaus originell und bleiben den Akteuren dauerhaft in Erinnerung.

Die Instruktion zum Schritt 3 „Impressionen aus den Epochen" lässt verschiedene Herangehensweisen an das Thema zu (sachlich-logisch oder kreativ, strukturiert oder improvisiert) und wird so auch unterschiedlichen Bedürfnissen gerecht.

Die „Dienstalterpolonaise" ist mehr als nur ein „netter" Einstieg. Das Tool fungiert vielmehr als „roter Faden", an dem sich die Interventionen des Moderators während des gesamten Workshops orientieren. Erfahrene Profis nutzen die präsentierten Metaphern und Schlüsselbegriffe gezielt, um immer wieder in der Sprache des Klientensystems auf offene Fragen, eventuelle Widersprüche und unerwünschte Nebenwirkungen zu fokussieren. Das Tool eignet sich auch sehr gut, um den Workshop elegant abzuschließen. In unserem Beispiel könnte am Ende der Bearbeitungsphase der gemeinsame Text des Leitbildes stehen. Der Moderator kann die Gruppe dann nochmals zum anfangs visualisierten Zeitstrahl zurückführen. Die Gruppe zeichnet nun eine weitere Epoche in den Zeitstrahl ein und gibt ihr einen attraktiven Namen. Jetzt umfassen die Epochen die Vergangenheit, die Gegenwart und die erwünschte Zukunft. Die Auswertung und das Abschluss-Feedback können dann erneut im „Dienstalter-Halbkreis" erfolgen. Dieses Mal beginnen jedoch die „neuen" Mitarbeiter, denn sie verkörpern die Zukunft des Unternehmens.

Technische Hinweise

Ausstattung:
- Moderatorenkoffer
- Mehrere Pinwände (bespannt mit Packpapier)
- Digitale Kamera, evtl. Videokamera

Räumliche Voraussetzungen:
Um gegenseitige Störungen oder „Spionage" in den Kleingruppen zu verhindern, sollten mehrere Räume oder zumindest störungsfreie Orte entsprechend der Zahl der Kleingruppen zur Verfügung stehen

Vorbereitung:
- Visualisierungen/Arbeitsblätter:
  - Leitfragen für die Vorstellungsrunde
  - Zeitstrahl zur Definition der Epochen
  - Instruktion für die Arbeit in den „Epochen-Gruppen"
- Nummerierte Karten entsprechend der Teilnehmerzahl
- Vor dem Workshop Teilnehmerliste mit Eintrittsdaten beim Auftraggeber erbitten!

Quellen/ Weiterführende Literatur

Die ersten beiden Schritte des Tools sind eine Adaption der so genannten „Anciennitätspolonaise", die im Rahmen der „Territorigramm-Methode" zur Anwendung kommt. Diese Methode wurde von P.W. Gester in Kooperation mit Ulrich Clement am Heidelberger Zentrum für systemische Forschung und Beratung entwickelt.

- Peter W. Gester/Ulrich Clement (2001). Territorigramm – systemisch-konstruktivistische Organisationsentwicklung. Romanshorn: Viamala-Verlag.

Phase 1

Fast Networking

Von Iris Wenck

Anwärmen | Orientieren | Bearbeiten | Abschließen

Kurzbeschreibung

„Fast Networking" sorgt für einen dynamischen Einstieg in das Thema des Workshops. In Form von „Mini-Interviews" wird das relevante Wissen aller Teilnehmer abgefragt und anschließend in Kleingruppen verdichtet, visualisiert und im Plenum präsentiert. Weil jeder mit jedem kurz in Kontakt kommt, entsteht rasch eine gute Arbeitsatmosphäre.

Dauer

Die Durchführung der Methode dauert in der hier vorgestellten Version etwa eine Stunde (bei ca. 25 Personen und 6 Kleingruppen).

Anwendungsbereiche

Das Tool kann vor allem in der Anfangsphase eines Workshops eingesetzt werden, um in ein neues Thema einzuführen und dabei das Wissen der Teilnehmer zu aktivieren und in den Prozess zu integrieren. Grundsätzlich kann „Fast Networking" auch in anderen Workshop-Phasen eingesetzt werden – immer dann, wenn es sinnvoll ist, das kollektive themenspezifische Know-how der Gruppe schnell und einfach zusammenzutragen (z.B. bei der Sammlung von Lösungsideen oder bei der Abfrage möglicher Störungen und Hindernisse).

Zielsetzung/Nutzen

Die Teilnehmer werden aktiviert und bekommen gleichzeitig einen ersten Zugang zum Thema. In kurzer Zeit entsteht ein umfassender Überblick zum Kenntnisstand und zu den bisherigen Erfahrungen der Gruppe.

Der Prozess und die Ergebnisse liefern dem Moderator hilfreiche Informationen, sowohl hinsichtlich der benannten Themen als auch bezüglich der Motivationslage der Teilnehmer. Dies ist in Anfangssituationen besonders hilfreich, wenn es darum geht, die Beteiligten „dort abzuholen, wo sie gerade stehen" – und anschließend gezielt in das Workshop-Thema einzusteigen. Es wird schnell klar, welche Energie die Gruppe treibt, welche Themen besonders drängen und auf breites Interesse stoßen, und welche Themen eher am Rande interessant sind. „Fast Networking" ermöglicht eine Art „Blitzdiagnose". Dies ist besonders nützlich, wenn es um Kommunikations- und Strategiethemen in Veränderungsprozessen geht.

Ausführliche Beschreibung

Zu Beginn präsentiert der Moderator den Teilnehmern eine auf dem Flip-Chart visualisierte Frage, zum Beispiel: *„Welche Erfahrungen mit Veränderungsprozessen bringen Sie mit?"*

Vor allem bei großer Teilnehmerzahl kann es auch sinnvoll sein, der Gruppe mehrere Fragen zu stellen (damit nicht alle an derselben Fragestellung arbeiten). Die Fragen werden meist vom Moderator vorgegeben – sie können aber auch durch eine kurze Zuruf-Abfrage ermittelt werden.

Wie „Fast Networking" konkret ablaufen kann, soll am Beispiel eines Erfahrungsaustauschs von Führungskräften im Rahmen einer internen Change-Management-Qualifizierung dargestellt werden. Am Workshop nehmen 25 Personen teil.

Nach einer kurzen Begrüßung präsentiert der Moderator sechs Flip-Charts, auf denen jeweils eine der folgenden Fragen visualisiert ist:

- *Was sind nach Ihrer Ansicht Erfolgs- und Misserfolgsfaktoren von Change-Prozessen?*
- *Welche Change-Prozesse haben Sie bereits ‚live' erlebt?*
- *Welche Erfahrungen und Erkenntnisse haben Sie in Bezug auf die Kommunikation in Change-Prozessen?*
- *Welche Werkzeuge zur Gestaltung von Change-Prozessen sind Ihnen bekannt und welche Erfahrungen haben Sie mit ihrer Anwendung?*
- *Was sind Ihre Hoffnungen und Befürchtungen im Hinblick auf die Entwicklung aktueller interner Veränderungen?*
- *Wie sehen Sie Ihre Rolle als Führungskraft im Kontext von Change-Prozessen?*

Schritt 1: Interview-Phase

Nun werden die Flip-Charts auf sechs Kleingruppen verteilt. Es ist sinnvoll, die Gruppen entweder per Zufallsprinzip auszulosen, z.B. durch das Ziehen von farbigen (Moderations-)Kärtchen oder einfachem

Abzählen. Natürlich kann die Zuordnung auch nach dem persönlichen Interesse am Thema erfolgen.

Der Moderator instruiert die Teilnehmer: *„Jetzt geht es in der Interview-Phase darum, dass Sie in kurzer Zeit so viele Antworten wie möglich auf Ihre Frage sammeln. Hier ist ein gewaltiges Wissen im Raum versammelt! Nutzen Sie die Erfahrungen und Erkenntnisse Ihrer Kollegen, holen Sie ihre Meinungen ein, das ist etwas, was wir im Arbeitsalltag viel zu selten tun, und wenn, dann nur unsystematisch! Sie können sich dabei gerne Notizen machen, aber bitte nur Stichpunkte. Zum Ablauf: Jede Person hier im Raum muss befragt werden. Darüber hinaus befragen Sie sich auch innerhalb Ihrer Kleingruppe gegenseitig, so dass sich jeder zumindest einmal zu Ihrer Frage geäußert hat. Gleichzeitig sollen Sie natürlich auch den anderen Gruppen zur Verfügung stehen, um umgekehrt auch deren Fragen zu beantworten. Ob und wie Sie die Zusammenarbeit in Ihrer Arbeitsgruppe und den Ablauf der Interviews organisieren wollen, ist Ihnen freigestellt. Zur Lösung Ihrer Aufgabe haben Sie maximal 25 Minuten Zeit. Die Aufgabe gilt nur dann als erfolgreich gelöst, wenn tatsächlich jeder jede Frage mindestens einmal beantwortet hat. Deshalb heißt die Übung auch ‚Fast Networking' – es geht also (noch) nicht um intellektuellen Tiefgang, sondern eher um Bewegung, Kontakt und Aktion."*

Der Moderator bittet die Gruppen, sich mit „ihren" Flip-Charts im Raum zu verteilen. Die Gruppen können sich noch kurz (höchstens drei Minuten) abstimmen, wie sie bei den Interviews vorgehen wollen. Dann erteilt der Moderator das „Go!".

Nach anfänglicher Irritation beginnt schnell ein munteres Treiben im Raum. Jeder versucht, schnellstmöglich Antworten auf seine Frage zu erhalten. Falls die Gruppen zuvor eine „Strategie" zur Vorgehensweise vereinbart haben, gerät diese meist nach kurzer Zeit in Vergessenheit. Der Moderator hält sich weitgehend zurück. Gelegentlich ist es hilfreich, nochmals an einzelne Aspekte der Aufgabe zu erinnern (z.B.: *„Nicht nur Fragen stellen, bitte auch Antworten geben!"*, oder: *„Wenn ein Teilnehmer bereits zu der Frage Stellung genommen hat, suchen Sie sich bitte einen neuen Interviewpartner und weiter geht's!"*) oder über die noch verbleibende Zeit zu informieren.

Schritt 2: Informationsverdichtung in den Kleingruppen
Nach Abschluss der Interviewphase treffen sich alle Kleingruppen wieder vor jeweils „ihrem" Flip-Chart. Sie erhalten jetzt den Auftrag, die gesammelten Informationen zusammenzutragen und in geeigneter Weise für die Präsentation im Plenum aufzubereiten. Zusätzlich zu den Flip-Charts können Pinwände zur Verfügung gestellt werden, um die Informationen zu visualisieren. Es ist den Gruppen überlassen, wie die Präsentation konkret aussehen wird und wer die Rolle des Präsentators übernimmt.

Da es sich um die Anfangsphase des Workshops handelt, ist die objektive Wiedergabe zweitrangig: Deshalb ermuntert der Moderator die Gruppen ausdrücklich zur subjektiven Selektion:

- *Was waren denn für Sie die spannendsten Antworten?*
- *Was hat Sie erstaunt, amüsiert, begeistert?*
- *Waren für Sie überraschende Erkenntnisse dabei?*

Um Ihre Präsentation vorzubereiten, haben Sie 15 Minuten Zeit.

Auch hier gilt: Es geht um „Fast Networking" – die Aktivität und Interaktion der Teilnehmer ist im Zweifelsfall wichtiger als das inhaltlich „korrekte" Ergebnis.

Schritt 3: Präsentationen im Plenum
Der Moderator gibt wieder eine kurze Einführung, z.B. *„Nun sind wir natürlich gespannt, was die Kleingruppen zu den einzelnen Themen bereits sammeln konnten. Welche Gruppe möchte mit der Präsentation*

beginnen?" Nacheinander präsentieren alle Kleingruppen ihre gesammelten und kommentierten Informationen im Plenum. Der Moderator achtet dabei jeweils auf die Einhaltung des Zeitrahmens. Er stellt sicher, dass alle Erfahrungen und Strukturierungen gewürdigt und keinesfalls kritisiert werden. Es darf lediglich nachgefragt werden. Die Präsentationszeit und die Zeit für Rückfragen sollten dabei kurz gehalten und möglichst gleich verteilt sein.

Schritt 4: Persönliche Statements
Nach den Präsentationen erhält jeder Teilnehmer die Möglichkeit, ein persönliches Statement zum Prozess oder zu den Ergebnissen der Befragungen abzugeben. Der Moderator achtet darauf, dass zunächst wirklich jeder etwas sagen kann und „Kommentare zum Kommentar" unterbleiben. Häufig besteht das Bedürfnis, bereits zu diesem frühen Zeitpunkt in kontroverse Diskussionen einzusteigen. Der Moderator verweist dann höflich auf die Struktur des Workshops und auf die Möglichkeit der kritischen Reflexion im Rahmen der eigentlichen Themenbearbeitung.

Falls sich Moderator und Teilnehmer nicht bereits aus früheren Workshops kennen, kann an dieser Stelle noch eine kurze Vorstellungsrunde integriert werden und die Abfrage der individuellen Erwartungen und Befürchtungen in Bezug auf den Workshop erfolgen.

Nach dem „Fast Networking" befindet sich der Workshop bereits mitten in der Orientierungsphase.

Kommentare/ Erfahrungen

Obwohl der Moderator bei seinen Interventionen vor allem das interaktive Miteinander betont und bewusst darauf verzichtet, inhaltliche Perfektion „einzufordern", ist es immer wieder erstaunlich, wie umfassend und qualitativ hochwertig die präsentierten Arbeitsergebnisse sind. Die Resultate schaffen direkt oder indirekt die Basis für die spätere Themenbearbeitung: Entweder kann mit den Ergebnissen des „Fast Networking" anschließend weitergearbeitet werden, oder der Moderator kann nach diesem ersten Eindruck über den Wissens- und Erfahrungsstand der Gruppe die geplante Schwerpunktsetzung und Positionierung der Workshop-Themen noch einmal überdenken und gegebenenfalls anpassen.

„Fast Networking" ist eine überaus vielseitige Methode, die in vielen Varianten und in unterschiedlichen Phasen und Kontexten eingesetzt werden kann: Der Moderator muss jeweils auf der Basis seiner Informationen hinsichtlich Teilnehmerzahl, Anlass und Zielsetzung des Workshops entscheiden, in welcher Weise er das Tool nutzen möchte.

Eine interessante Variante der Methode kann statt zum „Anwärmen oder Orientieren" auch als Bearbeitungstool genutzt werden. Hierbei geht es dann tatsächlich in erster Linie um inhaltlichen Tiefgang und professionelle Ergebnisse. Die Variante kann vor allem im Rahmen von Experten-Workshops äußerst effektiv eingesetzt werden, wenn sich beispielsweise erfahrene Change-Manager zum Erfahrungsaustausch und Wissenstransfer treffen (max. 12 Personen).

Der Moderator lässt den Teilnehmern bereits im Vorfeld der Veranstaltung die „Fast-Networking-Fragen" zukommen, verbunden mit der Bitte, sich gedanklich auf diese Themen einzustimmen und außerdem hilfreiche schriftliche Materialien (Fallbeispiele, Beschreibungen von „Lieblingsmethoden" usw. ...) zum Workshop mitzubringen. Themen eines solchen Workshops könnten zum Beispiel die Erfolgsmessung in Change-Projekten, die Gestaltung wirksamen Beteiligungsmanagements, der Umgang mit Widerständen etc. sein.

Im Workshop werden die Leitfragen mit der „Fast-Networking-Methode" bearbeitet. Der Ablauf entspricht weitgehend dem bereits in diesem Beitrag beschriebenen Vorgehen: Es werden Leitfragen visualisiert, Arbeitsgruppen gebildet, Spielregeln erklärt, anschließend gegenseitige Interviews geführt und zum Schluss die Ergebnisse dokumentiert und präsentiert. Allerdings sind die Interviewphasen in dieser Variante deutlich länger (ca. 5-10 Minuten je Interview), um möglichst umfassende Informationen zu erhalten und unterschiedliche Sichtweisen zu den Themen herauszuarbeiten. Im Rahmen der Interviews werden auch die eventuell mitgebrachten schriftlichen Unterlagen zu den einzelnen Themen eingesammelt und von den „Urhebern" kurz kommentiert.

Nach der Interviewphase erhalten die Gruppen ausreichend Zeit, um die Ergebnisse der Interviews zusammenzufassen und um relevante Informationen aus den eingesammelten Unterlagen zu ergänzen. Nach den anschließenden Präsentationen sind vertiefende Diskussionen dann ausdrücklich erwünscht. Eventuell werden einzelne Fragen in Arbeitsgruppen delegiert und dort weiter vertieft. Der Moderator sorgt dafür, dass das Workshop-Protokoll neben den Fotos der Visualisierungen auch sämtliche mitgebrachten Dokumente enthält – evtl. mit Erläuterungen der jeweiligen Kleingruppe. Mit dieser Variante der Methode können auch sehr komplexe und anspruchsvolle Themen relativ schnell bearbeitet und zusammengefasst werden (in etwa 2-3 Stunden)

„Fast Networking" kann auch eine interessante, vom Moderator spontan gewählte Alternative zur eigentlich geplanten Vorgehensweise sein, wenn die Zeit in einem Workshop knapp wird und verhindert werden soll, dass die Sichtweisen der Teilnehmer zu bestimmten Fragestellungen einfach „unter den Tisch fallen".

Technische Hinweise

Ausstattung:

- Mehrere Flip-Charts (entsprechend der Anzahl der Kleingruppen), alternativ oder ergänzend: Moderatorenkoffer und Stellwände
- Fotokamera zum Protokollieren

Räumliche Vorraussetzungen:

Für die Durchführung der Methode wird ein großer Seminarraum benötigt, am besten mit Stuhlkreis, ohne Tische, ausgestattet, sowie evtl. weitere Räume für die Kleingruppendiskussionen.

Vorbereitung:

- Themen/Aspekte identifizieren und auf Flip-Chart als offene Fragen visualisieren

„Kohlköpfe" identifizieren

Von Dr. Susanne Klein

Anwärmen	**Orientieren**	Bearbeiten	Abschließen

Kurzbeschreibung

„Kohlköpfe identifizieren" ist eine effektive Methode zur kritischen Reflexion von Arbeitsprozessen. Führungskräfte erhalten zu Beginn eines Veränderungs-Workshops die Gelegenheit, im intensiven Austausch mit ihren Kollegen bewährte Abläufe zu identifizieren und zu würdigen bzw. nicht mehr zeitgemäße Routinen in Frage zu stellen und loszulassen. Auf diese Weise kann eine professionelle Balance von Bewahren und Verändern gefördert werden.

Dauer

Die Dauer variiert mit der Anzahl der Personen und der Intensität des Prozesses. Bei 20 Personen sollte man etwa 90 Minuten kalkulieren.

Anwendungsbereiche

Das Tool kann in den Phasen Anwärmen und/oder Orientieren eingesetzt werden. Dieses Tool ist immer dann sinnvoll, wenn es im Veränderungsprozess für die einzelnen Führungskräfte noch keine Möglichkeit gab, Prioritäten zu setzen und den kommenden Veränderungsprozess zu reflektieren. Voraussetzung: Die Ziele der anvisierten Veränderung sind ausreichend kommuniziert und erläutert.

Zielsetzung/Nutzen

Viele Führungskräfte tun sich mit Veränderungen schwer, weil sie die definierten Abläufe und Prozesse überwiegend für relevant und unverzichtbar halten. Es fällt ihnen schwer, sich von etwas zu trennen, das ihnen über die Jahre hin gewohnt, vertraut und damit oftmals lieb geworden ist – auch wenn es „Kohlköpfe" sind. Sie entscheiden daher in der Regel nicht nach Relevanz, sondern eher nach dem Prinzip der Gewohnheit.

Dieses Tool kann helfen, eine Art kleine „Inventur" durchzuführen und zu reflektieren, welche Prozesse tatsächlich auch für die neuen Unternehmensziele optimal und förderlich sind. Die Metapher regt dazu an, Altes loszulassen und sich mit Vertrauen in die Zukunft auf Neues einzulassen. Die Metapher macht deutlich, dass alle Führungskräfte auf dem Weg hin zur Neugestaltung etwas zurücklassen werden müssen. Darüber hinaus regt es die Entwicklung einer so genannten „Übergangskompetenz" an – einer Kompetenz, um Übergänge von einer Unternehmensstrategie und -struktur zur anderen zu gestalten.

Gleichermaßen wird mittels einer zirkulären Frage an die Kollegen die Auswahl reflektiert: Was glauben die Kollegen, was verzichtbar ist und was unbedingt beibehalten werden sollte? Was glauben die Kollegen, ist wichtig für mich? Wie werde ich wahrgenommen?

Ausführliche Beschreibung

Bevor ein Workshop stattfindet, der mit diesem Tool eröffnet wird, muss schon eine Reihe an Vorinformation zum Veränderungsprozess im Unternehmen vorhanden sein. Falls das nicht der Fall ist, müssen diese Informationen zu Beginn des Workshops von übergeordneter Ebene an die Führungskräfte weitergegeben werden. Das Tool kann dann erst im zweiten Schritt eingeführt werden. Voraussetzung für die Arbeit mit diesem Tool ist, dass sich die Personen untereinander kennen und eine Vorstellung vom Verantwortungsbereich der Kollegen haben.

Schritt 1: Die Metapher von den „Kohlköpfen"

Der Moderator kündigt nach der Begrüßung und dem Kennenlernen eine kurze Geschichte an. Er bittet die Zuhörer, sich entspannt zurückzulehnen und zuzuhören. Dann liest er folgende Metapher vor (nach Idries Shah):

„Die Insulaner sehnten sich danach, in ein anderes Land auszuwandern, in dem sie ein gesünderes und besseres Leben führen könnten. Das Problem war, dass die praktischen Künste der Schifffahrt und des Schwimmens bei diesen Leuten nie entwickelt wurden oder schon vor langer Zeit verloren gegangen waren. So gab es unter der Inselbevölkerung einige, die sich einfach weigerten, über Alternativen zu dem Leben auf dieser Insel nachzudenken. Andere versuchten, an Ort und Stelle ihre Probleme zu lösen, ohne an eine Überquerung des Wassers zu denken. Ab und zu erfand einer der Inselbewohner die Kunst des Schwimmens aufs Neue, und manchmal kam auch ein hoffnungsvoller Schüler zu so jemandem, der das Wasser zu überqueren wusste. Dann entwickelte sich etwa folgender Dialog:

‚Ich möchte schwimmen lernen.'
‚Möchten Sie einen Vertrag aushandeln?'
‚Das ist nicht nötig, ich muss nur meinen Sack Kohlköpfe mitnehmen können.'
‚Was für Kohlköpfe?'
‚Na, das Essen, das ich auf der anderen Seite brauchen werde.'
‚Dort gibt es besseres Essen.'
‚Wie soll ich das verstehen? Ich kann doch nicht sicher sein – nein, meine Kohlköpfe muss ich mitnehmen!'
‚Aber mit einem Sack Kohlköpfen können Sie nicht schwimmen!'
‚Dann kann ich auch nicht mitkommen. Sie nennen es eine Last – ich nenne es lebenswichtige Nahrung.'"

Schritt 2: „Kohlköpfe" identifizieren
Nun kündigt der Workshop-Leiter eine Einzelarbeit an: *„Ich möchte Sie nun bitten, die ‚Kohlköpfe' in Ihrem derzeitigen Arbeitsumfeld ausfindig zu machen. Suchen Sie ein, zwei oder drei Prozesse oder Abläufe oder Notwendigkeiten, von denen Sie der Meinung sind, dass diese auf Ihrem Weg der Veränderung ‚Kohlköpfe' darstellen, also eher ein Ballast als ein Gewinn sind. Wovon würden Sie sich also gerne trennen, wenn Prozesse neu gestaltet werden? Schreiben Sie bitte ein Stichwort auf und erläutern Sie dieses kurz: Also zum Beispiel ‚Berichtswesen' – alle Informationen über einen Projektfortschritt gehen derzeit an alle möglichen Interessenten und nicht nur an die Personen, die an dem Projekt mitarbeiten. Wenn Sie mehr als einen ‚Kohlkopf' finden, dann entscheiden Sie sich für einen einzigen, den Sie auf einer Karte festhalten. Bitte formulieren Sie Ihre Beschreibung so, dass auch jemand, der Ihren Bereich nicht so gut kennt, mit dieser Beschreibung eine Vorstellung davon bekommt, was gemeint ist. Notieren Sie Ihre Wahl bitte auf ein Kärtchen."*

Für diese Arbeitsphase gibt der Moderator den Teilnehmern einige Minuten Zeit. Da sich hier im Kopf nun eine Inventur abspielt, die nicht vorbereitet ist, dauert es manchmal eine Weile, bis eine schlüssige Idee entsteht. Es werden Gedanken aufgegriffen und wieder verworfen, bis schließlich ein echter „Kohlkopf" gefunden ist. Die Gedanken kommen oft dann besonders gut in Schwung, wenn sich die Teilnehmer dabei bewegen können. So hängen vielleicht an Wänden Informationen über die zukünftige Veränderung, die die Teilnehmer nochmals anschauen können, um Ideen zu entwickeln. Manchmal ist es aber auch einfach gut, vor die Tür zu gehen und einen Kaffee zu trinken. Der Moderator bittet die Teilnehmer ausdrücklich, jetzt noch nicht miteinander ins Gespräch zu kommen.

Schritt 3: „Schwimmhilfen" identifizieren

Im dritten Schritt soll die gleiche Aufgabe durchgeführt werden, mit dem kleinen, aber bedeutenden Unterschied, dass nun nicht mehr nach „Kohlköpfen" gefahndet wird. Vielmehr sollen die Führungskräfte nun nach einem Prozess oder einem Ablauf suchen, den sie für erfolgreich halten und den sie gerne in einer neuen Unternehmensstruktur und einer neuen Ausrichtung wiederfinden würden. Beispiel: Führungskreis – vierwöchentliche Meetings im Führungskreis zum Informationsaustausch und zur Besprechung von aktuellen Themen.

Der Workshop-Leiter sollte hier deutlich machen, dass es sich um ein für die Arbeit der Führungskräfte unverzichtbares Element handeln soll, das in dem Unternehmen der Zukunft seinen Platz finden muss, um ein effektives Arbeiten zu ermöglichen. Es geht also nicht um Ballast, sondern – um in der Metapher zu bleiben – eher um eine „Schwimmhilfe".

Schritt 4: Feedback einholen

Nun hat jeder Teilnehmer zwei beschriebene Kärtchen in der Hand. Der Moderator bittet nun die Teilnehmer, sich gegenseitig ihre Kärtchen auf den Rücken zu kleben. Also Person A bittet Person B, die Kärtchen von ihr in die Hand zu nehmen und ihr (Person A) mit Klebeband (stofffreundlich!) auf dem Rücken zu befestigen. Das soll so geschehen, dass die Karte fest sitzt und es noch eine freie Ecke zum Schreiben gibt. Die Reihenfolge der Karten – also welche oben oder unten geklebt wird, ist irrelevant – der „Träger" sollte es nicht einmal wissen.

Dann beginnt ein munteres Laufen im Raum und die Begegnung zwischen allen Teilnehmern. Die Instruktion ist folgende: *„Nun laufen Sie durch den Raum und nehmen mit jedem Kollegen Kontakt auf. Sie dürfen mit jedem Kollegen ein kurzes Gespräch führen, in dem Sie beispielsweise seine Fragen zu Ihren Ideen beantworten. Sie sollten allerdings die Ideen jetzt noch nicht diskutieren, sondern jeweils nur zur Kenntnis nehmen und aus Ihrer Sicht bewerten.*

Lesen Sie die Karten auf dem Rücken des anderen und entscheiden Sie: Welche Karte stellt den Kohlkopf Ihres Gegenübers dar? Welchen Prozess würde er gerne ablegen auf dem Weg zur neuen Organisation? Schreiben Sie auf dieses Kärtchen ein ‚K' für Kohlkopf. Versuchen Sie auf dem Weg durch den Raum mit möglichst jedem Kollegen in Kontakt zu kommen. Zählen Sie die Personen durch. Lassen Sie zwischenzeitlich die ‚Ks' auf Ihrem Rücken zählen, dann wissen Sie, wie viele Kollegen sie noch anzutreffen haben. Haben alle Kollegen ihr ‚K' auf Ihren Kärtchen abgegeben, können Sie wieder Platz nehmen und sich die Einschätzung der anderen ansehen.“

Haben alle Teilnehmer ihre Karten abgenommen und betrachtet, dann haben sie gleichsam ein Feedback der Kollegen zu ihrer Priorisierung erhalten: Was glauben die Kollegen, halte ich für wichtig?

Schritt 5: Feedback verarbeiten
Jeder Teilnehmer sollte nun die Gelegenheit bekommen, sich mit den Reaktionen zu beschäftigen. Die Teilnehmer können noch einmal über ihre Wahl nachdenken, nachdem sie nun die Einschätzung der Kollegen kennen. Dann bittet der Moderator die Teilnehmer, das, was ihnen wirklich wichtig ist, also den Prozess, den sie in der zukünftigen Organisation für wichtig halten, auf eine Karte zu schreiben und an eine Pinwand zu hängen. Es können auch die „Kohlköpfe“ gesammelt und aufgehängt werden. Diese Pinwand bleibt während des gesamten Workshop-Verlaufs im Raum und wird am Schluss nochmals geprüft. Die neu gefundenen Strukturen und Prozesse:
- *Berücksichtigen Sie das, was jeder am Anfang notiert hat?*
- *Müssen wir uns doch noch von etwas verabschieden?*
- *Oder ist uns gar bewusst geworden, dass ein Prozess, den wir anfänglich nicht berücksichtigt haben – sondern als Kohlkopf bezeichnet haben – nun doch wichtig geworden ist?*

Voraussetzungen/ Kenntnisse

Der Moderator sollte Metaphern mögen und bei seinen Interpretationen immer wieder auf die Bilder der Metapher zurückkommen. Hilfreich sind Kenntnisse von systemischen Interventionen, insbesondere zum Umgang und zur Auswertung von zirkulären Fragen.

Kommentar/ Erfahrungen

Das Interessante an diesem Tool ist, dass das Thema „Wollen wir überhaupt eine Veränderung?“ nicht im Raum steht. Die Veränderung ist beschlossen und Fakt. Es geht „nur“ darum, die Prozesse in den einzelnen Bereichen und bereichsübergreifend neu zu definieren und aufeinander abgestimmt im Rahmen der Neuorientierung zu optimieren. Die Gefahr, in eine vergangenheitsorientierte Diskussion zu fallen, wird geringer, da mit diesem Tool Teile der Vergangenheit gewürdigt und weitergetragen werden.

Die Zeit, die die Teilnehmer für die erste Einzelarbeit brauchen und die sie benötigen, um die Ergebnisse anzuschauen, variiert manchmal.

Die Gefahr bei diesem Tool besteht darin, dass der Ablauf durch viele interessante Diskussionen unterbrochen werden kann. Es liegt hier in der Hand des Moderators die Diskussionen wertschätzend zu verschieben, um zu gewährleisten, dass das Tool seine Kraft entfalten kann.

Technische Hinweise

Materialien:
- Moderationskarten
- Pinwände
- Ein „stofftaugliches" Klebeband
(Achtung: Seidenblusen und Kreppband passen nicht zusammen)

Quellen/ Weiterführende Literatur

- Helmut Fuchs/Andreas Huber (2002). Metaphoring – Komplexität erfolgreich managen. Offenbach: Gabal Verlag.

Chef-Interview

Von Rolf Balling

Anwärmen	Orientieren	Bearbeiten	Abschließen

Kurzbeschreibung

Die Intervention wird in der Anwärm- bzw. Orientierungsphase eines Workshops eingesetzt, mit dem Ziel, den Chef als Person darzustellen und ihn in seinen Absichten/Befürchtungen deutlich werden zu lassen. Der Moderator interviewt den Chef einfühlsam und gleichzeitig direkt, während die Mitarbeiter zunächst nur zuhören. Danach schließt sich eine strikt moderierte Fragerunde an. Das „Chef-Interview" klärt Fantasien, zentriert auf wichtige Themen und aktiviert emotionale Bindung.

Dauer

Das reine Interview dauert 10 bis 15 Minuten. Wenn sich daraufhin eine ausreichend vertrauensvolle Stimmung etabliert hat, schließt sich eine Fragerunde (Chef – Mitarbeiter) an, die weitere 15 bis 30 Minuten in Anspruch nimmt. Zur Vorbereitung des Interviews ist unbedingt ein Vorgespräch zwischen dem Moderator und dem Chef unter vier Augen erforderlich.

Anwendungsbereiche

Das „Chef-Interview" eignet sich vor allem für Teamentwicklungen, Abteilungs-Workshops, Konfliktmoderationen mit mehreren hierarchischen Ebenen und für Problemlösungs-Workshops. Die Intervention bietet sich grundsätzlich immer dann an, wenn die Thematik des Workshops und/oder die damit verbundene Rolle des Chefs eine gewisse Brisanz aufweisen und deshalb zu erwarten ist, dass die zu bearbeitenden Sachthemen von den emotionalen Befindlichkeiten der Akteure überlagert werden.

Zielsetzung/Nutzen

Gegen Ende der Anwärmphase ist es wichtig, eine Arbeitseinheit zu integrieren, die schnell auf die „Knackpunkte" fokussiert und es dem Moderator ermöglicht, seine Kompetenz in Hinblick auf „keine Angst vor heißen Themen“ und gleichzeitig „klarer Schutz für alle Beteiligten“ deutlich machen kann. Hier etabliert sich die Qualität der Arbeitsstimmung für den weiteren Workshop-Verlauf.

Workshops werden in der Regel durchgeführt, wenn die normalen Mittel des organisatorischen Alltags nicht mehr greifen. Dann sind häufig schon gegenseitige Verletzungen geschehen und der Prozess, sich gegenseitig Fehler und ungute Absichten zu unterstellen, blüht bereits. Durch das Interview wird – wieder – deutlich, dass jeder gute Absichten hat und sich in seiner Weise für ein Gelingen engagiert.

Der Chef redet über seine Hoffnungen, Befürchtungen und Gefühle mit dem Moderator, wie dies im Gespräch mit Mitarbeitern so nicht möglich wäre. (Metapher: „Die Kinder hören mit spitzen Ohren zu, wenn die Eltern mit einem Freund über Belange der Familie reden.“).

Die Abwehr davor, beeinflusst zu werden, reduziert sich stark, unangemessene Übertragungen seitens der Mitarbeiter können zurückgenommen werden. Man ist momentan Zeuge eines interessanten Gespräches und eben kein direkter Konfliktpartner.

Kaum überschätzen kann man den Nutzen für den Moderator, der in seiner Funktion und mit seiner Kompetenz für alle Beteiligten erfahrbar wird:

- Er zeigt sich als interessierter, empathischer Fragesteller.
- Er spricht Tabus und kritische Fragen an; gibt die Erlaubnis dazu auch für andere.
- Er unterstellt gute Absichten und Engagement, was er ausdrücklich würdigt.
- Er erzeugt mit Zusammenfassungen und eigenen Ideen Fokussierung und Prägnanz.
- Er gibt effektiven Schutz, indem er die Grenzen zu unangemessener Intimität sorgsam achtet.
- In der sich meist anschließenden Fragerunde erlaubt er Streit, unterbindet allerdings sofort persönliche Abwertungen.
- Er zeigt sich engagiert für alle beteiligten Personen und insbesondere für die gesamte Organisationseinheit. Er lässt sich nicht für Machtkoalitionen benutzen.

Ausführliche Beschreibung

Schritt 1: Vorbereitung der Intervention

Für den Moderator besteht die erste Aufgabe immer darin, zu prüfen, ob das „Chef-Interview" bezogen auf den anstehenden Workshop tatsächlich eine passende Intervention darstellt. Er kann dies für sich gut klären, indem er folgende Fragen beantwortet:

- Ist der Chef mit seinen Absichten, Einschätzungen und seinem Führungsstil wichtig?
- Kann sich der Chef dem Moderator für das Interview angemessen anvertrauen?
- Traut der Moderator ihm zu, sich differenziert, engagiert und sympathisch zu zeigen?
- Hat der Moderator genug Wohlwollen zu einem empathischen Interview?
- Bietet die Situation und das Setting genügend Schutz für alle Beteiligten?

Wenn sich die Intervention anbietet, ist es wichtig, den Chef in einem vorbereitenden Gespräch unter vier Augen für dieses Vorhaben zu gewinnen. Die Inhalte und Ziele dieses Gesprächs sind:

- Vertrauen aufbauen und den Chef ermutigen, mehr von sich und seinen Absichten zu zeigen. Auch die Erlaubnis geben, nichts zu sagen, was ihn in Schwierigkeiten bringen könnte. Hochinteressant ist immer, wenn der Chef später im Workshop etwas über seine ganz persönlichen Ideen von Erfolg und auch über seinen Anspruch an sich selbst – vielleicht sogar über seine Karrierevorstellungen – berichtet.
- Themenbereiche klären und absprechen, welche Fragen nicht gestellt werden.
- Schutz während des Interviews und danach zusichern und konkretisieren.

Im Workshop achtet der Moderator zunächst auf ein geeignetes Setting. Chef und Moderator sollten sich gegenübersitzen, deutlich getrennt von den Mitarbeitern, welche beide Interviewpartner von der Seite sehen können.

Schritt 2: Das eigentliche Interview

Der Moderator leitet die Intervention ein, indem er beispielsweise sagt, dass er im Vorgespräch mit dem Chef einiges Interessante erfahren hätte, von dem er nicht wisse, ob das allen schon bekannt sei. Außerdem hätte er selbst noch einige Fragen, die er dem Chef am Einfachsten gleich öffentlich stellen wolle. Auf diese Weise hätten dann auch alle den gleichen Informationsstand. Eventuell wäre es sinnvoll, dass danach der Chef Fragen der Mitarbeiter beantworte, das würde dann spontan entschieden.

Der Moderator würdigt zunächst den Chef, insbesondere dafür, dass er den Workshop initiiert hat und auch zu diesem Interview bereit ist. Er macht deutlich, dass niemand etwas sagen muss, was ihm Schwierigkeiten bringen wird. Dann beginnt er respektvoll – aber nicht unterwürfig – die Befragung. Er klärt das inhaltliche Thema, indem er den Chef nach der Vorgeschichte und Zielsetzung des Workshops und den damit verbundenen Erwartungen des Managements fragt. Dann fokussiert er die Aufmerksamkeit behutsam immer mehr auf die Person und die besondere Rolle des Chefs. Er fragt beispielsweise:

- *Unter welchen Zwängen leiden Sie in Ihrer Rolle?*
- *Wo sind Ihre Hoffnungen – und wo Ihre Enttäuschungen und Ihr Frust?*
- *Was wäre für Sie als Chef ein professioneller oder persönlicher Erfolg – und was wäre eine Niederlage?*
- ...

So werden neben den unternehmerischen Strategien und Prioritäten des Chefs plötzlich auch seine ganz persönlichen emotionalen Themen authentisch sichtbar. Indem der Chef seine Gefühle zeigt, gewinnt er an Glaubwürdigkeit und seine positiven Absichten werden deutlich. In dieser sensiblen Gesprächsphase sorgt der Moderator für Schutz, indem er beispielsweise ungeschickte Äußerungen des Chefs freundlich interpretiert und wiederholt. Falls Mitarbeiter sich in dieser Phase einmischen wollen, unterbindet er dies konsequent und verweist höflich auf die sich anschließende Fragerunde.

Im „Chef-Interview" ist es immer sinnvoll, wenn sich auch der Moderator „als Person zeigt" und eigene Ideen und Einschätzung einbringt. Je mehr Gespräch, desto besser.

Schritt 3: Die Fragerunde

Wenn offensichtlich viele Fragen aufgeworfen wurden und die Stimmung insgesamt konstruktiv und arbeitsfähig ist, leitet der Moderator direkt zu einer Fragerunde im Plenum über.

Bei sehr großer Betroffenheit, oder wenn sehr viel Aggression im Raum ist, ist es oft sinnvoll, zunächst eine Einzelarbeit anzuschließen, den Austausch in Kleingruppen zu ermöglichen oder einfach eine Pause zu machen.

Der Moderator leitet die Fragerunde aktiv und ist jederzeit präsent. Er ermutigt die Teilnehmer zur konstruktiven Kommunikation – was durchaus auch Streit sein kann – und konfrontiert gleichzeitig jedwede Abwertung. Er „übersetzt" schwammige und provokante Fragen positiv, klärt die dahinter liegenden Absichten und Befürchtungen und bringt die Beiträge auf den Punkt.

Schritt 4: Nacharbeit und Evaluation
Nachdem für Interview und Fragerunde vom Moderator ein deutliches Ende markiert wurde, befragt er die Mitarbeiter und den Chef, was ihnen an der Aktion wichtig und wertvoll war und was sich für sie insgesamt verändert hat. Jetzt sind insbesondere die Mitarbeiter an der Reihe, etwas zu ihren Emotionen und zu ihrer persönlichen Betroffenheit zu sagen. Schön wäre es auch – und das kann der Moderator fördern, herauszuarbeiten und zu „feiern" – wenn jemand berichtet, dass er seine Einschätzung im Verlauf der Aktion geändert hat. Denn dies impliziert ausdrücklich die Erlaubnis, dass man in diesem Workshop seine Meinung ändern darf und sogar öffentlich dazu stehen kann.

Diese Nacharbeit ist für die Beteiligten auch wichtig, um zu üben, sich selbst und die Gruppe aus einer stabilen Metaposition wohlwollend zu reflektieren und nicht einfach auf der Sachebene weiterzuarbeiten oder sich beim beliebten Thema „wer hat Schuld" zu positionieren.

In der sich anschließenden Workshop-Pause führt der Moderator ein erstes, kurzes Feedback-Gespräch mit dem Chef unter vier Augen. Eventuell ist zusätzlich ein ausführlicheres (Coaching-)Gespräch nach dem Workshop sinnvoll.

Wie kann der Workshop nach der Pause weitergehen? Optimal ist es, im moderierten Gespräch Konsens über die vier bis acht wichtigsten Themen herzustellen, diese in eine zeitliche Bearbeitungsreihenfolge zu bringen und anschließend in Gruppen zu bearbeiten. Die Sammlung der Themen sollte möglichst nicht mit einer Kartenabfrage erfolgen, sondern eher im Dialog zwischen Moderator und Gruppe entstehen, weil sich sonst die im „Chef-Interview" entstandene „Stimmung von Bezogenheit" wahrscheinlich schnell wieder zerstreuen würde.

Voraussetzungen/ Kenntnisse

- Fundierte Ausbildung in Kommunikation und systemischen Sichtweisen
- Inneres Wohlwollen gegenüber dem Chef, den Mitarbeitern und der Organisation
- Eine Basis-Autorisierung im Kundensystem für eine aktive und mächtige Moderation

Kommentar/ Erfahrungen

Das Tool setze ich gerne und häufig ein, weil es ein schnelles Herausarbeiten der „Knackpunkte" zusammen mit allen Teilnehmern ermöglicht. Die Methode macht sofort erfahrbar, dass engagierte und direkte Auseinandersetzung lohnt, da vom Moderator dazu Erlaubnis und Schutz geliefert wird. Der Chef erhält die Möglichkeit, als Mensch und Profi deutlich zu werden und sich – nach erwiesener Kompetenz des Moderators für den Gesamtprozess – entspannt für seine eigenen Workshop-Ziele einzusetzen.

Technische Hinweise

Der Raum sollte eher knapp bemessen sein und damit die Intimität der Situation unterstreichen. Es dürfen beim Interview und danach nur diejenigen anwesend sein, die es auch wirklich angeht.

Quellen/ Weiterführende Literatur

Das Tool habe ich für mich und meine Trainees entwickelt. Ich will aber nicht ausschließen, dass andere auf ähnliche Ideen gekommen sind.

Phase 2

Orientieren

Die Tools im Überblick:

	Projektarbeit	Problemlösung	Visions-/Zielfindung	Strategieentwicklung	Strategieumsetzung	Prozessoptimierung	Strukturentwicklung	Arbeit an der Unternehmenskultur	Teamentwicklung	Konfliktklärung
Die vier Zimmer der Veränderung	●	●			●	●	●	●		●
Passungsdialog anhand innerer Bilder	●		●		●	●	●	●	●	●
Strategie in dreißig Worten			●	■				●	●	
Projektumfeldanalyse	■				●	●	●			
Vom Problem zum Ziel				●	●	●			■	●
Qualitätstreiber				■		●	●			
Erfahrungsorientierte Themensammlung	●			●	●	■	●			
Trendorientierte Themensammlung	●	●	●	●		●	●	●		
Spiegelbild						●		●	●	■
Klartext!			●	●		●	●	●	●	●

● = Anwendungsmöglichkeit(en)

■ = bevorzugter Kontext des Autors

Alfred Tschönhens und Elmar Bissegger stellen *„Die vier Zimmer der Veränderung"* vor. Die Intervention beschreibt metaphorisch den typischen Ablauf von Veränderungsprozessen und beleuchtet insbesondere die psychologischen Dimensionen des Wandels.

Dr. Bernd Schmid verdeutlicht, wie die Mitglieder einer Organisation mithilfe des *„Passungsdialogs anhand innerer Bilder"* überprüfen können, inwieweit ihre persönlichen beruflichen Befriedigungselemente zu den Entwicklungen ihres Teams bzw. ihres Unternehmens passen.

Dr. Roswita Königswieser und Martin Hillebrand beschreiben die *„Strategie in dreißig Worten"*. Das Tool macht Gemeinsamkeiten und Unterschiede in der subjektiven Wahrnehmung der Unternehmensstrategie sichtbar und erleichtert eine gemeinsame strategische Ausrichtung.

Dr. Heinz Vetter stellt dar, wie mithilfe der *„Projektumfeldanalyse"* rasch ein umfassender Überblick über die betroffenen Akteure bzw. Bezugsgruppen und deren Beziehungen zum Projekt gewonnen werden kann.

Wilhelm Geisbauer stellt ein Tool zur effektiven Sammlung und Priorisierung wahrgenommener Probleme dar. Durch einen gezielten Perspektivenwechsel werden die Teilnehmer elegant *„Vom Problem zum Ziel"* geleitet.

Frank Wippermann skizziert, wie mithilfe von *„Qualitätstreibern"* die lohnendsten „Veränderungsbaustellen" einer Organisation identifiziert werden können. Anhand 24 konkreter Fragen wird die Ist-Situation im Unternehmen erfasst und diskutiert.

Mit der *„Erfahrungsorientierten Themensammlung"* stellt Armin Rohm ein Tool zur Erarbeitung einer umfassenden Themenlandschaft vor. Die Methode beteiligt die Betroffenen aktiv, macht unterschiedliche Sichtweisen deutlich und schafft eine gemeinsame Orientierung.

Die von Jürgen Hecker präsentierte *„Trendorientierte Themensammlung"* richtet den Blick auf Zukunftsfragen und stellt so eine ideale Ergänzung zum vorangegangenen Tool dar. Die Methode beleuchtet die für eine Organisation relevanten Entwicklungen aus verschiedenen Blickwinkeln und integriert dabei die subjektiven Einschätzungen der Workshop-Teilnehmer.

Das *„Spiegelbild"* kommt zum Einsatz, wenn im Rahmen von Veränderungsprozessen zwei oder mehrere betroffene Bereiche ihre künftige Zusammenarbeit planen sollen. Johannes Thönneßen zeigt, wie der Austausch der vermuteten Fremdbilder helfen kann, eventuelle gegenseitige Vorbehalte zu klären und eine konstruktive Zusammenarbeit zu fördern.

Komplexe Reorganisationen können nur gelingen, wenn auch die emotionalen Aspekte der Veränderung artikuliert und bearbeitet werden. Hubert Hölzl zeigt, wie die „geheimen" Themen einer Organisation mittels *„Klartext!"* kreativ zur Sprache gebracht werden können.

Die vier Zimmer der Veränderung

Von Alfred Tschönhens und Elmar Bissegger

Anwärmen	**Orientieren**	Bearbeiten	Abschließen

Kurzbeschreibung

Die Methode ist eine metaphorische Intervention, die auf einfache und wirkungsvolle Art den „typischen" Ablauf eines Veränderungsprozesses beschreibt. Sie verdeutlicht insbesondere die jeweiligen Befindlichkeiten der Betroffenen in den einzelnen Prozessphasen. Die Workshop-Teilnehmer entwickeln ein differenziertes Verständnis für die psychologischen Dimensionen des Wandels. Veränderte Sichtweisen ermöglichen neue Handlungsoptionen – so kann der Change-Prozess oftmals eine neue Dynamik entfalten.

Dauer

Die Durchführung der Methode dauert zwei bis drei Stunden.

Anwendungsbereiche

Das Tool kann in unterschiedlicher Weise genutzt werden:

- In der Orientierungsphase eines Kick-off-Workshops, um die Prozessverantwortlichen auf die emotionalen Aspekte eines bevorstehenden Change-Prozesses vorzubereiten und sie frühzeitig für den angemessenen Umgang mit unterschiedlichen Veränderungsenergien zu sensibilisieren.
- „Die vier Zimmer der Veränderung" sind außerdem ein effizientes Diagnoseinstrument, wenn der Veränderungsprozess ins Stocken gerät, wenn Widerstand spürbar und Blockaden sichtbar werden, wenn sich scheinbar „Sand im Getriebe" befindet. Die Prozessverantwortlichen und/oder Führungskräfte können dann gemeinsam überlegen, in welchem „Zimmer" sich die einzelnen Mitarbeiter oder Bereiche aktuell im Prozess befinden. Hieraus können dann für die einzelnen Personen oder Personengruppen individuelle Maßnahmen abgeleitet werden.
- Wenn es die Unternehmenskultur erlaubt, kann die Methode auch als Selbsterfahrungssequenz in Workshops integriert werden. Die

Akteure setzen sich dabei mit ihren eigenen biografischen Veränderungsthemen auseinander. Sie erkennen dabei die positiven Funktionen der einzelnen Prozessphasen und können diese würdigen, auch wenn sie ursprünglich als Belastung oder gar Zumutung erlebt wurden.

Zielsetzung/Nutzen

Ein großer Nutzen wird vor allem erreicht, wenn „Die vier Zimmer der Veränderung" bereits zu Beginn des Veränderungsprozesses den Beteiligten als eine Art Landkarte vorgestellt werden. So wird eine theoretische Basis geschaffen, die dann später in den schwierigen Prozessphasen als gemeinsamer Bezugspunkt dienen kann.

Die Anwendung des Tools zielt darauf ab ...

- Verständnis dafür zu wecken, dass als unangenehm erlebte Phänomene wie Verleugnung, Verneinung, Widerstand, Konfusion, Irritation und Chaos notwendige und normale Begleiterscheinungen von Veränderungsprozessen sind.
- Lähmung/Starre im Veränderungsprozess zu überwinden und neue Handlungsenergie zu erzeugen.
- sichtbar zu machen, wer von den Betroffenen sich aktuell in welchem Zimmer (bzw. in welcher Prozessphase) befindet.
- die Reflexion der eigenen Haltung und Einstellung in den einzelnen Zimmern zu unterstützen. Dies ist vor allem für die Ebene der Führungspersonen und Prozessverantwortlichen sehr wichtig, insbesondere während der schwierigen Prozessphasen.
- eine Basis für die Ableitung von geeigneten Maßnahmen zu schaffen.

Ausführliche Beschreibung

„Die vier Zimmer der Veränderung" werden nach der Anwärmphase eingesetzt, nachdem die Beteiligten in Kontakt gekommen sind und der Anlass und die Zielsetzung des Workshops aus Sicht der Teilnehmer geklärt sind.

Schritt 1: Rundgang durch „Die vier Zimmer der Veränderung"
Der Moderator geht nun gemeinsam mit den Teilnehmern nacheinander durch die vier vorbereiteten Zimmer (siehe Abb. 1) und erläutert dabei ausführlich deren Bedeutung und Wirkung im Veränderungsprozess.

In den einzelnen Zimmern hängen bereits Plakate mit „typischen Sprüchen", die in diesen Prozessphasen von den Beteiligten oftmals geäußert werden (siehe Abb. 2: Zimmer der Verleugnung).

Eventuell ermuntert der Moderator die Teilnehmer, die Plakate während des Rundgangs mit eigenen Kommentaren zu ergänzen.

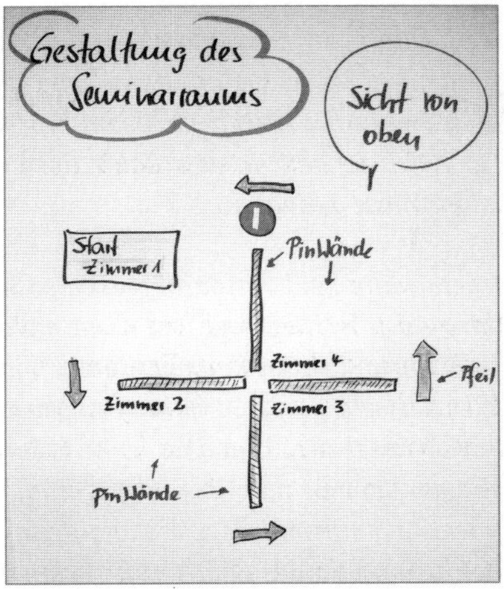

Abb. 1: „Gestaltung des Seminarraums"

Der Moderator bleibt bei seinen Erklärungen konsequent in der Metapher der „Vier Zimmer der Veränderung". Beispielsweise könnte er folgende Beschreibung verwenden: *„'Die vier Zimmer der Veränderung' sind ein Sinnbild oder Modell, das aufzeigt, wie der Mensch mit Veränderungen umgeht. Dabei ist es unerheblich, auf welcher Ebene der Veränderungsprozess abläuft, ob beruflich oder privat bzw. persönlich. Es ist beobachtbar, dass Menschen in Veränderungsprozessen grundsätzlich vier Phasen durchlaufen. Die Abfolge ist erstaunlicherweise immer gleich (vgl. Einbahnstraße) und einzelne Phasen können (leider) nicht übersprungen werden.*

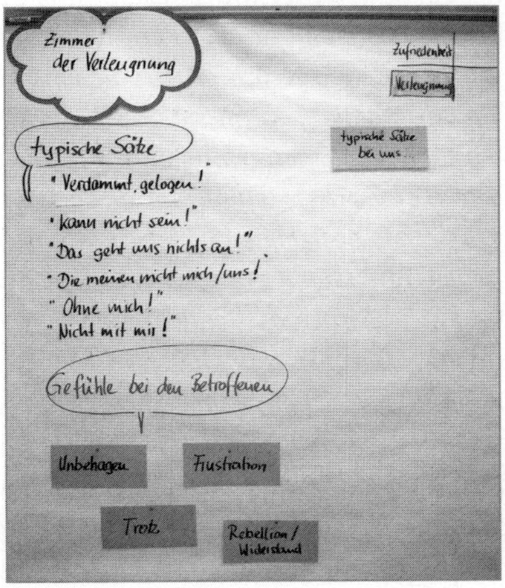

Abb. 2: Pinwand zu dem Zimmer der Verleugnung (Zimmer 2)

Das erste Zimmer ist das 'Zimmer der Zufriedenheit'. Hier möchten wir das Erreichte, das Komfortable erhalten und machen das Beste aus der uns bekannten Situation, ohne uns unter Druck zu setzen. Wir fühlen uns sicher und sind Herr der Dinge. Diesen Status quo möchte man natürlich möglichst lange nicht verlassen, außer, eine ungewohnte Erfahrung oder sich ändernde Umstände bzw. Rahmenbedingungen zwingen uns förmlich dazu.

Dann möchten wir uns aber lieber nicht eingestehen, was da Unangenehmes vor sich geht und vermeiden gänzlich die Auseinandersetzung. Also gehen wir ins zweite Zimmer, das 'Zimmer der Verleugnung' und Verneinung, um dort so zu tun, als sei alles in Ordnung, als hätten wir alles im Griff. Ganz im Innern empfinden wir jedoch Unbehagen und Frustration, hin und wieder sogar Angst. Nach außen wird dann oft Trotz und Widerstand sichtbar.

Mehr und mehr muss man Augen und Ohren vor den Signalen der Unzufriedenheit verschließen. Kann sein, dass man in einem Akt der Verzweiflung (wenn die Abwehr langsam bröckelt) versucht, direkt vom ‚Zimmer der Zufriedenheit' in den ‚Raum der Erneuerung' zu gelangen, was aber leider nicht gelingt.

Irgendwann sind wir dann jedoch so weit, uns selber einzugestehen, dass wir frustriert sind und nicht mehr wissen, was wir tun sollen. Dann sind wir im dritten Zimmer, dem ‚Zimmer der Verwirrung' angekommen. Hier herrscht große Sorge und Angst, denn es wird klar, dass man im Schlamassel sitzt und dass es kein Zurück mehr gibt. Im ‚Verwirrungszimmer' kommt man vom Regen in die Traufe. Jetzt muss man sich warm und sturmdicht anziehen, denn es ziehen die schweren Wolken der Konfusion und des Chaos auf. Nichts ist mehr sicher, denn die geltenden Regeln sind außer Kraft gesetzt und das Neue noch nicht in Sicht. Wir erleben eine emotionale Berg- und Talfahrt – Hilflosigkeit und Ohnmacht machen sich breit. In dieser Phase werden Menschen nur dann vorwärts gehen, wenn sie einerseits sicher sind, dass das Vergangene wirklich nicht weiterhilft und wenn es zumindest eine Ahnung des Neuen gibt – so etwas wie ein Bild der gewünschten Zukunft. Je stärker diese Vision ist, desto leichter ist es, die unvermeidliche Konfusion und das belastende Chaos auszuhalten. Erst am Tiefpunkt angekommen sind wir bereit, uns auf das Neue einzulassen. Das ‚Verwirrungszimmer' ist für den Gesamtprozess vielleicht das entscheidende, denn hier geschieht das eigentliche Lernen, wenn auch zu einem hohen Preis.

Allmählich lichten sich dann die Wolken und man gelangt in das vierte ‚Zimmer der Erneuerung'. Hier wird das Neue in die Tat umgesetzt und ausprobiert. Es werden neue Erfahrungen gemacht und aus scheinbaren Rückschlägen gelernt. Es kehrt das Gefühl der (Selbst-)Sicherheit, der Orientierung und der Handlungsfähigkeit langsam zurück. Dann ist es an der Zeit, die Tür zum ‚Zimmer der Zufriedenheit' zu öffnen – die nächste Runde des ewigen Veränderungsspiels kann beginnen.

Fazit: Die Zimmer der ‚Verleugnung' und ‚Verwirrung' sind mehr als nur ein notwendiges Übel im Veränderungsprozess, sie sind unabdingbar. Die Tür von Zimmer 1 zu Zimmer 4 ist fest verriegelt und kann nur mit dem Schlüssel von Zimmer 4 aus geöffnet werden."

Schritt 2: Subjektive Einschätzung der Ist-Situation
Der zweite Schritt kann wie folgt eingeleitet werden:
„Als Nächstes schlage ich vor, eine differenzierte Standortbestimmung durchzuführen, um so ein gemeinsames Bild zu bekommen, wo sich der

Veränderungsprozess aktuell befindet. Sie bekommen zu den nachfolgenden fünf Kriterien verschiedenfarbige Punkte, die Sie bitte auf dem Flip-Chart den einzelnen vier Zimmern zuordnen. Es geht hierbei nicht um richtig oder falsch, sondern um Ihre ganz persönliche Sichtweise:

- *In welchem Zimmer befinden sich die Führungskräfte/Projektleiter? (rot)*
- *In welchem Zimmer befinden sich deren Mitarbeiter/Abteilung? (gelb)*
- *In welchem Zimmer befindet sich das Projekt? (grün)*
- *In welchem Zimmer befindet sich das gesamte Unternehmen? (blau)*
- *In welchem Zimmer befinden sich die internen/externen Prozessbegleiter? (orange)"*

Die Teilnehmer sollen bei ihrer Einschätzung den Fokus auf die jeweilige Mehrheit der Zielgruppen bzw. Bereiche richten. Sie bekommen vom Moderator deshalb von jeder Farbe auch nur einen Punkt. Im Ausnahmefall (bei einer 50:50 Verteilung) darf der Punkt halbiert werden.

Um gegebenenfalls unterschiedliche Sichtweisen der Teilnehmer deutlich zu machen, empfiehlt es sich, für jede Gruppe (z.B. Führungskräfte, Projektleiter, Mitarbeiter, Prozessbegleiter) eine gesonderte Pinwand mit den vier Quadranten vorzubereiten.

Schritt 3: Interpretation der Ergebnisse im Plenum
Der dritte Schritt soll eine Diskussion im Plenum in Gang bringen, was die Anordnung der Punkte in den einzelnen Zimmern für den Veränderungsprozess bedeuten könnte: *„Offensichtlich gibt es zu den einzelnen Punkten unterschiedliche Standorte im Gesamtprozess, also unterschiedliche Geschwindigkeiten mit möglicherweise unterschiedlichen Auswirkungen auf den aktuellen Veränderungsprozess. Wir bitten Sie nun, in einem weiteren Schritt Hypothesen zu den unterschiedlichen Standorten der Punkte zu formulieren."*

Der Moderator unterstützt und steuert den Prozess durch offene Fragen. Er kann zum Beispiel fragen:

- *Was vermuten Sie, warum sich die einzelnen Personengruppen bzw. das Projekt (siehe Schritt 2) in unterschiedlichen Phasen (Zimmern) des Veränderungsprozesses befinden?*
- *Was vermuten Sie, warum die einzelnen Personengruppen unterschiedliche Sichtweisen hierzu haben?*
- *Welche Auswirkungen könnte dies auf den aktuellen Prozess haben?*

- *Wann und wie wurden die genannten Personengruppen in den Veränderungsprozess mit einbezogen?*
- *Angenommen der Veränderungsprozess liefe optimal, was wäre dann konkret anders als heute? Wer würde den Unterschied zuerst bemerken? Und woran konkret?*

Natürlich können weitere Fragen situationsbedingt ergänzt werden. Es empfiehlt sich aber, im Plenum eher wenige Fragen aufzuwerfen und diese aber gründlich zu bearbeiten.

Schritt 4: Klärung gegenseitiger Erwartungen
In einem letzten Schritt werden in Kleingruppen (z.B. Führungspersonen, Projektleiter, Mitarbeiter, Prozessbegleiter) die Erwartungen an sich selbst und an die anderen Beteiligten im Prozess formuliert. Die Instruktion hierzu könnte lauten:
„Wir haben nun den Ablauf und die Wichtigkeit der unterschiedlichen Prozessphasen kennen gelernt und festgestellt, dass die beteiligten Personen und Zielgruppen mit unterschiedlichen Geschwindigkeiten und Sichtweisen im Veränderungsprozess unterwegs sind. Damit wieder Bewegung in den Prozess kommen kann, ist es vielleicht hilfreich, wenn wir voneinander wissen, was der andere braucht und was ich bereit bin, zu geben.
Dazu bitten wir Sie, in den einzelnen Gruppen (z.B. Führungspersonen, Projektleiter, Mitarbeiter, Prozessbegleiter) die beiden folgenden Fragen zu beantworten und ihre Ergebnisse stichwortartig zu visualisieren:

- *Was brauche ich von den anderen Personen(-gruppen) für den weiteren Prozessverlauf?*
- *Was genau will ich zum weiteren erfolgreichen Prozessverlauf beitragen?“*

Die Teilnehmer präsentieren anschließend die Ergebnisse ihrer Einzel- bzw. Kleingruppenarbeit nacheinander im Plenum. Verständnisfragen sind erlaubt, die Inhalte werden jedoch nicht diskutiert.

Nach einer Pause kann dann auf der Basis der erarbeiteten Resultate die Bearbeitungsphase des Workshops beginnen. Nun geht es um die Ableitung konkreter Maßnahmen und die Festlegung von Prioritäten für den weiteren Prozess.

Voraussetzungen/ Kenntnisse

Für die Anwendung der Methode ist die routinierte Beherrschung der Basistechniken der Moderation sowie der Umgang mit Konfliktsituationen in Gruppenprozessen zwingend erforderlich. Erweitertes Wissen über den Umgang mit Widerständen in Veränderungsprozessen sollte ebenfalls vorhanden sein.

Kommentar/ Erfahrungen

„Die vier Zimmer der Veränderung“ ermöglichen es, mit den Teilnehmern unkonventionell und abwechslungsreich eine Bestandsaufnahme zum aktuell erlebten Veränderungsprozess durchzuführen. Im Verlauf des Workshops werden unterschiedliche Sichtweisen transparent nach dem Motto: „sowohl – als auch“ anstatt „entweder – oder“. Im Anschluss an diese Orientierungs-Intervention kann eine gemeinsame Erarbeitung konkreter Maßnahmen den Gesamtprozess wieder in Bewegung bringen.

Für die Teilnehmer ist es nicht selten eine Entlastung, dass Verleugnung und Verwirrung wichtige Prozessphasen sind, die sein dürfen, ja müssen. Die wichtige Rolle der Führungskräfte bei der Begleitung des Veränderungsprozesses wird nochmals anschaulich und deutlich, in erster Linie die Kommunikation von Sinn und Zweck der Veränderung, die Vermittlung eines starken Veränderungsziels sowie das Bekenntnis zur Umsetzung (Vorbildfunktion).

Ebenso führt es vor allem bei den für den Prozess verantwortlichen Führungskräften oft zu einem Aha-Erlebnis, dass die Zugehörigkeit zu unterschiedlichen (zeitlichen) Prozessphasen von Führungskräften und Mitarbeitern zu einem erheblichen Störungs- und Konfliktpotenzial führen kann, da die jeweiligen Emotionen leider nicht „kompatibel“ sind.

Bei einem Workshop nur mit Führungspersonen/Projektleiter(n) können, wenn es die Unternehmenskultur erlaubt, die bereits gemachten Erfahrungen der Teilnehmer in persönlich-biografischen oder unternehmerischen Veränderungsprozessen mit einbezogen werden, um so vorhandenes Erfahrungswissen bei den Teilnehmern abzurufen. Dies kann auch eine Vorarbeit für die Ableitung konkreter Folgemaßnahmen für den Veränderungsprozess sein. Folgende Formulierung ist möglich:
„Sie haben sicherlich in unterschiedlichen Situationen Veränderungsprozesse bereits persönlich erlebt.

- *Wie haben Sie in persönlichen Veränderungsprozessen den Gang durch die einzelnen Zimmer erfahren und erlebt?*
- *Haben Sie schon einmal versucht, direkt von der Zufriedenheit zum Neuanfang zu gelangen? Welche Erfahrungen haben Sie hierbei gemacht?*

- *Wie haben Sie versucht, den Gang der Dinge über Verleugnung und Verneinung aufzuhalten? Was hat Ihnen geholfen, Verleugnung und Verneinung zu erkennen? Was hat Ihnen geholfen, sich in den Raum der Konfusion und des Chaos hineinzuwagen? Was war hinderlich?*
- *Wie haben Sie sich im Zimmer Chaos und Konfusion gefühlt? Wie haben Sie es geschafft durch dieses Zimmer zu kommen? Was war dabei hilfreich? Was war hinderlich?*
- *Wie haben Sie jeweils den Neuanfang gefeiert?"*

Die Teilnehmer gehen paarweise zusammen und tauschen ihr Erfahrungswissen aus. Eine Zusammenführung im Plenum ist hier nicht vorgesehen.

Technische Hinweise

Ausstattung:
- Moderatorenkoffer
- Vier bis acht bespannte Pinwände, ein Flip-Chart
- Digitale Kamera für Fotoprotokoll, ggf. Videokamera
- Vier farbige Pfeile
- Ein rotes Verkehrsschild „Durchfahrt Verboten" (vgl. Straßenverkehr)
- Genügend Klebepunkte in fünf Farben (rot, blau, grün, gelb, orange), mindestens pro Teilnehmer und Farbe jeweils einen Punkt

Räumliche Voraussetzungen:
- In einem großen Seminarraum vier, wenn vorhanden, acht bespannte Pinwände in Form eines + aufstellen. Pfeile auf dem Boden an den offenen Seiten der Pinwände markieren die Laufrichtung. An der offenen Seite von Quadrant 1 (links oben) zu Quadrant 4 (rechts oben) wird zu Beginn ein rotes Verkehrsschild „Durchfahrt verboten" auf den Boden gelegt. Wenn sich am Ende alle Teilnehmer in Quadrant 4 befinden, wird dieses Schild durch einen Pfeil in Laufrichtung nach Quadrant 1 ersetzt. (siehe Abb. 1: „Gestaltung des Seminarraums" unter Punkt „Ausführliche Beschreibung")

- Wenn es die Anordnung der Räume im Seminarhotel erlaubt (was eher selten der Fall sein wird), können selbstverständlich auch vier Räume in der oben genannten Anordnung, die jeweils durch eine Tür miteinander verbunden sind, verwendet werden. Die zunächst geschlossene Verbindungstür von Raum 1 zu Raum 4 erhält ein rotes Verkehrsschild „Durchfahrt verboten". Auf dem Boden der geöffneten Verbindungstüren zwischen den Räumen 1 nach 2, 2 nach 3 sowie 3 nach 4 werden Pfeile gelegt, um so die Laufrichtung zu markieren. Erst wenn sich alle Teilnehmer in Raum 4 befinden, wird die Verbindungstür zu Raum 1 geöffnet.

Vorbereitung:

- Auf die Pinwände des ersten Quadranten eine Wolke mit „Zimmer der Zufriedenheit" anbringen, darunter typische Sätze der Betroffenen schreiben: *„Läuft doch alles gut, vielleicht bis auf ...! Wir machen unsere Arbeit doch gut, oder etwa nicht! Gott sei Dank gibt es Dinge, die sich bewährt haben und nicht verändert werden müssen! Zuviel Veränderung ist nicht gut für uns! Wir haben schon oft Dinge kommen und gehen sehen!"*
(z.B. auf Moderationskarten) Gefühle: (Selbst-)Sicherheit, Gewissheit, Handlungsfähigkeit

- Auf die Pinwände des zweiten Quadranten eine Wolke mit „Zimmer der Verleugnung" anbringen, darunter typische Sätze der Betroffenen schreiben: *„Verdammt, gelogen! Kann nicht sein! Das geht uns nichts an! Die meinen nicht mich/uns! Ich doch nicht! Ohne mich! Nicht mit mir!"*
(z.B. auf Moderationskarten) Gefühle: Unbehagen, Frustration, Trotz, Widerstand (siehe Abb. 2: Pinwand zu dem Zimmer der Verleugnung)

- Auf die Pinwände des dritten Quadranten eine Wolke mit „Zimmer des Chaos/der Konfusion" heften, darunter typische Sätze der Betroffenen schreiben: *„Schön wär es, aber ...! Verändern o.k., aber nicht so ...! Es muss, aber ..! In der Theorie hört sich das vielleicht nicht schlecht an, aber in der Praxis ...! Die sollte lieber mal Leute mit Erfahrung fragen!"*
(z.B. auf Moderationskarten) Gefühle: zu Beginn dieser Phase: Unsicherheit, große Sorge, Angst, Hilflosigkeit, Ohnmacht. Am Übergang zum Zimmer der Erneuerung: Zuversicht, Hoffnung

- Auf die Pinwände des vierten Quadranten eine Wolke mit „Zimmer der Erneuerung" anpinnen, darunter typische Sätze der Betroffenen schreiben: *„O.k. – wie? Ich muss mich ziemlich verändern, das heißt, ganz neu anfangen! Lass es uns testen! Neue Chancen! Mehr als nur einen Versuch wert! Das war ein Fehler, was lernen wir daraus! Gute Erfahrung! Das müssen wir weiterentwickeln! Wir müssen Altes loswerden, das sich nicht bewährt hat!"*
(z.B. auf Moderationskarten) Gefühle: Rückkehr der (Selbst-)Sicherheit, Gewissheit und Handlungsfähigkeit, Freude

- In jedem Zimmer werden die vier Quadranten auf einer Pinwand im Kleinformat rechts oben aufgezeichnet. Es wird immer nur das aktuelle und die vorherigen Zimmer beschriftet, die noch folgenden Zimmer leer gelassen. Das aktuelle Zimmer wird rot umrandet. Ein Beispiel für das „Zimmer der Irritation":

Zufriedenheit	
Verleugnung	Irritation/Chaos

- Vier ca. 50 cm lange und 10 cm breite Pfeile
- Ein rotes Verkehrsschild: „Durchfahrt verboten" (ca. 50 cm Durchmesser)
- Moderationskarten, Stifte und Pin-Nadeln für die vier Quadranten

Quellen/ Weiterführende Literatur

- Claes Janssen. Personlig Dialektik. 2. Auflage (1982). Stockholm: Liber.
- Dietrich Buchner, Hrsg. (1995). Vision und Wandel. Wiesbaden: Gabler. (vor allem im 1. Kapitel: Vision und Wandel von Dietrich Buchner und 8. Kapitel: Implementation von Veränderungen von Dietrich Buchner/Martina Schmidt-Tanger.)
- Marvin Weisbrod/Sandra Janoff (2001). Future Search – Die Zukunftskonferenz. Stuttgart: Klett-Cotta.

Passungsdialog anhand innerer Bilder

Von Dr. Bernd Schmid

Anwärmen	**Orientieren**	Bearbeiten	Abschließen

Kurzbeschreibung

Beim „Passungsdialog anhand innerer Bilder“ setzen die Workshop-Teilnehmer ihre persönlichen beruflichen Entwicklungen mit den Entwicklungen ihrer Teams bzw. ihres Unternehmens in Beziehung. Hierzu aktivieren sie intuitiv ihre jeweiligen inneren Bilder in Bezug auf die Vergangenheit, die Gegenwart und die erwartete Zukunft. Im Dialog mit Kollegen tauschen sie sich darüber aus, inwieweit die eigenen Motivationen, Bedürfnisse und Wünsche zu den Anforderungen und Entwicklungen ihres Teams bzw. der Organisation passen.

Dauer

Ein bis zwei Stunden (je nach Hinführungsbedarf und Ausführlichkeit der Diskussionen).

Anwendungsbereiche

Am bedeutsamsten ist der Einsatz der Methode in der Startphase eines Workshops, eines Projektes oder einer Neuausrichtung bzw. Umstrukturierung von Organisationseinheiten. Idealerweise sollte sie eingesetzt werden, bevor sich problematische Formen der Auseinandersetzung mit der Sache und mit den anderen Funktionsträgern einschleifen. Die Methode kann auch zu einem späteren Zeitpunkt im Projektverlauf angewandt werden, beispielsweise, um Klärung und Kooperation zwischen den Beteiligten jenseits der sachlich definierbaren und kontrollierbaren Oberflächen zu fördern. Über den direkten Effekt hinaus kann mit dieser Methode allgemein eine vielschichtige und vertrauensvolle Dialogkultur gefördert werden.

Zielsetzung/Nutzen

Der „Passungsdialog anhand innerer Bilder“ hilft allen Beteiligten, sich einerseits ein Bild von den Entwicklungen eines Teams, eines Projektes zu machen, andererseits aber auch zu prüfen, ob diese Entwicklungen zur persönlichen Berufsentwicklung und den Sinn-Bildern von künftigen Tätigkeiten und Rollen passen. Es wird hierbei davon ausgegangen, dass diese Passung für die Eigenmotivation und Eigensteuerung, für kreative Leistungen und deren Zusammenspiel entscheidend wichtig ist. Dies gilt umso mehr, je weniger die Vorhaben durchgeplant werden können oder Führung alles Entscheidende im Blick haben kann. In komplexen Situationen erfolgen Beziehungsgestaltung und Abstimmungsprozesse so vielschichtig, dass sie sich einer ausschließlich bewussten Steuerung ohnehin entziehen. Hier sind aufeinander abgestimmte intuitive Steuerungen gefragt.

Die Arbeit mit inneren Bildern fördert die innere Kommunikation und versammelt die inneren Kräfte des Einzelnen. Gleichzeitig stärkt sie das intuitive, kreative Zusammenwirken untereinander, also den Aufbau und Erhalt eines gemeinsamen Kraftfeldes. Durch die Aktivierung innerer Bilder und die metaphorische Kommunikation werden die im Hintergrund der Prozesse wirksamen Intuitionen zum Bestandteil der professionellen Kommunikationskultur im Unternehmen.

Als Kultur bildende Maßnahme hilft die Arbeit mit inneren Bildern beim konstruktiven Zusammenspiel von bewusst-methodischer und unbewusst-intuitiver Kommunikation in der Organisation auch jenseits der aktuellen Passungsfrage.

Ausführliche Beschreibung

Wie der „Passungsdialog anhand innerer Bilder" konkret in Szene gesetzt werden kann, wird im Folgenden am Beispiel eines Workshops im Rahmen eines Projektes „Neuorientierung der Personalfunktion" dargestellt.

Es geht um einen Technologiekonzern mit vielen europäischen Standorten. Die Personalleiter an den Standorten werden durch eine neue Struktur wesentlich von Führungs- und Verwaltungsaufgaben entlastet und sollen sich in neue Funktionen einfinden, die mehr Elemente von Personalentwicklung, von Mitwirkung in Change-Projekten und der Vermittlung von Beratungsleistungen und Coaching in die Bereiche hinein enthalten sollen.

Die organisatorischen Veränderungen hierzu sind zum Zeitpunkt des Workshops bereits im Gang. Den Personalern ist die Notwendigkeit von Neuorientierungen in Kompetenz- und Tätigkeitsschwerpunkten sowie die dafür denkbaren Optionen ihrer eigenen Entwicklung bereits in Informationsveranstaltungen vermittelt worden. Aktuell handelt es sich um den ersten Tag eines Workshops, in dem konkret die Ausgestaltung dieser neuen Rollen an den verschiedenen Standorten und die dafür notwendigen Neuorientierungen und Weiterqualifizierungen der Personalfachleute gemeinsam erarbeitet werden sollen.

Veranstalter ist der anwesende Konzernpersonalleitervorstand zusammen mit dem Konzern-PE-Leiter. Beide machen deutlich, dass sie hinter den bevorstehenden Änderungen stehen und den Personalfachleuten einen guten Übergang zu sinnvollen Neupositionierungen im Unternehmen ermöglichen wollen. Sie sehen diesen Prozess für die Beteiligten als professionelle Chance und für das Unternehmen als organisationskulturelle Weiterentwicklung, die eine vielschichtige Selbstklärung und authentische Gespräche erfordern.

Schritt 1: Erläuterung des Passungsdialogs anhand innerer Bilder
Der Berater erläutert den Teilnehmern zunächst das Passungskonzept und die Nützlichkeit des Dialogs mit inneren Bildern. Er visualisiert und erklärt die folgende Kompetenzformel:

Mitarbeiterkompetenz =
Rollenkompetenz x Berufsfeldkompetenz x Passung

Bezogen auf unser Praxisbeispiel könnte die Einführung etwa wie folgt geschehen: *„Ob Sie in der Lage sein werden, den mit der ‚Neuorientierung der Personalfunktion' einhergehenden Veränderungen und Herausforderungen gerecht zu werden, hängt entscheidend von den drei Faktoren Rollenkompetenz, Berufsfeldkompetenz und Passung ab. Die Multiplikation der einzelnen Faktoren verweist darauf, dass Ihre Kompetenz in der Ihnen zugewiesenen Funktion gegen null gehen kann, wenn einer der drei Faktoren nur gering ausgeprägt ist, selbst wenn die anderen beiden Faktoren hoch sind. Wenn also z.B. die Passung nicht stimmt, wird fachliche Weiterbildung allein keine Kompetenzsteigerung bringen.*

Gegenstand der so genannten ‚Passung' ist Ihre berufliche Funktion im Spannungsfeld zwischen der Organisation und Ihrer Persönlichkeit. Es geht dabei also um die Frage, inwieweit die Erwartungen, die aktuell und künftig an Sie gestellt werden, zu Ihren persönlichen Motivationen, Werten und Fähigkeiten passen. Das Konzept der ‚Passung' betont die Idee, dass für die Kompetenz und Stimmigkeit in beruflichen Situationen neben den üblichen Qualifikationskriterien immer auch wichtig ist, ob die für jeden Menschen eigenen wesentlichen Befriedigungselemente in beruflichen Situationen gegeben sind. Wenn jemand als Bub Lokomotivführer werden wollte, macht es einen Unterschied, welche der folgenden inneren Vorstellungen er damit verbunden hat:

1. *Ich und meine Maschine – keiner kennt sie so wie ich!*
2. *Mein Heizer und ich – zwei Kameraden reisen um die Welt!*
3. *Die vielen Menschen, die sich mir anvertrauen. Ich bringe Euch sicher hin."*

Die Aktivierung und der Vergleich solcher innerer Bilder ermöglicht es, intuitiv zu begreifen, ob Entwicklungen in einem Team oder in einer Organisation zu den Entwicklungen (auch zur seelischen Entwicklung) der dort tätigen Menschen passen. Die Passungen stimmen oft von vornherein nicht besonders gut überein. Mithilfe der inneren Bilder kann ein Abstimmungsdialog in Gang gesetzt werden, der zur notwendigen Klärung beiträgt, ob ein Mitarbeiter in einer neuen Funktion seine volle Kompetenz entfalten kann, und welche Unterstützung er dafür gegebenenfalls benötigt. Hier treffen also Fragen der beruflichen Persönlichkeitsentwicklung und Fragen der Organisationsentwicklung zusammen.

Der Berater kann das Verständnis für den Zusammenhang zwischen inneren Bildern und der Frage der Passung anhand weiterer Beispiele vertiefen. Dadurch entsteht ein Identifikationseffekt bei den Zuhörern und es werden innere Suchprozesse angeregt („Trittbrettfahren").
Beispiele:

- *Da ist der Kundenbetreuer, der Leiter der Servicestation geworden ist und jetzt seine Zeit im Büro am Schreibtisch und in Besprechungen verbringt. Seine inneren Bilder zeigen aber Menschen mitten im prallen, wenn auch etwas chaotischen Leben.*
- *Da ist die Geschäftsführerin, die aus der frauendominierten Textilproduktion wegen ihrer pfiffigen Ideen in das männerdominierte Textilmarketing übergewechselt ist. Jetzt sackt sie ab und zweifelt an ihrer Eignung für dieses Fach. Die inneren Bildern zeigen durchweg einander zugetane Frauengemeinschaften.*
- *Da ist ein Manager in einem Weltunternehmen für Werkzeugmaschinen. Er hat einen Kompetenzverlust erlitten, den er selbst und seine Vorgesetzten nicht einordnen können. Die ganzen Jahre hatte er als Leiter einer Fertigung und später als Werkleiter kraftvoll und erfolgreich gearbeitet. Durch Umorganisation im Konzern war er jetzt statt für alle Bereiche an einem Standort, für einen Teilbereich in mehreren, auf ganz Europa verstreuten Standorten zuständig. Eigentlich war dies ein Aufstieg und fachlich hatte er alle Voraussetzungen*

dafür. Er verstand sich selbst erst besser, als er auf das Kaleidoskop seiner inneren Bilder schaute. Alle verwiesen auf ihn als Haupt einer lokalen Gemeinschaft. Durch die Umstrukturierung im Konzern ist die seelische Passung zwischen ihm und dem Unternehmen verloren gegangen.

Am Ende der theoretischen Ausführungen führt der Berater die Teilnehmer in eine Übung zum Passungsdialog mit inneren Bildern ein. Hierzu teilt er ein Arbeitsblatt aus, das eine genaue Beschreibung der einzelnen Prozessschritte enthält (Fragestellungen, Verhaltensanweisungen, zeitliche Struktur). Es ist sinnvoll, alle drei Schritte zunächst mit der Gruppe zu besprechen, eventuelle Fragen zu beantworten und während der Übung auf jeden Fall präsent zu sein, um eventuelle weitere Klärungen herbeizuführen und die einzelnen Prozessschritte kurz anzumoderieren.

Der Berater bittet die Teilnehmer, sich jeweils einen Partner zu suchen. Bei Partnern, die sich selbst finden dürfen, ist die Schwelle, sich auf ein sensibles vielschichtiges Gespräch einzulassen, nicht so hoch. Wenn die gewünschte Gesprächskultur in dem Paarverhältnis erfolgreich etabliert ist, lässt sie sich leichter auf größere Gruppen übertragen. Auch können sich bei freier Wahl die zunächst eher Unwilligen zusammentun. Vorab vorgebrachte Einwände werden respektiert, aber der Berater bittet darum, sich zunächst auf das Experiment einzulassen und erst dann zu diskutieren, was es gebracht hat.

Schritt 2: Aktivierung innerer Bilder
Die Instruktionen auf dem Arbeitsblatt sind durchgängig in der „Du"-Ansprache formuliert. Das persönliche „Du" kann innere Suchprozesse wesentlich besser in Gang setzen und begleiten als das distanzierte „Sie".

Der Berater instruiert die Teilnehmer: *„Arbeiten Sie bitte zunächst alleine und folgen Sie der Anleitung auf Ihrem Arbeitsblatt. Für den ersten Schritt haben Sie zehn Minuten Zeit. Falls Sie etwas früher fertig sein sollten, bitte ich Sie, im Raum zu bleiben und ruhig zu warten, bis auch Ihre Kollegen fertig sind."*

Die Teilnehmer verteilen sich nun im Raum und folgen den Instruktionen und Fragen auf dem Arbeitsblatt:

- *Wähle ein Team, eine Abteilung oder eine Organisation, mit der Du in Kontakt bist.*

- *Lasse im inneren Kontakt damit Bilder/Szenen in Dir aufsteigen* und *wähle intuitiv davon drei zu Dir und drei zum Team/zur Abteilung/ zur Organisation aus.*
- *Lege diese Bilder zu einer Collage nebeneinander:*

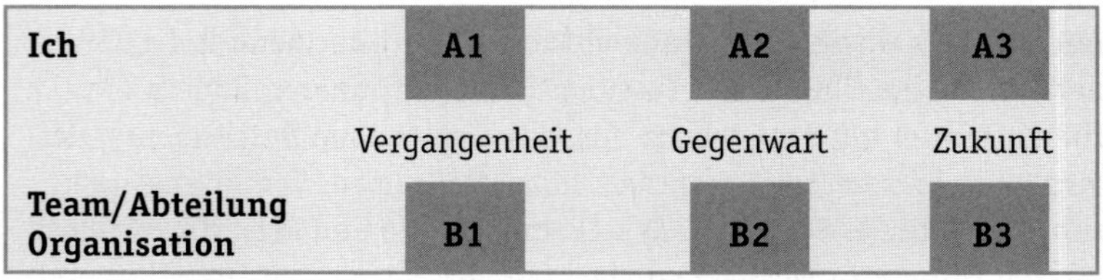

Abb. 1: Collage meiner inneren Bilder

- *Wähle drei Bilder zu Dir und beantworte die Fragen:*
  - *A 1: Von wo her komme ich in meiner beruflichen Entwicklung?*
  - *A 2: Was charakterisiert mein gegenwärtiges Berufsleben?*
  - *A 3: Wohin bin ich unterwegs? Welche Entwicklungen stehen für mich an?*

- *Wähle drei Bilder für dieses Team/diese Abteilung/diese Organisation und beantworte die Fragen:*
  - *B 1: Woher kommt dieses Team/diese Abteilung/diese Organisation?*
  - *B 2: Was charakterisiert die gegenwärtige Entwicklung?*
  - *B 3: Wohin ist es/sie unterwegs? Welche Entwicklungen stehen an?*

- *Betrachte innerlich A 1 neben B 1, A 2 neben B 2 und A 3 neben B 3 und lasse Dich anregen:*
  - *Welche Bezüge sind erkennbar?*
  - *Gehen die Entwicklungen eher aufeinander zu oder auseinander?*

Wenn spürbar wird, dass Teilnehmer unsicher sind, ob sie vermeintliche Erwartungen erfüllen können, hilft es, darauf hinzuweisen, dass Menschen sehr unterschiedlich auf diese Übung reagieren, was völlig in Ordnung ist. Die Unterschiedlichkeiten in den persönlichen Stilen sind sogar hilfreiche Informationen, die für ein wechselseitiges Verständnis gewonnen werden können. Manche Menschen entdecken bei der Einzelarbeit noch wenig innere Bilder, finden dann aber später beim Sprechen doch hinein und sind dann nicht selten erstaunt über die Reichhaltigkeit und unvermutete Relevanz der Bilder.

Schritt 3: Austausch zu den inneren Bildern
Wenn alle Teilnehmer die Einzelarbeit beendet haben, kann der Berater den nächsten Schritt kurz anmoderieren: *„Bitte tun Sie sich mit Ihrem Gesprächspartner zusammen und suchen Sie sich einen ruhigen Platz, der einen ungestörten Austausch ermöglicht. Sie haben nun Gelegenheit, sich Ihre Wahrnehmungen gegenseitig mitzuteilen. Tauschen Sie sich entlang der Instruktionen auf dem Arbeitsblatt aus. Verzichten Sie dabei auf Bewertungen und Diskussionen. Pro Person stehen Ihnen 15 Minuten zur Verfügung. Bitte achten Sie gemeinsam auf die Zeit, damit jeder die Möglichkeit hat, die Übung für sich zu erfahren."*

Die Instruktion auf dem Arbeitsblatt lautet:

- *Sage Deinem Partner, um welches Team/welche Abteilung/welche Organisation es sich handelt.*

- *Stelle Deine Bilder vor (Eigenbilder und Bilder vom Team/von der Abteilung oder der Organisation). Dein Partner hört zu und achtet auf seine eigenen Reaktionen. Dann teilt er die in ihm aufgestiegenen Bilder und Reaktionen auf Deinen Bericht mit.*

- *(Behalte im Sinn: Es handelt sich um spekulative Einfälle. Ob sie Dir etwas sagen, bleibt Dir überlassen.) Nur Austausch – keine Diskussion!*

- *Fragen für den Partner während er bei Bilderschilderungen zuhört:*
  - *Welche Bilder steigen in mir auf?*
  - *Was sprechen sie in mir an?*
  - *Welche Ergänzungen/Kontraste fallen mir intuitiv ein?*

Der Berater hält sich im Hintergrund. Er interveniert nur, wenn er den Eindruck hat, dass die Teilnehmer entgegen der Instruktion in inhaltliche Diskussionen einsteigen. Eventuell erinnert er nach 15 Minuten nochmals daran, dass nun die zweite Gesprächsrunde starten sollte.

Schritt 4: Reflexion
Wenn die Dialoge zu den inneren Bildern beendet sind, werten die Gesprächspartner die Übung anhand einiger Fragen gemeinsam aus. Hierfür stehen ihnen 15 Minuten Zeit zur Verfügung.

Die Fragen auf dem Arbeitsblatt lauten:

- *Was sagen mir meine Eigenbilder, in Kontakt gebracht mit meinen Teambildern (Abteilungs-/Organisationsbildern) über die Art und die*

Qualität der Beziehung zwischen mir und dem Team/der Abteilung/ der Organisation? Welche Rolle habe/spiele ich hier?
- Wo erlebe *ich Stimmigkeit – wo erlebe ich Unstimmigkeit, evtl. Konflikt?*
- *Was erzählen mir die Bilder über meine eigene Entwicklung, was über die Team-/Organisationsentwicklung und was über das Zusammenspiel dieser beiden Welten? Kann man das in einem Bild, einem Motto, einem Song oder sonst wie zusammenfassen?*

Schritt 5: Nachbereitung der Übung
Der Berater kann die Teilnehmer einladen, im Plenum über ihre Erfahrungen zu sprechen. Die Teilnehmer gehen mit dieser Einladung meist sehr unterschiedlich um. Einige schildern vielleicht ihre anfängliche Skepsis und die Schwierigkeit, die Übungsanweisung bzw. deren Absicht zu verstehen. Andere berichten, dass es sehr interessant war, auch wenn nicht recht greifbar ist, was genau die Übung gebracht hat. Manche Teilnehmer sind richtig berührt von der Intensität der Erfahrung, manche aufgewühlt über die ungewohnten Erkenntnisse.

Wichtig ist es, nach der Übung alles gleichermaßen gelten zu lassen und möglichst wenig als Ergebnis festzuhalten, bzw. als Schlussfolgerungen zu definieren. Viel wichtiger als definierbare Antworten sind die ausgelösten inneren Suchprozesse, die meist weitergehen und den folgenden Prozessen eine andere Sensibilität füreinander und Durchlässigkeit für Hintergründiges bescheren. Manchmal neigen die Teilnehmer selbst oder die Veranstalter dazu, ein diesem Lernen konträres „Bildungscontrolling“ zu aktivieren und nach einer frühreifen Einordnung des Erfahrenen und nach Schlussfolgerungen zu fragen. Sie stören damit sowohl weitere Suchprozesse wie auch die hervorgerufene Offenheit und Kommunikationsbereitschaft. Ein guter Übungsverlauf zeigt sich gerade darin, dass das Interesse an „Berichten“ nicht groß ist, weil die Prozesse selbst befriedigend waren und noch im Gang sind.

Voraussetzungen/ Kenntnisse

Meist ist es hilfreich, wenn ein Prozessberater den Prozess unterstützt. Das Werkzeug kann aber von erfahrenen Projektleitern oder Veränderungsmanagern auch selbstständig eingesetzt werden. Entscheidend ist, ob diesem Menschen die damit verbundene Kultur persönlich abgenommen wird und die Einladung nicht im Widerspruch zur sonstigen Kultur steht. Wichtig ist, dass die Schlüsselfiguren für das gemeinsame Vorhaben an dieser Kommunikation teilnehmen.

Eine psychologische Vorbildung ist nicht unbedingt erforderlich, kann aber gelegentlich von Vorteil sein. Wenn die Teilnehmer nicht zu mehr Intensität und Intimität gedrängt werden als sie von sich aus wählen, entstehen auch nicht mehr Belastungen als im Berufsalltag sonst auch. Wichtig ist ein Klima der Ermutigung, der Neugierde sowie des freundlichen und achtungsvollen Umgangs miteinander.

Kommentar/ Erfahrungen

Die Übung wurde hier als Partnerübung dargestellt. Sie kann stattdessen auch als Kleingruppenübung angelegt werden. Es ist auch möglich die Aktivierung der inneren Bilder im Plenum als geleitete Fantasie durchzuführen und daran den Austausch in Partnerarbeit oder in Kleingruppen anzuschließen.

Die theoretische Einführung zum „Passungsdialog" kann auch durch die Veranstalter selbst erfolgen. Die Teilnehmer finden oft leichter Zugang zu der sehr persönlichen Arbeit, wenn die Ermutigung hierzu (glaubwürdig!) aus dem System selbst und nicht vom Berater kommt.

Dass die Übung greift, erkennt man meist am intensiver werdenden Austausch und dass die Menschen in Erzähllaune kommen, sobald sich die Atmosphäre lockert.

Insgesamt tauchen nachfolgend die Inhalte der Übung in den weiteren Maßnahmen eher verstreut auf. Wichtiger sind die Prozesse unter der Oberfläche und die Qualität der weiteren Diskussion. Klima ist eben schwer zu definieren und doch für jeden spürbar. Ebenso ist Kultur schwer zu operationalisieren und wird eher unscharf beschrieben oder an kleinen Beispielen festgemacht. Doch spürt jeder, ob man auf einer guten Spur ist oder nicht.

Elemente der Passungsdialoge anhand von inneren Bildern kann man in die weitere Arbeit einstreuen oder immer wieder als zusätzliche Gesprächsebene aktivieren, um die Gesprächskultur zu erhalten und Hintergründiges und Persönliches einbezogen zu halten.

Man kann auch die Passungsübungen so oder in Abwandlungen wiederholen. Zwar fürchten manche dann erstmal, dass nichts Neues dazu kommt, oder man hat einen leichten Widerstand, sich erneut darauf einzulassen. Jedoch zeigt sich, dass nach Überwindung dieser Skepsis oder Trägheit jedes Mal neue Aspekte in den inneren Erfahrungen und den Gesprächen entstehen. Hierzu ist es hilfreich, die Übung mit neuen Partnern und in anderen Gruppenzusammensetzungen zu machen. Wenn andere Menschen zusammen sind, entstehen andere Erfahrungen und dies macht das Kaleidoskop reicher und das Beziehungsnetz dichter.

Wenn bei einer Maßnahmenplanung aus Gewohnheit oder Projektdruck heraus Zweifel bestehen, ob die erforderliche Zeit für diese Methode sinnvoll verwendet wird, dann ist eine Nutzenschilderung anhand des folgenden Schaubildes meist hilfreich:

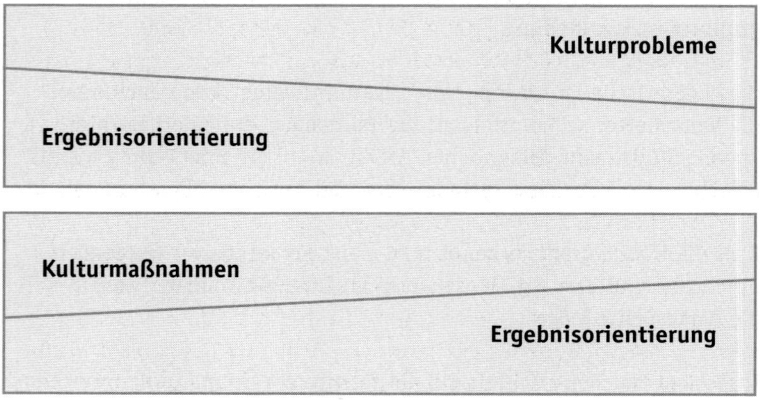

Abb. 2: Ergebnis- und Kulturorientierung in Organisationen

Man kann anknüpfend an meist vorliegende Erfahrungen argumentieren, dass Teams sich oft vorschnell für inhaltlich arbeitsfähig halten. Die Folgen sind häufig nach einem Zeitraum X verspätet auftauchende Abstimmungsprobleme, die sich oft subversiv hinter unfruchtbaren Sachdiskussionen verstecken. Die Ergebnisorientierung leidet dann unter „Kulturproblemen" (oberes Schaubild), die nachträglich oft schwer in den Griff zu bekommen sind. Daher ist es gerade von der Ergebnisorientierung her sinnvoll, am Anfang zwar aufs Thema orientiert, aber zunächst ohne Ergebnisdruck in eine befriedigende Arbeitskultur zu investieren (unteres Schaubild).

Technische Hinweise

Räumliche Voraussetzungen:
Für den „Passungsdialog mit inneren Bildern" empfiehlt sich ein freundlicher, großzügiger Raum ohne Tische mit beweglichen Stühlen, die eher für ein Gesprächsforum als für einen formalen Vortrag ange-

ordnet sind. Die Teilnehmer sollten sich unbeobachtet unterhalten können. Auch ein gemeinsamer Spaziergang ist möglich.

Quellen/ Weiterführende Literatur

- Bernd Schmid (2003). Systemische Professionalität und Transaktionsanalyse. Bergisch Gladbach: EHP. (= Band 1)
- Bernd Schmid (2004). Systemisches Coaching – Konzepte und Vorgehensweisen in der Persönlichkeitsberatung. Bergisch Gladbach: EHP. (= Band 2)
- Bernd Schmid/Arnold Messmer (2005): Systemische Personal-, Organisations- und Kulturentwicklung. Bergisch Gladbach: EHP. (= Band 3). In diesem Band seien Ihnen Kapitel 1 (Die Passung von Person und Organisation), Kapitel 9 (Die Theatermetapher in der Praxis) und Kapitel 10 (Das Perspektiven-Ereignis-Modell zur gedanklichen Strukturierung von Innovationsprozessen) zur weiterführenden Arbeit mit dem Passungsdialog bzw. der Arbeit mit inneren Bildern besonders empfohlen.
- Bernd Schmid (2004). Sinnstiftende Hintergrundbilder professioneller Szenen. In: Christopher Rauen (Hrsg.). Coaching-Tools. Erfahrene Coaches präsentieren 60 Interventionstechniken aus ihrer Coaching-Praxis. Bonn: managerSeminare, Bonn 2004.
- Bernd Schmid (2005). Seelische Bilder und berufliche Wirklichkeiten. Vortrag anlässlich des Kongresses der IGT vom 24.-28.10.2004 in Lindau. In: Christiane Neuen (Hrsg.). Einander anerkennen – Eine neue Beziehungskultur. Düsseldorf: Patmos-Verlagshaus.
- Studienschriften von Bernd Schmid (z.B. zur „Passung von Person und Organisation") finden Sie unter www.isb-w.de.

Phase 2

Strategie in dreißig Worten

Von Dr. Roswita Königswieser und Martin Hillebrand

Anwärmen	Orientieren	Bearbeiten	Abschließen

Kurzbeschreibung

„Strategie in dreißig Worten" ist ein effektives Werkzeug zum Sichtbarwerden der Gemeinsamkeiten und Unterschiede der subjektiv wahrgenommenen Unternehmens- oder Bereichsstrategie. Das Tool integriert die Einschätzungen aller Beteiligten und erleichtert eine gemeinsame strategische Ausrichtung.

Dauer

Die Anwendung des Tools dauert 90 bis 180 Minuten (je nach Ausprägung der Unterschiede und der Bearbeitungstiefe).

Anwendungsbereiche

Wenn nicht genügend Zeit für einen differenzierten Strategieprozess vorhanden ist, ist diese komprimierte Intervention sehr hilfreich. Weiterhin auch, wenn sichtbar gemacht werden soll, welche Unterschiede oder auch Gemeinsamkeiten in der Auffassung bezüglich der erarbeiteten Strategie bestehen.

Die „Strategie in dreißig Worten" kann in unterschiedlichen Prozessphasen eingesetzt werden:

- Zu Beginn eines Strategieprozesses (als Ausgangssituation)
- Am Ende eines Strategieprozesses (als Evaluation)
- In einem Teamentwicklungs-Workshop (zur Klärung)

Zielsetzung/Nutzen

Das komprimierte Format und die konzentrierten Bilder zwingen die Teilnehmer zu einer starken Fokussierung. Die Methode macht sowohl konfliktäre Unterschiede als auch nicht bewusste Gemeinsamkeiten auf einfache Weise sichtbar. Jede Sichtweise ist ausdrücklich erlaubt, was die Vereinheitlichung der strategischen Vorstellungen und die rasche Erarbeitung gemeinsamer Strategien erleichtert.

Ausführliche Beschreibung

Das Tool eignet sich zu einem frühen Zeitpunkt eines Workshops, wenn die Agenda, die Erwartungshaltungen der Teilnehmer und die Zielsetzung der Veranstaltung geklärt sind.

Schritt 1: Kurz-Input zum Thema „Strategie" und Einführung in das SIM-Modell
Eine kurze theoretische Hinführung bei jeder Gruppen- und Einzelarbeit ist unserer Erfahrung nach hilfreich (Dauer ca. 10 Minuten).

Vorab stellen wir im Sinne einer ganzheitlichen Unternehmensentwicklung das „Systemische Integrations-Modell (SIM)" mit den Elementen Vision, Strategie, Struktur und Kultur vor. Wir präsentieren das Modell auf einem Flip-Chart, um mit den Teilnehmern eine gemeinsame „theoretische Basis" zu finden bzw. unsere Bilder über Organisationszusammenhänge sichtbar zu machen und für die Teilnehmer Orientierung zu geben. Das Modell bietet durch seine konzeptionelle Einfachheit und gleichzeitige Differenziertheit die Möglichkeit, komplexe Sachverhalte verständlich abzubilden.

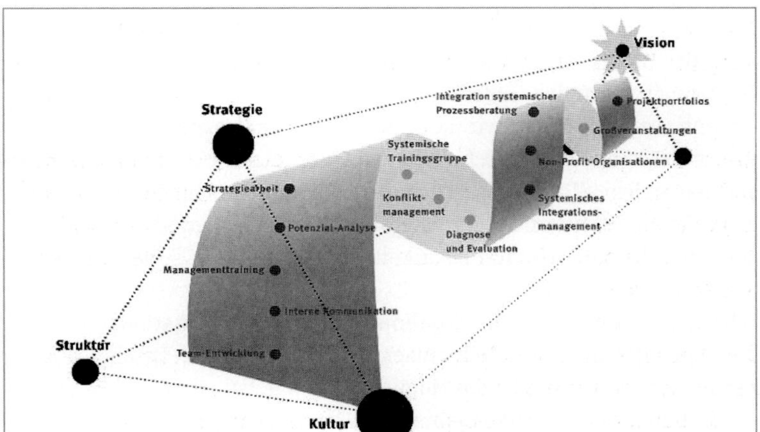

Abb.1: Das Systemische Integrations-Modell (SIM)

Bei dem Themenfeld „Strategie" als die Königsdisziplin des Managements ist es unserer Erfahrung nach hilfreicher, eine „knackige" Definition zur Verfügung zu stellen, als auf die verschiedenen Schulen der strategischen Planung einzugehen. Einige von uns verwendeten Definitionselemente sind:

- *Strategie ist die Beschreibung des Weges zu einem Ziel (Vision)*
- *Wichtige Elemente in einer Strategie sind Kunde und Wettbewerb.*
- *Eine Strategie zeichnet sich durch Unternehmertum, Einmaligkeit, Selbstentdeckung und Begeisterung aus.*

Dadurch beschränken wir uns bewusst auf einen Teilbereich von Strategie, um die Komplexität am Anfang dieses Prozesses gezielt zu reduzieren.

Schritt 2: Erarbeitung der individuellen Vorstellungen
Jeder Teilnehmer ist nun in Einzelarbeit eingeladen, seine Vorstellungen von der Unternehmensstrategie in komprimierter Form schriftlich zu formulieren. Die Anweisung hierfür schreibt der Berater auf einen Flip-Chart:

- *Bitte schreiben Sie in maximal 30 Worten die Strategie des Unternehmens/der Abteilung auf.*
- *Benennen Sie zusätzlich die drei Hauptstoßrichtungen der Strategie.*
- *Bitte dokumentieren Sie Ihre Ergebnisse auf einem Flip-Chart.*

(Bearbeitungszeit: 25 Minuten)

Für einige Teilnehmer ist das recht einfach, während sich diese Aufgabe für andere Teilnehmer als sehr schwierig gestaltet. Manche erleben den Zeitrahmen als sehr großzügig bemessen, für andere erscheint die Zeit zu kurz. Wir bitten die Teilnehmer, im Raum zu bleiben, damit die kollektive Energie genutzt werden kann.

Eine Alternative oder Ergänzung zu dieser Vorgehensweise ist, dass die Teilnehmer zusätzlich Bilder zu der Strategie malen. Diese analoge Interventionsform wählen wir dann, wenn wir die latenten Themen, die sprachlich kaum zum Vorschein kommen, herausholen und besprechbar machen wollen. (Das in diesem Buch von Henning Schulze veröffentlichte Tool „Visionsarbeit“ beschreibt eine analoge Herangehensweise ausführlich – siehe Kapitel „Bearbeiten“.)

Schritt 3: Präsentation der Ergebnisse in einer Flip-Chart-Galerie
Der Moderator bittet die Teilnehmer, ihre Flip-Charts im Raum aufzuhängen. Jeder hat nun die Möglichkeit – wie bei einer Vernissage – umherzugehen und die Ergebnisse zu lesen. Insbesondere bei größeren Gruppen (ab acht Personen) ist dieses Verfahren weniger zeitaufwendig und anstrengend als viele Einzelpräsentationen. Eine weitere Möglichkeit ist, wie bei einer Führung durch ein Museum von Blatt zu Blatt zu schreiten und das „Werk“ kollektiv auf sich wirken zu lassen und bereits dort mit dem nächsten Schritt zu verweben.

Die Teilnehmer sind meist sehr neugierig darauf, ihre eigenen Entwürfe mit denen der Kollegen vergleichen zu können. Es ist für die Teilnehmer immer wieder überraschend, welche Unterschiede sich zeigen. Die „Vernissage“ dauert ca. 15 bis 30 Minuten.

Schritt 4: Gemeinsamkeiten und Unterschiede orten
Zurück im Stuhlkreis wird mit der Gruppe eine offene Diskussion geführt, welche Gemeinsamkeiten und Unterschiede sichtbar sind. Der Moderator dokumentiert die Beiträge stichwortartig auf einer Pinwand als Mind-Map®. In diesem Schritt ist es wichtig, auf einer beschreibenden Ebene zu bleiben und nicht schon in Konsequenzen oder gar Lösungen zu denken. Es ist darauf zu achten, dass die Unterschiede nicht verniedlicht oder heruntergespielt werden. Die Diskussion sollte auf maximal 30 Minuten Dauer begrenzt werden.

Schritt 5: Hypothesen und Konsequenzen
Nach einer Pause folgt die nächste Diskussionsrunde im Plenum (Dauer: ca. 45 Minuten). Nun geht es darum herauszuarbeiten, was die darunter liegenden Themen sind. Folgende Fragen können dafür hilfreich sein:

- *Was bedeuten diese Gemeinsamkeiten bzw. Unterschiede für uns?*
- *Was sagen sie über uns als Organisation bzw. Abteilung aus?*
- *Was sind die Themenfelder, die latent im Raum sind?*
- *Welche Stoßrichtungen sollten wir nun letztlich verfolgen?*
- *Wo besteht für uns Klärungs- bzw. Handlungsbedarf?*

Auch eine Resonanz, ein Feedback des Beraters zu den manifesten und latenten Themen der Diskussion kann an dieser Stelle sehr wirksam sein und den Teilnehmern neue Blickwinkel eröffnen.

Schritt 6: Verdichtung der Ergebnisse
Wenn die Unterschiede über die strategische Orientierung in der Gruppe sehr groß sind, wird in Dreiergruppen weitergearbeitet. Diese Dreiergruppen ermöglichen nach der Plenarsequenz mehr Intensität, und die potenzielle Einigung fällt leichter als im Plenum. Aufgabe ist es, den Kern der gemeinsam diskutierten Strategie aufzuschreiben, wiederum in maximal 30 Worten. Dieser Arbeitsschritt erleichtert die Verdichtung und Einigung auf kollektiv getragene Kernaussagen.

Wenn eine Einigung nicht möglich oder nicht zielführend ist, da die Widersprüche zu groß sind, dokumentieren die Arbeitsgruppen sowohl die gemeinsam getragenen Aussagen als auch die Widerspruchspaare. Es erfolgt eine kurze Präsentation der Ergebnisse im Plenum. Durch diese Schleife ist auch eine Orientierung für die Teilnehmer und Berater möglich, wie viel Arbeit noch in ein gemeinsames Strategiebild investiert werden sollte.

Für die Gruppen ist es oft ein großer Schritt, in der Phase der Orientierung die Unterschiede in der individuellen Strategiewahrnehmung zu spüren. Die Reflexion zu dem Themenfeld wird individuell und kollektiv als sehr hilfreich und zielführend erlebt.

Der Hauptfokus unseres Tools liegt auf der Phase „Orientieren", wobei Schritt 6 bereits die Bearbeitungsphase einleitet. Im Folgenden skizzieren wir noch kurz unser weiteres Vorgehen im Workshop.

Nach dem Sichtbarwerden der Gemeinsamkeiten und Unterschiede, der Einigung auf eine gemeinsame Ausrichtung, sollten nun die nächsten Schritte gemeinsam definiert werden:

- *Was machen wir nun mit unserem Ergebnis?*
- *Wie bearbeiten wir gegebenenfalls die Widersprüche?*
- *Welche Aktionen sollen folgen?*
- *Wie stellen wir den Transfer in die Praxis sicher?*

Nach unserem Verständnis ist das Durcharbeiten dieser Prozess-Themen genauso wichtig, wie die inhaltlichen, ergebnisorientierten Schritte davor. Von daher sollte hier von Seiten der Moderation nicht zu viel Wert auf genau definierte Maßnahmen gelegt werden, da die Teilnehmer gedanklich oft noch an der vorher geführten Diskussion hängen. Es ist jedoch wesentlich, dass Verantwortliche benannt und Termine festgelegt werden.

Voraussetzungen/ Kenntnisse

- Grundverständnis von Strategieprozessen
- Moderationserfahrung/Interventionskompetenz
- Systemische Prozessgestaltung, bei Eskalation auch Konfliktmoderation
- Systemische Haltung

Kommentar/ Erfahrungen

Durch die einfache „hemdsärmelige" Darstellung der impliziten oder expliziten Strategie werden oft tabuisierte Themen, Latenzen besprechbar und bearbeitbar. Diese Intervention ersetzt allerdings keinen Strategieprozess.

Technische Hinweise

Ausstattung:

- Mehrere Flip-Charts

Quellen/ Weiterführende Literatur

- Henry Mintzberg/Bruce Ahlstrand/Joseph Lampel (1999). Strategy Safari – Eine Reise durch die Wildnis des strategischen Managements. Wien: Ueberreuther. Dieses Buch vermittelt ein grundlegendes Verständnis zum Thema „Strategieprozesse". Es finden sich dort auch hilfreichen Definitionen und Impulse, die im ersten Schritt der „Strategie in dreißig Worten" Verwendung finden können.
- Roswita Königswieser/Ebrû Sonuç/Jürgen Gebhardt/Martin Hillebrand (2006). Komplementärberatung. Das Zusammenspiel von Fach- und Prozess-Know-how. Stuttgart: Klett Cotta (in print).
- Roswita Königswieser/Martin Hillebrand (2005). Kommentar zu „Die Grenzen der Strategieberatung liegen innen" von G. Walger, G./R. Neise. In: D. Seidl/W. Kirsch/M. Linder (Hrsg). Grenzen der Strategieberatung. Bern: Haupt Verlag.
- Roswita Königswieser/Martin Hillebrand (2004). Einführung in die systemische Organisationsentwicklung. Heidelberg: Auer-Verlag. Das Buch erklärt unter anderem die systemische Grundhaltung des Prozessberaters. Diese Haltung ist die Basis für den Erfolg seiner Interventionen. Darüber hinaus beschreibt das Buch Methoden, die hilfreich sind, um in angemessener Weise das Berater-Know-how in den Veränderungsprozess einfließen zu lassen (z.B. „Reflecting Team").
- Roswita Königswieser/Uwe Cichy/Gerhard Jochum (2001). SIMsalabim – Veränderung ist keine Zauberei. Systemisches Integrationsmanagement. Stuttgart: Klett Cotta. Dieses Buch beschreibt ausführlich das „SIM-Modell", das als theoretische Basis für die „Strategie in 30 Worten" verwendet werden kann.

Phase 2

Projektumfeldanalyse

Von Dr. Heinz Vetter

Anwärmen	Orientieren	Bearbeiten	Abschließen

Kurzbeschreibung

Die „Projektumfeldanalyse" ist eine effiziente Methode, um in Veränderungsprojekten rasch einen umfassenden Überblick über die beteiligten und betroffenen Akteure bzw. Bezugsgruppen und ihre Beziehungen zum Projekt zu gewinnen. Durch die einfache Visualisierung komplexer Situationen und Wechselwirkungen trägt die Methode wesentlich zu einem gemeinsamen Projektverständnis bei.

Dauer

1,5 bis 2,5 Stunden (je nach Komplexität des Projektes und der Anzahl der beteiligten Personen).

Anwendungsbereiche

Am wirksamsten wird die Methode in der Startphase eines Projektes eingesetzt. Idealerweise wird die Umfeldanalyse im Rahmen eines Kick-off-Workshops von den wichtigsten am Projekt beteiligten Personen gemeinsam vorgenommen, mit dem Ziel, die betroffenen Akteure zu identifizieren, ihren potenziellen Einfluss auf den Projekterfolg zu untersuchen und frühzeitig eine angemessene Beteiligung zu organisieren.

Die Methode kann auch zu einem späteren Zeitpunkt im Projektverlauf angewandt werden, beispielsweise, um tatsächliche oder befürchtete Widerstände herauszuarbeiten und angemessene Antworten darauf zu finden.

Meist ist es hilfreich, wenn ein Prozessberater den Prozess unterstützt. Das Werkzeug kann aber grundsätzlich von erfahrenen Projektleitern oder Veränderungsmanagern auch selbstständig eingesetzt werden.

Zielsetzung/Nutzen

Die „Projektumfeldanalyse" ergänzt die Innen- und Aufgabenorientierung vieler Projekte in einer frühen Projektphase durch eine Außensicht und durch Marketingorientierung. Sie verschafft einen Überblick über die relevanten Projektumwelten und macht die verschiedenen Anspruchs- und Bezugsgruppen bewusst. Die Methode sensibilisiert die Beteiligten für die soziale Vernetzung des Projektes, was besonders bei internen Projekten von ausschlaggebender Bedeutung ist. Sie visualisiert, was von den einzelnen Anspruchs- oder Bezugsgruppen zu erwarten ist.

Die Umfeldanalyse bietet in einer frühen Phase eine hervorragende Grundlage für die weitere Planung eines Projektes. Sie hilft, die Projektorganisation, die Beteiligung, die Information und Kommunikation und den Umgang mit Widerständen zweckmäßig zu gestalten. Es kann eine projektspezifische Projektmarketingstrategie mit konkreten und differenzierten Maßnahmen entwickelt werden. Durch die bildliche Darstellung ist die „Projektumfeldanalyse" auch ein hervorragendes Kommunikationsmittel innerhalb des Projektes und auch nach außen. Außenstehenen Personen kann rasch vermittelt werden, um was es im Projekt geht und wer alles daran beteiligt ist.

Ausführliche Beschreibung

Wie die „Projektumfeldanalyse" konkret angewandt werden kann, wird im Folgenden am Beispiel eines Workshops zum „Aufgleisen" eines Projektes dargestellt. Es geht um die Einführung einer Leistungserfassung in einem mittelgroßen Krankenhaus mit ca. 400 Mitarbeitern. Das Projekt hat eine hohe Dringlichkeit und steht unter großem Zeitdruck, weil die übergeordnete staatliche Behörde ihre Beiträge kürzt, wenn die Leistungserfassung nicht bis zu einem bestimmten Zeitpunkt eingeführt ist.

Am Workshop nehmen der Projektleiter (= Leiter Pflegedienst), je ein Vertreter des Pflegepersonals, der Ärzteschaft und der paramedizinischen Dienste, der Leiter Personalentwicklung (wegen des erwarteten Schulungsbedarfs) und der externe Projektbegleiter teil. Dieser regt schon früh eine „Projektumfeldanalyse" an, um einen raschen Überblick über das Projekt zu bekommen und um auf die kritischen Punkte aufmerksam zu werden.

Schritt 1: Erläuterung der Projektumfeldanalyse
Der Prozessberater erläutert in ca. 10 Minuten die „Projektumfeldanalyse". Er sagt, wozu sie dient (siehe Zielsetzung/Nutzen) und erklärt das folgende Grundschema und die Vorgehensweise.

Innere und äußere Beziehungen eines Projektes zu seinen Umwelten

Abb. 1: Grundschema einer „Projektumfeld-analyse"

Darstellerische Mittel

- Abstand zum Projekt: Ausdruck der Nähe anderer sozialer Systeme zum Projekt
- Größe der Kreise: Einschätzung der Bedeutung für den Projekterfolg
- (+/−) (−) (+) Zentrale Erwartungen oder Befürchtungen in Bezug auf das Projekt
- Nummern zu den Beziehungen: Stichwortartige Beschreibung der Beziehungen (auf einem separaten Blatt)

Die Instruktion könnte wie folgt lauten:
„Verwenden Sie eine bespannte Pinwand und setzen Sie das Projekt in die Mitte. Schreiben Sie den Namen auf eine runde Moderationskarte oder direkt auf das Packpapier.

Überlegen Sie sich bitte gemeinsam, mit welchen relevanten inneren und äußeren Bezugs- und Anspruchsgruppen oder einzelnen Personen (z.B. Projektleiter, Auftraggeber, Pflegepersonal usw. ...) Sie es bei Ihrem Projekt zu tun haben. Berücksichtigen Sie alle Personen oder Zielgruppen, die in irgendeiner Weise von den Auswirkungen des Projekts betroffen sind (also zum Beispiel die Patienten).

Überlegen Sie sich dann die relative Bedeutung dieser Gruppen für den Projekterfolg. Benennen Sie die Bezugsgruppen möglichst konkret und beschriften Sie die runden Moderationskarten entsprechend. Die Bedeutung wird durch die Größe der Kreise zum Ausdruck gebracht. Sie können drei Größen von Kreisen verwenden, die großen für hohe Bedeutung, die mittleren für mittlere Bedeutung und die kleinen für geringe Bedeutung. Um deutlich zu machen, ob es sich um interne oder externe Umwelten handelt, können Sie zusätzlich unterschiedliche Farben wählen (gelb = intern, grün = extern). Neben der Darstellung der Bezugs- und Anspruchsgruppen macht es Sinn, auch andere wichtige Elemente des Projektumfeldes darzustellen, wie z.B. andere Projekte, die einen Einfluss auf das Projekt haben.

Die Nähe oder Distanz zum Projekt wird durch den Abstand zum Projekt ausgedrückt. Wenn Sie die Abstände zum Projekt diskutieren, schieben Sie die Kreise einfach so lange hin und her, bis es für alle Beteiligten stimmig ist.

Im nächsten Schritt geht es darum, die Beziehungen der einzelnen Personen oder Bezugsgruppen zum Projekt zu betrachten. Das kann einfach mit ‚+' für positive Einstellung, mit ‚+' und ‚–' für neutrale und mit ‚–' für negative Einstellung zum Ausdruck gebracht werden. Das ist allerdings noch unspezifisch. Versehen Sie die Beziehungen deshalb bitte zusätzlich mit Nummern 1), 2) usw. und beschreiben Sie deren vermutliche Haltung in einer separaten Liste, z.B. 1): ‚Der Auftraggeber will die Leistungserfassung unbedingt, aber in einer möglichst minimalen Variante' usw. ...

Bei der Erarbeitung der ‚Projektumfeldanalyse' sind folgende Leitfragen sehr hilfreich:

- *Wie ist das Projekt in die Gesamtorganisation eingebettet?*
- *Wer ist vom Projekt betroffen?*
- *Wer sind die Bezugsgruppen im Umfeld?*
- *Wie stehen sie zum Projekt (unterstützend, skeptisch, ablehnend usw. ...)?*
- *Wer hat welchen Einfluss auf das Projekt?*
- *Wie sind ihre Beziehungen zum Projekt?*
- *Wer betrachtet das Projekt als ‚seine Sache'?*
- *Wer ist am Erfolg des Projektes interessiert und bereit, sich persönlich dafür zu engagieren?*
- *Was gibt es insgesamt für unterstützende, was für hindernde Einflüsse und Faktoren?*
- *Welche Konsequenzen ergeben sich daraus für die Umsetzbarkeit von Lösungsvorschlägen?*
- *Wie sind die Beziehungen des Projektleiters zu den Bezugsgruppen?*

Zur anschließenden Durchführung der Umfeldanalyse erhalten die Teilnehmer vom Moderator das notwendige Moderationsmaterial sowie das Arbeitsblatt „Grundschema einer Projektumfeldanalyse". Die Leitfragen für die Analyse werden entweder in Form eines Arbeitsblatts ausgegeben oder der Moderator visualisiert die Fragen auf einem Flip-Chart.

Die Bestimmung der Größe der Kreise und der Abstände zum Projekt sind immer mit vielen Fragen und verschiedenen Einschätzungen durch die Beteiligten verbunden. Deshalb ist es wichtig, dass der Berater der Gruppe genügend Zeit und Raum für die Bearbeitung der Aufgabe gibt.

Schritt 2: Durchführung der Projektumfeldanalyse

Die Gruppe führt die „Projektumfeldanalyse" nun gemeinsam durch und diskutiert die dabei auftretenden Fragen. Hier ist wichtig, dass man sich genügend Zeit nimmt und die Fragen ausdiskutiert. Im Laufe des Prozesses wird vieles geklärt und es entsteht ein gemeinsames Verständnis vom Projekt. Auch begriffliche Klärungen sind dabei ganz wichtig. Es wird auch deutlich, was noch geklärt werden muss. Manchmal besteht die Gefahr, dass man rasch eine Karte platziert und die damit verbundenen Fragen nicht genügend bearbeitet.

Hier kann der Berater eine wichtige Rolle spielen, indem er kritische Fragen stellt oder nachfragt, wenn aus seiner Sicht noch Unklarheiten bestehen. Er sorgt auch dafür, dass die Methode korrekt angewandt wird. Wichtig ist auch, dass die Beziehungen gut charakterisiert werden. Hier muss der Berater oft etwas hartnäckig sein.

Gelingt es den Beteiligten, konzentriert bei der Sache zu bleiben und sich nicht mit den erstbesten Antworten zufrieden zu geben, findet eine sehr gründliche Auseinandersetzung mit dem Projekt statt und die Gruppe schafft eine gute Grundlage für die weitere Projektarbeit.

Für diesen Schritt benötigt man 1,5 bis 2,5 Stunden, je nach Projektgröße, Komplexität und Anzahl der beteiligten Personen.

In unserem Beispiel wurde rasch klar, wer dem Projekt wie gegenübersteht. Wirklich begeistert vom Projekt ist kaum jemand: Man muss es eben machen. Der Schulung ist großes Gewicht beizumessen, damit die Betroffenen bei der Leistungserfassung gut unterstützt werden und die Umsetzung möglichst einfach gemacht wird. Deutlich wurde auch, dass das Projekt mit einem anderen laufenden Großprojekt um die knappen zur Verfügung stehenden Zeitressourcen konkurrieren muss. Den Projektverantwortlichen wurde auch der Umfang des Projektes klarer und die Notwendigkeit einer sauberen Planung, insbesondere der Schulung. Es konnte auch eine Reihe von Fragen aufgelistet werden, die noch mit dem Auftraggeber zu klären sind.

Schritt 3: Präsentation und Diskussion der Projektumfeldanalyse
Im genannten Beispiel wurde die „Projektumfeldanalyse" dem Auftraggeber präsentiert und mit ihm diskutiert. Die noch offenen Fragen konnten besprochen und einige Klärungen herbeigeführt werden.

Die „Projektumfeldanalyse" kann auch gut in Gesprächen mit anderen Projektbeteiligten verwendet werden.

Voraussetzungen/ Kenntnisse

Die Moderation der „Projektumfeldanalyse" ist einfach, da sie einer klaren Struktur folgt und sich an den Leitfragen orientieren kann. Sie ist aber dennoch nicht leicht, da es herausfordernd ist, beim Wesentlichen zu bleiben und sich nicht in Details zu verlieren. Die Gesprächsführung ist daher entscheidend. Auch Erfahrungen mit Projekten und Projektmanagement sind eine wichtige Voraussetzung. Man muss wissen, worauf es in Projekten ankommt, um als Moderator und Projektbegleiter auch Fragen stellen zu können, die über die allgemeinen Leitfragen hinausgehen und um den Prozess zielgerichtet und effizient führen zu können.

Kommentar/ Erfahrungen

Die „Projektumfeldanalyse" bildet den Arbeitsprozess laufend ab und kann von den Beteiligten jederzeit gut nachvollzogen werden. Die Arbeit mit den Kreisen hat auch etwas Spielerisches und bringt eine gewisse Leichtigkeit in oft komplexe und schwer verständliche Projekt-Ausgangssituationen. Das Instrument wird als eine wichtige Verstehensgrundlage erlebt. Wichtig ist dabei die Visualisierung. Von vielen Anwendern wird die Umfeldanalyse als eines der wichtigsten Instrumente im Projektmanagement gesehen. Vieles, das vielleicht implizit in den Köpfen ist, wird explizit gemacht und wird somit auch für andere zugänglich. Die ideale Gruppengröße für eine effiziente Erarbeitung der „Projektumfeldanalyse" liegt bei vier bis acht Personen.

Wie geht es nach der „Projektumfeldanalyse" weiter? Sie kann herangezogen werden für weitere Planungen im Projekt wie:

- Projektorganisation
- Information und Kommunikation
- Projektmarketing
- Umgang mit Widerständen

Die „Projektumfeldanalyse" kann immer wieder gemacht werden. Das Resultat ist immer eine Momentaufnahme. Die Position der einzelnen Karten verändert sich im Laufe eines Projektes, da ein Projekt immer eine Dynamik erfährt.

Technische Hinweise

Ausstattung:

Variante „Pinwand":

- Moderatorenkoffer
- Runde Moderationskarten in drei unterschiedlichen Größen und jeweils in zwei verschiedenen Farben
- Eine Pinwand
- Eine digitale Kamera zur Dokumentation

Variante „Tisch":

(Falls keine Moderationsausrüstung zur Verfügung steht, kann die Umfeldanalyse auch in modifizierter Form durchgeführt werden.)

- 1 DIN-A3-Blatt, am besten farbig, grün oder blau
- 1 farbiger Selbstklebepunkt, Durchmesser 6 cm, für den Projekttitel
- 10 Selbstklebepunkte, Durchmesser 4 cm, zwei Farben
- 10 Selbstklebepunkte, Durchmesser 3,2 cm, zwei Farben

Räumliche Voraussetzungen:
Variante „Pinwand“:
Besprechungszimmer ohne Tische, nur Stühle

Variante „Tisch“:
Besprechungszimmer, quadratischer oder runder Tisch, an den sich 3-5 Beteiligte bequem, aber nicht zu weit voneinander um das A3-Blatt platzieren können.

Vorbereitung:
- Instruktion vorbereiten, eventuell Leitfragen zusätzlich auf Flip-Chart visualisieren
- Arbeitspapier „Grundschema“ und Fragen bereitstellen, für jede Person eine Kopie
- Moderationsmaterial bereitstellen

Quellen/ Weiterführende Literatur

- Roswita Königswieser/Alexander Exner. 8. Auflage (2004). Systemische Intervention – Architekturen und Designs für Berater und Veränderungsmanager. Stuttgart: Klett-Cotta.
- Frank Boos. Projektmanagement. In: Roswita Königswieser/Christian Lutz (1992). Das systemisch evolutionäre Management. Wien: ORAC. S. 72-74.

Phase 2

Vom Problem zum Ziel

Von Wilhelm Geisbauer

Anwärmen	**Orientieren**	Bearbeiten	Abschließen

Kurzbeschreibung

„Vom Problem zum Ziel" ist eine Methode zur Sammlung und Priorisierung wahrgenommener Probleme. Die Besonderheit der Methode besteht darin, dass die aufgelisteten Probleme vor ihrer Bearbeitung in korrespondierende Ziele „übersetzt" werden. Diese Vorgehensweise fördert den Teambildungsprozess, erleichtert die gemeinsame Zielfindung und gewährleistet eine zukunfts- und ressourcenorientierte Themenbearbeitung.

Dauer

Etwa zwei Stunden.

Anwendungsbereiche

Das Tool wird vorzugsweise zu Beginn der Orientierungsphase von Workshops eingesetzt. Die Methode stammt aus dem „reteaming-Ansatz", einer lösungsfokussierten Methode, die sich insbesondere für Teambildungs-, Konfliktlösungs-, Prozessoptimierungs- und Strategie-Workshops eignet.

Zielsetzung/Nutzen

Viele Problemlösungsversuche scheitern in der Praxis daran, weil (gut gemeinte) Analyseversuche unter den Beteiligten sehr schnell zu Schuldzuweisung oder Schuldabwehr (Verteidigung) führen. Dabei wird Kreativität, Vertrauen und Zuversicht unterdrückt und eine Lösung oftmals unmöglich gemacht. Lösungsorientierte Methoden wie „reteaming" gehen von der Annahme aus, dass in jedem Problem, in jeder Beschwerde, auch in jedem Jammern ein Ziel als „Kehrseite der Medaille" verborgen ist. Probleme sind „verkleidete Ziele" – diese gilt es für die Beteiligten herauszufinden. Sind die Ziele identifiziert und priorisiert, so ist eine Bearbeitung unter dem Fokus „Zukunft" meist bei positiver Energie für alle Beteiligten möglich.

Ausführliche Beschreibung

Voraussetzung für den erfolgreichen Einsatz des Tools ist es, dass zuvor mit dem Team ein Konsens über ein übergeordnetes „global goal" (Globalziel wie z.B. „optimale Zusammenarbeit", „effiziente Kommunikation" usw.) erzielt wurde. Damit wird die *Zielrichtung* (noch nicht das Ziel) zunächst als Rahmen grob festgelegt.

„Vom Problem zum Ziel" folgt einer klaren Struktur. Zunächst geht es darum, dass die Beteiligten die subjektiv wahrgenommenen Probleme auflisten. Diese werden im nächsten Schritt in korrespondierende Ziele verwandelt.

Aus diesen Zielen muss dann in einem weiteren Schritt das wichtigste (nützlichste) Ziel zur weiteren Bearbeitung herausgefunden werden.

Der genaue Ablauf soll im Folgenden am Beispiel eines Teamentwicklungs-Workshops dargestellt werden. Nachdem die Erwartungen der Teilnehmer ausgetauscht wurden und ein Konsens über die Zielrichtung des Workshops (Verbesserung der Zusammenarbeit im Team) herbeigeführt wurde, leitet der Moderator zum nächsten Schritt über.

Schritt 1: Erstellung von Problemlisten
Der Moderator fordert die Teammitglieder auf, in Kleingruppen nach Brainstorming-Art eine Liste mit den aktuell wahrgenommenen Problemen zu erstellen (siehe Abb. 1). Die Teilnehmer schreiben zunächst ihre Themen in der linken Hälfte eines Flip-Chart-Blatts untereinander. Als wichtige Regel hierbei gilt, dass jedes Teammitglied mit seiner Sichtweise Recht und damit Anspruch auf Protokollierung in der Liste hat. Es soll nicht diskutiert werden, wie man das jeweilige Problem sehen oder schon lösen müsse. Der Moderator sorgt für die Einhaltung dieser Spielregel.

Problem	
Informationen zu spät	
unkoordiniertes Vorgehen	
Vereinbarungen werden nicht eingehalten	
gestörte Zusammenarbeit	
unverständliche Entscheidungen	
usw. ...	

Abb. 1:
Die „Problemliste"

Schritt 2: „Übersetzung" der Probleme in korrespondierende Ziele
Wenn die Sammlung abgeschlossen ist, bittet der Moderator die Kleingruppen, alle genannten Probleme nacheinander in „korrespondierende Ziele" zu übersetzen und diese in der rechten Spalte des Plakats einzutragen (siehe Abb. 2). Er ermuntert die Teilnehmer, sich gedanklich von den unerwünschten Situationen und Verhaltensweisen zu lösen und sich stattdessen jeweils die angestrebten idealen Alternativen vorzustellen und prägnant zu formulieren. Manchmal kann es nützlich sein, die „Übersetzung" der Probleme in Ziele anhand eines praktischen Beispiels zu veranschaulichen.

Abb. 2: „Übersetzung" der Probleme in korrespondierende Ziele

Problem	korrespondierendes Ziel
Informationen zu spät	optimaler Informationsfluss
unkoordiniertes Vorgehen	transparentes, zielgerichtetes Handeln
Vereinbarungen werden nicht eingehalten	Feedback-Kultur
gestörte Zusammenarbeit	flexible Zusammenarbeit
unverständliche Entscheidungen	transparente Entscheidungen
usw. …	

Schritt 3: Präsentation der Arbeitsergebnisse im Plenum
Die Kleingruppen präsentieren ihre Arbeitsergebnisse nun im Plenum. Zuvor inszeniert der Moderator eine konstruktive Irritation. Er bittet die Teilnehmer, die mitgebrachten Charts der Länge nach auseinander zu schneiden, die abgetrennten Spalten mit den Problemen legt er einfach beiseite (Abb. 3). Die Teilnehmer erhalten lediglich die Spalten mit den „korrespondierenden Zielen" zurück und präsentieren anschließend auch nur diese im Plenum.

Abb. 3: Vom Problem zum Ziel „live"

Die Intervention des Moderators wirkt am nachhaltigsten, wenn er weitgehend auf eine Erklärung seiner Vorgehensweise verzichtet. Einer ersten Irritation der Teilnehmer folgt meist rasch eine allgemeine Erleichterung. Die Beteiligten erleben „live", dass es lohnender ist, den Blick auf eine wünschenswerte Zukunft und den gemeinsamen Weg dorthin zu richten, als Probleme zu wälzen, Ursachen zu ergründen und Schuldige zu suchen.

Für die Präsentationen gilt: Die einzelnen Ziele werden zunächst weder diskutiert noch bewertet – es sind nur Verständnisfragen zulässig.

Schritt 4: Definition eines gemeinsamen Zieles

Nach der Präsentation der Ergebnisse aus den Kleingruppen geht es darum, ein einziges Ziel aus den erarbeiteten Ziellisten unter den Aspekten von Nützlichkeit und Wichtigkeit für das Team auszuwählen. Der Moderator leitet diesen Schritt ein, indem er fragt: *„Auf welches gemeinsame Ziel wollen Sie sich in diesem Workshop konzentrieren?"* Dabei ist unbedingt Konsens unter den Beteiligten anzustreben. Die Orientierung des gesamten Teams auf eine gemeinsame Zielrichtung braucht meist einige Zeit, weil die unterschiedlichen Wahrnehmungen der Beteiligten artikuliert, gewürdigt und in ihren wechselseitigen Beeinflussungen betrachtet werden müssen. In dieser bedeutsamen Phase ist Geduld und Geschick des Moderators besonders wichtig. Er kann die Gruppe methodisch unterstützen, indem er zum Beispiel anregt, die Ziellisten zunächst auf wenige Ziele zu reduzieren und erst dann aus den verbleibenden Zielen das attraktivste auszuwählen, bzw. als Synthese mehrerer Ziele ein attraktives Ziel zu formulieren.

Die Konzentration auf ein einziges Ziel erhöht die Erfolgswahrscheinlichkeit enorm und beeinflusst sehr häufig auch (viele) andere Ziele günstig. Es soll also immer das nützlichste Ziel für das Team formuliert werden, etwa: „Wir können einander vertrauen." Möglich ist auch eine Kombination von maximal zwei Zielen: „Wir haben eine optimale Balance von Autonomie und Kooperation" oder ein Ziel auf der Meta-Ebene: „Flexible Zusammenarbeit".

Wenn das gemeinsame Ziel definiert ist, bittet der Moderator die Gruppe dieses zu visualisieren und so im Raum zu platzieren, dass es während des gesamten Workshops jederzeit sichtbar bleibt.

Ist das gemeinsame Leitziel klar definiert und allgemein akzeptiert, so kann es im weiteren Prozess leicht weiterbearbeitet werden. Wird der

Workshop mit der „reteaming-Struktur“ fortgesetzt, so könnten die nächsten Prozessschritte wie folgt aussehen:

1. Zunächst wird der konkrete Nutzen der Zielerreichung identifiziert, und zwar sowohl für die Teilnehmer selbst als auch aus Sicht weiterer Betroffener. Dieser Schritt erhöht nochmals die Attraktivität des Ziels und verstärkt das individuelle Commitment.
2. Die Teilnehmer werden dann ermuntert, sich auf eine fiktive Zeitreise in die Zukunft zu begeben und sich eine Situation vorzustellen, in der das angestrebte Ziel bereits erreicht ist (z.B. Pressekonferenz anlässlich der Wahl zum „Team des Jahres“, Erstellung eines Lehr-Videos o. Ä.). Was genau wurde erreicht? Was hat sich verändert? Wie haben wir das geschafft? Diese Intervention schärft die Wahrnehmung im Hinblick auf beobachtbare Details auf dem Weg zum Erfolg und erzeugt positive Emotionen.
3. Dann wird ein konkreter, verbindlicher Maßnahmenplan erarbeitet. Was muss von wem bis wann getan werden, damit das gewünschte Ziel erreicht werden kann?
4. Anschließend werden interne und externe Ressourcen bewusst gemacht, mit deren Hilfe die Erreichung des Ziels sichergestellt werden kann. Hierzu ist es sinnvoll, vergangene Erfolge in Erinnerung zu rufen.
5. Um zu verhindern, dass das ehrgeizige Vorhaben im Tagesgeschäft in Vergessenheit gerät, wird abschließend ermittelt, welche Stolpersteine und Hindernisse möglicherweise auf dem Weg zum Ziel auftreten könnten – und was dann getan werden kann, um „auf Kurs“ zu bleiben. (Was könnte schief gehen – und was werden wir dann tun?)
6. Abschließend wird verbindlich festgelegt, wie Fortschritte bei der Ziellerreichung beobachtet und gemessen werden sollen und wer hierfür verantwortlich ist (Fortschritts-Monitoring und Reflexion).

Kommentar/ Erfahrungen

Der besondere Vorteil des Tools liegt darin, dass man den Betroffenen damit einfach und schnell einen gemeinsamen Prozess zugänglich machen kann, ohne die beschriebenen Probleme vertiefend analysieren zu müssen. Die Teilnehmer arbeiten gern an Beiträgen für eine zukünftige positive Entwicklung und empfinden es als wohltuend, nicht über Probleme reden zu müssen (Brainstorming statt „Blamestorming“).

Der Moderator arbeitet stets mit den Herausforderungen des Teams und nicht mit den „eigenen“ Hypothesen. Dies bewirkt eine hohe Effektivität im Entwicklungsprozess des Teams und für das Finden geeigneter

Lösungen. Er achtet während des gesamten Prozesses darauf, sich nicht in die (oft verlockende) Problemanalyse „verführen" lassen.

Technische Hinweise

Ausstattung:
Flip-Charts, Pinwände, evtl. Tische

Räumliche Voraussetzungen:
Ein großer Raum, der das ungestörte Arbeiten in Kleingruppen zulässt (oder mehrere kleine Räume)

Quellen/ Weiterführende Literatur

„Vom Problem zum Ziel" ist ein Prozessschritt aus der „reteaming-Methode", die in den 90er-Jahren von Ben Furman und Tapani Ahola am Institut für Kurzzeittherapie in Helsinki entwickelt wurde. Informationen zur Methode gibt es unter www.reteaming.com oder unter www.geisbauer.at.

- Wilhelm Geisbauer (2004). Reteaming – Methodenhandbuch zur lösungsorientierten Beratung. Heidelberg: Carl Auer Verlag.
- Ben Furman/Tapani Ahola (1996). Die Kunst, Nackten in die Tasche zu greifen. Systemische Therapie: Vom Problem zur Lösung. Dortmund: Borgmann.

Qualitätstreiber

Von Frank Wippermann

Anwärmen	**Orientieren**	Bearbeiten	Abschließen

Kurzbeschreibung

Mithilfe von 24 konkreten Fragen zu den Bereichen „Strategie", „Prozesse", „Personal", „Ressourcen" und „Führung" werden die qualitativen Einschätzungen der Beteiligten zum aktuellen Zustand des Unternehmens erfasst und diskutiert. Indem die Einschätzungen anschließend quantifiziert werden, entsteht ein gemeinsames Bild über die Organisation mit ihren lohnendsten „Veränderungs-Baustellen".

Dauer

6 bis 8 Stunden.

Anwendungsbereiche

Die „Qualitätstreiber" werden in der Orientierungsphase eingesetzt. Sie wirken dann besonders gut, wenn die Gruppe heterogen besetzt ist und/oder wenn über grundlegende Themen der Organisation in diesem Kreis noch nicht oder lange nicht mehr diskutiert wurde. Jährliche Strategieklausuren oder die Vorbereitung von radikalen strategischen Ausrichtungen, Fusionen oder Umstrukturierungen sind typische Anwendungsbereiche.

Zielsetzung/Nutzen

Mit den „Qualitätstreibern" sollen sich die Beteiligten untereinander strukturiert über ihre gegenwärtigen Einschätzungen zum Zustand der Organisation auseinander setzen. Darüber hinaus dienen die „Qualitätstreiber" dazu, den Reifegrad der „Stellhebel" in der Organisation zu bestimmen. Die Struktur der Methode garantiert eine umfassende, systematische Analyse. Auf diese Weise wird der Gefahr entgegengewirkt, dass sich die Beteiligten voreilig auf die Bearbeitung einzelner „Symptomthemen" konzentrieren und wichtige Themen unberücksichtigt bleiben.

Ausführliche Beschreibung

Die Anwendung des Instruments „Qualitätstreiber" wird in den meisten Fällen von der Organisationsspitze initiiert. Die „Qualitätstreiber" können beispielsweise zu Beginn eines Strategie-Workshops der (erweiterten) Geschäftsführung eingesetzt werden. Der Berater sorgt dafür, dass dieser Methode keine Rück- oder Ausblicke vorangehen – diese könnten nämlich die Effektivität des Instruments auf Grund von Vorinformationen beeinträchtigen. Rück- und Ausblicke können jedoch durchaus auf die „Qualitätstreiber" folgen (siehe Schritt 5).

Schritt 1: Überblick über die Diskussionsfelder

Der Berater präsentiert den Teilnehmern zwei Flip-Charts. Auf dem ersten Flip-Chart ist der Zweck des Instruments „Qualitätstreiber" beschrieben: *Mit dem Instrument gelingt eine umfassende Analyse zu 24 ‚Qualitätstreibern' sowie deren Bewertung.*

Auf dem zweiten Flip-Chart stehen die wichtigsten Spielregeln für Schritt 2:

- *Zunächst werden Ihre Einschätzungen zu jedem der 24 ‚Qualitätstreiber' gesammelt, vom jeweiligen Initiator als Stärke oder Schwäche eingeordnet und auf Flip-Chart oder Overhead-Folie notiert.*
- *In dieser kurzen Brainstormingphase werden die Einschätzungen nicht diskutiert.*
- *Erst wenn für einen ‚Qualitätstreiber' alle Einschätzungen dokumentiert worden sind, werden Nachfragen/Klärungen und kontroverse Einschätzungen gesammelt und notiert.*

Schritt 2: Stärken-/Schwächen-Diskussion zu den 24 Qualitätstreibern

Zu jedem der 24 „Qualitätstreiber" steht zu Beginn eine These, nach der eine Organisation umso besser arbeitet, je mehr sie dieser These entsprechend vorgeht. Gemäß dieser Thesen sind die Teilnehmer aufgerufen, ihre Einschätzung abzugeben, welche konkreten Anzeichen dafür sprechen, dass in der Organisation der „Qualitätstreiber" Anwendung findet und welche dagegen.

Hier nun die 24 „Qualitätstreiber":

1 Strategie

1.1 Die Erwartungen von Kunden, Mitarbeitern und Geschäftspartnern werden durch Messungen und Untersuchungen erhoben.

1.2 Diese Erwartungen werden durch die Organisation erfüllt.

1.3 Die Organisationsstrategie wird zielgerichtet weiterentwickelt und aktualisiert.
1.4 Die Organisationsstrategie wird durch Ziele, Pläne und Zielwerte für alle Betroffenen kommuniziert.

2 Prozesse
2.1 Die wichtigsten Abläufe sind genau beschrieben und die Schnittstellen sowohl innerhalb der Organisation als auch zu Externen sind benannt.
2.2 Auf Grund von Kennzahlen oder Befragungsergebnissen werden Verbesserungen für Abläufe erkannt, priorisiert und durchgeführt.
2.3 Die Produkte/Dienstleistungen werden auf Grund der Kundenerwartungen entwickelt.
2.4 Die Produkte/Dienstleistungen werden durch Service betreut sowie an vorhandene und potenzielle Kunden vermarktet.
2.5 Sowohl Kundenrückmeldungen als auch aktives Kümmern um Kundenerwartungen fließen in Abläufe ein, die die Zufriedenheit der Kunden erhöhen.

3 Ressourcen
3.1 Die Kernkompetenzen externer Geschäftspartner sind benannt und für die Organisation nutzbringend eingesetzt.
3.2 Für die Finanzplanung und Berichterstattung werden effiziente und effektive Methoden angewendet.
3.3 Gebäude, Einrichtungen und Material werden optimal eingesetzt.
3.4 Alternative und neue Technologien werden auf ihre Nützlichkeit hin bewertet und eingesetzt.
3.5 Informationen und Wissen in der Organisation werden gesammelt, strukturiert und zugänglich gemacht.

4 Mitarbeiter
4.1 Die Planung des Personalbestands (Anzahl, Qualifikation) ist mit der Strategie und den Abläufen der Organisation verzahnt.
4.2 Die Kompetenzen der Mitarbeiter werden ermittelt und hinsichtlich der zukünftigen Anforderungen entwickelt.
4.3 Die Mitarbeiter werden in die Aktivitäten eingebunden und sind zum eigenständigen Handeln berechtigt.
4.4 Es gibt Möglichkeiten zum Austausch von Informationen (oben-unten, unten-oben, horizontal).
4.5 Die Leistungen der Mitarbeiter werden anerkannt, ihr Engagement für Gesundheit, Umwelt, ... wird gefördert.

5 Führung

5.1 Die Führung lebt die Werte der Organisation durch ihr Verhalten vor.
5.2 Die Führung ist Vorreiter bei der Verbesserung der Organisation.
5.3 Die Führung baut Beziehungen zu Kunden und Geschäftspartnern auf.
5.4 Die Führung führt die Mitarbeiter aufgaben- und beziehungsorientiert.
5.5 Die Führung erkennt Wandel im Organisationsumfeld frühzeitig und leitet entsprechende Veränderungen ein.

Diese Reihenfolge hat sich bewährt, weil zunächst die allgemeinen Punkte (Strategie, Prozesse) und erst danach die durchführenden Institutionen (Ressourcen, Mitarbeiter, Führung) diskutiert werden. Die „Qualitätstreiber“ können selbstverständlich in einer anderen Reihenfolge durchlaufen werden, jedoch sollten die fünf Blöcke bestehen bleiben.

Für jeden „Qualitätstreiber“ plant der Berater ca. fünf Minuten für einschätzendes Brainstorming und weitere fünf Minuten für die Klärung ein – Gesamtzeit für diesen Schritt somit vier Stunden.

Ein paar Tipps zu diesem Schritt:

- Seien Sie zurückhaltend – geben Sie keine eigenen Einschätzungen ab. Geben Sie der Gruppe die Gelegenheit, eine möglichst unbeeinflusste Selbstbewertung durchzuführen.
- Fangen Sie möglichst viele verschiedene Stimmen aus dem Teilnehmerkreis ein – das gibt ein umfassenderes Bild über die Organisation.
- Notieren Sie die Selbsteinschätzungen für jeden „Qualitätstreiber“ auf einem eigenen Flip-Chart bzw. einer eigenen Folie.
- Geben Sie zum Start jedes Themenblocks eine kurze Übersicht darüber, welche Aspekte abgefragt werden – das gibt den Teilnehmern die Möglichkeit, ihre eigenen Einschätzungen vorab zu sortieren.

Schritt 3: Einschätzung nach Relevanz und Realisierung

Die qualitativen Ergebnisse aus Schritt 2 werden nun quantifiziert. Der Berater trägt zunächst die Einschätzungen der Teilnehmer ein, wie wichtig jeder der 24 „Qualitätstreiber“ für die Organisation ist. Für derartige Abfragen empfiehlt sich meist eine 4er-Skala, um eine Mitte-Tendenz auszuschließen. Im nächsten Schritt trägt der Berater die Einschätzungen ein, wie gut jeder der 24 „Qualitätstreiber“ in der Organisation bereits realisiert ist.

	Relevanz				Realisierung				
Faktor	unwichtig	weniger wichtig	wichtig	sehr wichtig	nicht umgesetzt	weniger gut umgesetzt	gut umgesetzt	sehr gut umgesetzt	Gewicht
	1	**2**	**3**	**4**	**4**	**3**	**2**	**1**	
1.1 Erwartungen erhoben		**x**					**x**		**4**
1.2 Erwartungen erfüllt			**x**		**x**				**12**

Abb. 1: Quantifizierung der Ergebnisse

In die rechte Spalte wird anschließend das Produkt aus Relevanz und Realisierung eingetragen. Die Faktoren sind so gewählt, dass sich für einen sehr wichtigen „Qualitätstreiber", der nicht umgesetzt ist, das höchste Produkt (= die größte „Veränderungs-Baustelle") ergibt.

Dieser Bewertungsschritt erfordert zwischen einer und drei Stunden Zeit, je nachdem ob der Berater den Mittelwert der einzelnen Einschätzungen wählt oder ob er einen zu erzielenden Konsens einträgt. Das Verfahren hängt hier von der Besprechungskultur und von der zur Verfügung stehenden Zeit ab.

Schritt 4: Diskussion der Einschätzung

Das Produkt in der rechten Spalte ist nun kein mathematisches Ergebnis, mit dem eine eindeutige und unumstößliche Rangfolge verkündet wird. Vielmehr sind die Zahlen Größen, über die diskutiert werden kann und soll. Der Austausch von Argumenten über die Priorisierung der „Veränderungs-Baustellen" ist entscheidend, nicht die Mathematik. Am Schluss dieser Priorisierung sind in der Regel drei bis fünf „Qualitätstreiber" identifiziert, deren Bearbeitung für ihre Organisation am lohnendsten ist. Ungefähr eine Stunde sollte für diesen Schritt eingeplant werden.

Ggf. Schritt 5: Bewertung der Maßnahmen und Ergebnisse der Vergangenheit

Wenn Anlass und Motivation dazu besteht, können vor dem Hintergrund der Einschätzung aus Schritt 3 die Maßnahmen der zurückliegenden Jahre betrachten werden:

- *Haben Sie in genau den Feldern investiert und gearbeitet, in denen Sie sich jetzt gute bis sehr gute Umsetzungen attestieren?*
- *Sind die identifizierten ‚Qualitätstreiber' solche Felder, die Sie in letzter Zeit wenig beachtet haben?*
- *Waren die wichtigen und sehr wichtigen ‚Qualitätstreiber' auch schon in der Vergangenheit die relevanten – wenn nicht, worauf führen Sie Änderungen zurück?*

Die Antworten auf diese Fragen bieten den Beteiligten die Chance, einen anderen Blick auf die zurückliegenden Aktionen zu werfen und aus dieser Reflexion heraus zu lernen.

Voraussetzungen/ Kenntnisse

Die Moderation des Prozesses erfordert hohe Routine im Zusammenfassen der Beiträge, gute Formulierungsgabe beim Visualisieren der Diskussionsergebnisse und analytisches Denken zur Differenzierung der 24 Felder.

Kommentar/ Erfahrungen

Die „Qualitätstreiber" sind ein zeitaufwendiges und zugleich lohnendes Instrument, um ein Fundament für Veränderungen zu legen. Das Wichtigste an dieser Vorgehensweise besteht darin, dass das Fundament in einem gemeinsamen Diskussionsprozess aus sich heraus entsteht. Das braucht Zeit, die im weiteren Veränderungsprojekt mit hoher Rendite erstattet wird.

Technische Hinweise

Ausstattung:

- Moderatorenkoffer
- Ein Flip-Chart mit 24 Blättern
- Ein Flip-Chart für weitere Notizen
- Eine Pinwand

Vorbereitung:

- Die Spielregeln für den Schritt 2 visualisieren (vgl. Schritt 1)
- Die 24 Flip-Chart-Blätter mit Überschriften versehen (vgl. Schritt 2)
- Das Raster für die Einschätzung skizzieren (vgl. Schritt 3)

Mindest- und Höchst-Teilnehmerzahl:

- Möglichst mehr als drei, um eine lebhaftere Diskussion zu bekommen
- Höchstens zwölf bis fünfzehn, um die Diskussion steuern zu können

Quellen/ Weiterführende Literatur

Das Instrument ist an die Selbstbewertung nach dem EFQM-Modell angelehnt, die wesentlich umfassender ist.

- EFQM. Excellence bewerten (2003). Eine praktische Anleitung zur Selbstbewertung. Brüssel.
- Klaus J. Zink (2004). TQM als integratives Managementkonzept. Das EFQM Excellence Modell und seine Umsetzung. München: Hanser.

Erfahrungsorientierte Themensammlung

Von Armin Rohm

Anwärmen	Orientieren	Bearbeiten	Abschließen

Kurzbeschreibung

Die „Erfahrungsorientierte Themensammlung" ist eine klar strukturierte, effiziente Methode zur Erarbeitung einer umfassenden Themenlandschaft. Die Methode beteiligt die Betroffenen aktiv, macht unterschiedliche Sichtweisen transparent, garantiert eine differenzierte Bestandsaufnahme und sorgt für eine gemeinsame Orientierung.

Dauer

2-4 Stunden (je nach Komplexität des Themas und der Anzahl der an der Erarbeitung der Themenlandschaft beteiligten Gruppen).

Anwendungsbereiche

Die Methode kommt in der Orientierungsphase von Workshops zum Einsatz, wenn es darum geht, zunächst die „Ist-Situation" zu ermitteln und einen möglichst vollständigen Überblick über die prozessrelevanten Themen zu erhalten. Die Methode bietet sich an, wenn Prozesse optimiert, Strukturen entwickelt und/oder Projekte definiert werden sollen. Vor allem in der Startphase von komplexen Reorganisationsprojekten sorgt das Tool für einen professionellen Einstieg. Die Methode eignet sich auch für weniger komplexe Fragestellungen, beispielsweise um im Rahmen von „Team-TÜV-Workshops" Stärken und Schwächen von Teams zu identifizieren und daraus konkrete Veränderungsziele abzuleiten.

Zielsetzung/Nutzen

Die „Erfahrungsorientierte Themensammlung" sorgt für eine angemessene Beteiligung der Betroffenen und fördert die Akzeptanz gegenüber notwendigen Veränderungen. Die Struktur der Methode stellt sicher, dass die verschiedenen im System relevanten Blickwinkel in Hinblick auf ein Veränderungsvorhaben deutlich werden. Erfahrungen und Meinungen werden gesammelt und präsentiert, ohne diese sofort zu kommentieren oder zu bewerten. Im Mittelpunkt der Aufmerksamkeit steht die gegenwärtige Situation (bzw. die unmittelbare Vergangenheit), so wie sie von den Prozessbeteiligten subjektiv erlebt wird. Die „Erfahrungsorientierte Themensammlung" eröffnet das Spannungsfeld zwischen Bewahren und Verändern, indem sie nach Stärken und Schwächen, nach Ressourcen und Defiziten, nach Chancen und Risiken fragt.

Ausführliche Beschreibung

Wie der Ablauf einer „Erfahrungsorientierten Themensammlung" konkret aussehen kann, soll im Folgenden am Beispiel eines Workshops zur Prozessoptimierung in einem marktführenden Industrieunternehmen dargestellt werden. Das Unternehmen verzeichnet seit Jahren überdurchschnittliche Wachstumsraten und spürt erste „unerwünschte Nebenwirkungen" (Qualitätsprobleme, hohe Fluktuation in einigen Führungspositionen, hoher Krankenstand ...). Ein Workshop soll klären, wo die Organisation im Moment steht, wo sie hin möchte und welche Schritte hierzu sinnvollerweise eingeleitet werden müssen. Im Rahmen der Auftragsklärung wurde erarbeitet, dass eine möglichst breite Beteiligung aller Unternehmensbereiche sinnvoll ist. Alle Bereiche sollen im Workshop jeweils durch Repräsentanten unterschiedlicher Hierarchieebenen vertreten sein.

Im Workshop kommt die „Erfahrungsorientierte Themensammlung" zur Anwendung, wenn die Anwärmphase abgeschlossen ist. Die Zielsetzung der Veranstaltung, der Ablauf und die unterschiedlichen Rollen der Akteure sind zu diesem Zeitpunkt klar.

Schritt 1: Subjektive Bestandsaufnahme in Kleingruppen
Die Teilnehmer analysieren zunächst in Kleingruppen die „Ist-Situation". Bei der Einteilung der Kleingruppen werden jeweils Bereiche zusammengefasst, welche die aktuelle Situation vermutlich aus ähnlichen Blickwinkeln sehen. Die Kleingruppen erhalten 45 bis 60 Minuten Zeit, um unabhängig voneinander jeweils drei Fragen zu beantworten, die bereits auf Pinwänden visualisiert sind.

Die Anmoderation könnte der Prozessberater in unserem Beispiel ungefähr so gestalten: *„Sie haben nun die Möglichkeit, in mehreren Kleingruppen zu erarbeiten, wie Sie die aktuelle Situation in Ihrem Unternehmen wahrnehmen und einschätzen. Wir bilden hierzu fünf Gruppen:*

1. *Geschäftsführung*
2. *Verwaltung*
3. *Logistik/Materialwirtschaft*
4. *Produktion/Montage*
5. *Vertrieb*

Sie werden unabhängig und ungestört voneinander an verschiedenen Orten arbeiten. Dort werden Sie jeweils Plakate mit drei Fragen vorfinden:
1. *Was läuft gut in unserem Unternehmen?*
2. *Was läuft (noch) nicht so gut?*
3. *Welche Fragen/Themen ergeben sich hieraus?*

Bitte sammeln Sie Ihre Einschätzungen und visualisieren Sie diese in den dafür vorgesehenen Feldern der Plakate. Schreiben Sie bitte die Antworten zu den Fragen eins und zwei direkt auf das Packpapier. Die Antworten zur Frage drei notieren Sie bitte einzeln auf Moderationskarten und pinnen diese in das dafür vorgesehene Feld. Achten Sie bitte darauf, die Themen nicht zu bewerten oder zu ‚zerreden'. Zunächst ist alles wichtig, denn es geht darum, möglichst alle Sichtweisen zu erfassen. Die Beantwortung der Frage drei wird im weiteren Verlauf des Workshops von besonderer Bedeutung sein. Achten Sie deshalb unbedingt darauf, diesem Teil der Aufgabe genügend Zeit zu widmen."

Schritt 2: Präsentation der Arbeitsergebnisse im Plenum
Nachdem die Kleingruppen ihre Antworten erarbeitet und visualisiert haben, kehren sie mit „ihren" Pinwänden ins Plenum zurück. Sie präsentieren ihre Arbeitsergebnisse nun nacheinander den Kollegen aus den anderen Unternehmensbereichen. Sie konzentrieren sich dabei auf die Fragen eins und zwei. Die Frage drei wird erst im nächsten Schritt bedeutsam. Für die Präsentationsphase gilt: Keine Diskussion der Statements – erlaubt sind lediglich Verständnisfragen! Die Durchsetzung dieser Regel ist Aufgabe des Prozessberaters.

Wenn alle Präsentationen erfolgt sind, lässt der Prozessberater eine (kurze!) Diskussion zu, in der es jedoch ausdrücklich nicht um die Frage geht, wer wohl mit seinen Statements Recht hat. Stattdessen soll eine gemeinsame Orientierung unterstützt werden. Der Prozessberater kann beispielsweise fragen:

- *Wenn Sie nun alle Ergebnisse auf sich wirken lassen, was fällt Ihnen unmittelbar auf?*
- *Wo nehmen Sie unterschiedliche und wo gemeinsame Sichtweisen wahr?*

An dieser Stelle ist eine Pause sinnvoll. Während der Pause fotografiert der Prozessberater (oder noch besser: sein Assistent) die Arbeitsergebnisse und sammelt die Antwortkarten zu Frage drei ein.

Schritt 3: Erarbeitung der Themenlandschaft

Im nächsten Schritt werden die Antwortkarten zu Frage drei gemeinsam im Plenum sortiert. Zu diesem Zweck stehen mehrere, mit Packpapier bespannte Pinwände bereit. Der Prozessberater liest die erste Karte aus dem Stapel vor, heftet sie an die Pinwand und hängt darüber eine Karte mit der Zahl eins. Jetzt liest er die zweite Karte vor. Passt diese thematisch zur Karte unter der Nummer eins, so wird sie darunter platziert, wenn nicht, so wird sie daneben positioniert und erhält die Nummer zwei. Dieser Prozess wird fortgesetzt, bis auf diese Weise alle Karten vorgelesen, sortiert und Themenblöcken mit entsprechenden Zahlen zugeordnet sind. Die Entscheidung, zu welchen Themenblöcken die einzelnen Karten sortiert werden, treffen die Teilnehmer auf Zuruf (mit kurzer Begründung). Im Zweifel entscheidet die Gruppe, welche die Karte verfasst hat. Die Aufgabe des Prozessberaters besteht in dieser Phase vor allem darin, durch gezielte Fragen eine gemeinsame Logik der Zuordnung zu fördern. Am Ende steht eine umfassende, gut strukturierte (aber immer noch vorläufige) Themenlandschaft.

Schritt 4: Definition der prozessrelevanten Leitfragen

Im letzten Schritt geht es darum, die nummerierten Themenblöcke mit geeigneten Überschriften zu versehen. Dies geschieht erneut im Plenum, moderiert vom Prozessberater und unter Mitwirkung aller Teilnehmer. Die besondere Qualität der Methode besteht jetzt darin, nicht einfach Schlagworte wie: „Qualität", „Personal", „Strategie" usw. über die einzelnen Kartenreihen zu heften, sondern gemeinsam zu jedem Themenblock lösungsorientierte Leitfragen zu formulieren. Dies unterstützt die Entwicklung einer gemeinsamen Wahrnehmung enorm und erleichtert die spätere Ableitung konkreter Projekte und Teilprojekte. Es wird eine Diskussion angeregt, präzise zu klären, um welche Fragen es in dieser Organisation hier und jetzt tatsächlich geht. Muss die Leitfrage beispielsweise lauten: „Wie verbessern wir die Qualität?", so hat das völlig andere Konsequenzen für die weitere Arbeit am Thema als wenn die Frage etwa lautet: „Wie definieren und kommunizieren wir unsere Qualitätsstandards?" Vielleicht muss die Frage aber auch lauten: „Wie fördern wir das Qualitätsbewusstsein unserer Mitarbeiter?" oder: „Wie erreichen wir eine höhere Produktqualität bei unseren Zulieferern?" oder gar: „Wie optimieren wir unser Qualitätsmanagementsystem?"

Bei diesem Prozessschritt ist es die Aufgabe des Prozessberaters durch Klarheit, Struktur und eine gewisse Hartnäckigkeit ein professionelles Ergebnis zu unterstützen. Die Qualität der Leitfragen ist möglicherweise entscheidend für die Qualität eines gesamten Change-Prozesses. Gelingt es allen Beteiligten, konzentriert bei der Sache zu bleiben, so steht am Ende der „Erfahrungsorientierten Themensammlung" eine differenzierte, klar formulierte Themenlandschaft als Ausgangsbasis für die Ableitung konkreter Projekte und Maßnahmen.

Voraussetzungen/ Kenntnisse

Die Moderation der „Erfahrungsorientierten Themensammlung" ist „einfach, aber nicht leicht" – einfach, weil die Methode einer klaren, logischen Struktur folgt, und dennoch nicht leicht, weil die Qualität des Ergebnisses in hohem Maße von der Fähigkeit des Beraters abhängt, in der Interaktion mit den Teilnehmern im Plenum die Themen sinnvoll zu strukturieren und die „richtigen" Leitfragen zu erarbeiten. Hierzu benötigt er ein hohes Maß an methodischer Kompetenz, insbesondere fundierte Erfahrungen in der Anwendung der (lösungsorientierten) Fragetechnik.

Kommentar/ Erfahrungen

Die auf den ersten Blick banal erscheinende Methode erweist sich bei genauerer Betrachtung als überaus wirkungsvoll, vielseitig und elegant. Mit einfachen Fragen werden zunächst die Themen Bewahren und Verändern fokussiert, um daraus prozessrelevante Leitfragen abzuleiten. Im weiteren Prozess wird dann die anfangs dominierende, gegenwartsorientierte Problemsicht durch einfache Interventionen des Beraters sukzessive in eine zukunftsorientierte Lösungssicht „übersetzt". Da das Tool hauptsächlich auf die aktuellen Sachthemen fokussiert, sollte die Themenlandschaft jedoch stets durch weitere Interventionen ergänzt werden (Trendanalyse, Visionsarbeit, Erarbeitung der emotionalen Themen, ...).

Die „Erfahrungsorientierte Themensammlung" eignet sich für kleine und große Gruppen, ist bei vielen Anlässen anwendbar und für alle Beteiligten unabhängig vom Bildungsstand jederzeit verständlich.

Wie geht es nach der „Erfahrungsorientierten Themensammlung" weiter? In unserem Beispiel wurde in einem nächsten Schritt eine Trendanalyse durchgeführt (immer noch mit allen Beteiligten), das heißt, die Aufmerksamkeit wurde jetzt auf die Zukunft gerichtet. Die Ergebnisse führten zu einer nochmaligen Erweiterung der Themenlandschaft. Am nächsten Tag wurden in einem kleinen Kreis die Wechselwirkungen der Leitfragen untersucht, mit einer Vernetzungstechnik dargestellt und anschließend in einem Themenportfolio abgebildet. Nach Würdigung der relativen Bedeutung der Themen und ihres Einflusses auf die Organisation wurden Projekte und Teilprojekte definiert und die Weiterarbeit verbindlich organisiert.

Technische Hinweise

Räumliche Voraussetzungen:
Für die „Ist-Analyse" sollten mehrere Räume bzw. störungsfreie Orte entsprechend der Anzahl der Kleingruppen zur Verfügung stehen. Für die Erarbeitung der Themenlandschaft wird ein großer, heller Raum benötigt. Keine Tische, nur Stühle.

Ausstattung:

- Moderatorenkoffer
- Mindestens jeweils zwanzig Moderationskarten in verschiedenenen Farben (wenn jeder Arbeitsgruppe eine „eigene" Farbe zugewiesen wird, so kann während des Workshops, aber vor allem auch im späteren Umsetzungsprozess, im Protokoll jederzeit nachvollzogen werden, woher ein bestimmter Input kam)
- Eine Pinwand je Arbeitsgruppe (bespannt mit den vorbereiteten Plakaten) sowie mindestens drei weitere Pinwände für die Entwicklung der Themenlandschaft
- Digitale Kamera zur Dokumentation des Prozesses

Vorbereitung:

- Bearbeitungsszenarien mit den visualisierten Leitfragen vorbereiten und an den vorgesehenen „Arbeitsplätzen" bereitstellen
- Drei bis vier Pinwände für die Erarbeitung der Themenlandschaft im Plenum platzieren (evtl. bereits mit jeweils fünf Zahlen versehen)

Quellen/ Weiterführende Literatur

- Walter G. Straub/Lorenz S. Forchhammer/Ludovica Brachinger-Franke (2001). Bereit zur Veränderung – Unwege der Projektarbeit. Hamburg: Windmühle Verlag.

Trendorientierte Themensammlung

Von Jürgen Hecker

Anwärmen	Orientieren	Bearbeiten	Abschließen

Kurzbeschreibung

Die „Trendorientierte Themensammlung" ist eine interaktive, strukturierte, auf einem systemischen Organisationsmodell basierende Methode. Sie beleuchtet relevante Entwicklungen und Trends aus verschiedenen Perspektiven und integriert dabei die subjektiven Einschätzungen aller Teilnehmer. Die Methode ergänzt den meist problemorientierten Themensammlungsprozess durch wichtige Zukunftsfragen.

Dauer

2 bis 3 Stunden (je nach Komplexität des Themas, den Vorkenntnissen bzw. nötigen Vorinformationen zum verwendeten SystemModell und der Anzahl der am Workshop beteiligten Personen).

Anwendungsbereiche

Das Tool ist Bestandteil der Orientierungsphase. Es kann eingesetzt werden in der Startphase komplexer Veränderungsprojekte (z.B. Reorganisation, Leitbildentwicklung, Strategieentwicklung etc.). Auch in Problemlösungsprozessen kann der zukunftsorientierte Blick in die eigene Organisationseinheit und nach außen hilfreich und unterstützend sein.

Die Methode eignet sich für kleinere, mittlere und große Gruppen. Sie kann auf großen Startklausuren im Gesamtunternehmenskontext ebenso eingesetzt werden wie im Rahmen von Abteilungs- oder Bereichsprozessen.

Zielsetzung/Nutzen

Viele Themensammlungen bleiben in der problemorientierten Sicht stecken oder drehen sich dort im Kreis. Die „Trendorientierte Themensammlung" hilft den Prozessbeteiligten aus der häufig schwierigen alleinigen Problemsicht herauszukommen. Sie lenkt den Blick auf die Frage, mit welchen Entwicklungen bzw. Trends die Organisation in den kommenden Jahren rechnen muss und welche Themen und Aspekte schon heute geklärt oder berücksichtigt werden sollten. In den subjektiv formulierten möglichen Trends stecken darüber hinaus häufig auch unbewusste Ängste, Hoffnungen, Wünsche etc. ..., die bei einer ausschließlich gegenwartsbezogenen Befragung meist nicht deutlich werden. Der Zugang über das SystemModell unterstützt wirkungsvoll das Denken in Zusammenhängen und Wechselwirkungen innerhalb und außerhalb der konkreten Organisation bzw. Einheit. Am Ende der Trendanalyse steht eine erweiterte Themenliste prozessrelevanter Fragen. Diese Art der Themensammlung ersetzt allerdings keine wissenschaftlichen Untersuchungen, die gegebenenfalls noch hinzugezogen werden müssen.

Ausführliche Beschreibung

Die „Trendorientierte Themensammlung" soll nachfolgend exemplarisch beschrieben werden. Ein Referat einer Kommune steht vor einer Reihe von Herausforderungen: Man muss sich künftig bürgernäher organisieren, die Prozesse schneller und unbürokratischer gestalten sowie kostengünstiger arbeiten. Im Rahmen eines Start-Workshops mit ca. 40 Teilnehmern aus allen Bereichen soll der notwendige Veränderungsprozess eingeleitet werden. Wir befinden uns im letzten Drittel der Orientierungsphase. Mithilfe der „Erfahrungsorientierten Themensammlung" wurden die aktuell anstehenden Fragen identifiziert und strukturiert.

Schritt 1: Einleitung und Vorstellung des SystemModells
Der Prozessberater beschreibt anhand des (bereits beim Start präsentierten) Vorgehensplakates für den Workshop die Funktion und den Sinn des folgenden Schrittes mit folgenden Sätzen: *„Nach der aktuellen Problemsicht und den daraus von Ihnen abgeleiteten zu bearbeiteten Fragen, soll Ihnen der kommende Schritt helfen, aus den von Ihnen erwarteten Zukunftstrends ergänzende Fragen zu generieren. Ziel dieser Sequenz ist es, relevante Entwicklungen schon heute zu berücksichtigen. Als Unterstützung dafür stellen wir Ihnen kurz ein Organisationsmodell vor. Die darin enthaltenen Variablen bieten später die Blickwinkel für die Trendbetrachtung."*

Das Modell wird über einen großen Plot oder Beamer präsentiert. (Wenn beides nicht vorhanden ist, kann die Visualisierung natürlich auch auf einer Pinwand vorbereitet werden.) Die Erklärung sollte nicht länger als 15-20 Minuten dauern.

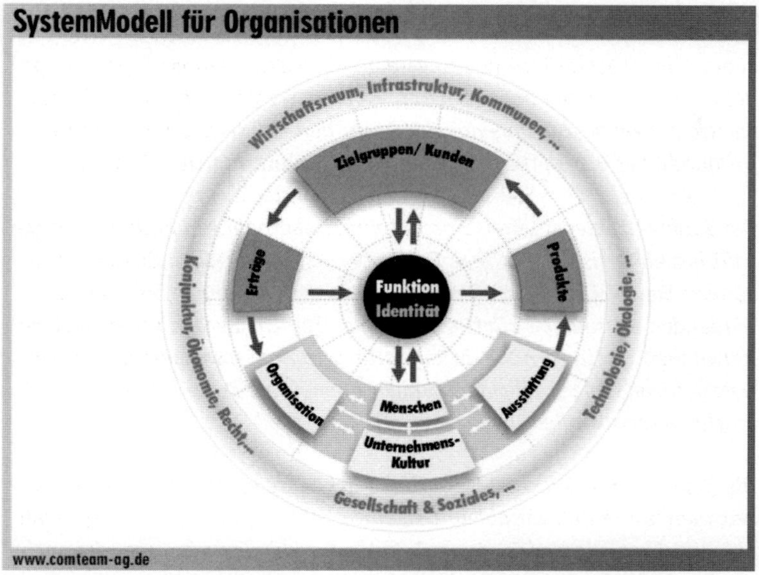

Abb.1: SystemModell für Organisationen

Der Berater gibt den Teilnehmern eine grobe Orientierung im System-Modell. Wichtig ist dabei, die unterschiedlichen Variablen kurz zu erklären und anhand einiger Beispiele zu erläutern.

Bezogen auf unser Beispiel könnte die Einführung wie folgt lauten: *„Das Modell hat die Funktion einer Landkarte. Es soll Ihnen verdeutlichen, welche internen und externen Einflüsse auf Organisationen einwirken und welche wechselseitigen Beziehungen zwischen diesen Variablen bestehen. Im Mittelpunkt des Modells stehen die Funktion und die Identität Ihrer Organisation. Hier geht es um die Fragen, was genau der Zweck Ihres Referates ist, was Sie bei den Bürgern und Ihren internen Kunden bewirken wollen – aber auch die Frage, wie Sie sich selbst sehen und wie Sie gerne von außen wahrgenommen werden wollen. Bezogen auf den anstehenden Veränderungsprozess macht es zum Beispiel einen Unterschied, ob Sie Ihre Funktion eher in der Umsetzung von Vorschriften und in der Verwaltung von Dokumenten sehen oder ob Sie sich als bürgernaher Dienstleister verstehen.*

Die hellen Felder im Kreissegment direkt unterhalb von Funktion/Identität beziehen sich auf innere Einflussgrößen. Es geht in der folgenden Trendanalyse also um die Frage, welche internen Veränderungen werden wohl auf Sie zukommen? In Bezug auf die Variable ‚Menschen' können Sie beispielsweise beschreiben, ob die Zahl der Mitarbeiter in Ihrer Orga-

nisation eher steigen oder sinken wird, ob und wie sich die Anforderungen an das Personal verändern werden, ob bestimmte Berufsgruppen an Bedeutung gewinnen oder verlieren werden und welchen Bedürfnissen der Menschen Sie zunehmend gerecht werden müssen, um zum Beispiel für qualifizierte Bewerber als Arbeitgeber weiterhin attraktiv zu sein.

Die dunklen Felder im Kreissegment direkt oberhalb von Funktion/Identität beziehen sich auf äußere Einflüsse. Bei der Variable ‚Produkte' können Sie beispielsweise diskutieren, welche Leistungen bei knapper werdenden Ressourcen künftig vorrangig erbracht werden sollen, welche freiwilligen Leistungen Sie mittelfristig weiterhin erbringen wollen und welche nicht, welche Pflichtleistungen mindestens Kosten deckend erbracht werden können und welche nicht.

Die Begriffe, die sich im äußeren Ring des SystemModells befinden bezeichnen die Umfeldvariablen. Gemeint sind Wirkfaktoren, die Sie nicht aktiv und vor allem nicht direkt beeinflussen können, die aber dennoch die Geschicke Ihrer Organisation mitbestimmen. Hier geht es beispielsweise um die Auswirkungen von veränderten Gesetzen, um die Konsequenzen eines veränderten Steuerrechts (Stichwort Gewerbesteuer), um die Herausforderungen, die mit der Sozialraumorientierung einhergehen usw. …"

Neben der Erläuterung der Variablen sollte der Prozessberater immer wieder auf die Wechselwirkungen innerhalb und außerhalb der Organisation hinweisen. Beispielsweise hat die Frage, welche Dienstleistungen künftig vorrangig erbracht werden sollen, unmittelbare Konsequenzen auf die erforderlichen Qualifikationen der in der Organisation tätigen Menschen. Ebenso wird sie gesteuert von der Funktion der Organisation. Durch diese Vorgehensweise entsteht und verfestigt sich – ganz nebenbei – das „Denken in Zusammenhängen".

Schritt 2: Subjektive Trendbetrachtung in arbeitsteiligen Kleingruppen

Nachdem eventuell noch einige Verständnisfragen geklärt wurden, leitet der Prozessberater zum nächsten Schritt über. Auf einer vorbereiteten Pinwand ist das SystemModell analog zur vorausgegangenen Präsentation mittels Moderationskarten visualisiert. Jede Variable steht einzeln auf einer Karte.

Der Prozessberater leitet den nächsten Schritt ein: *„Auf Basis der unterschiedlichen Blickwinkel, die Ihnen das SystemModell bietet, können Sie nun in 2er- oder 3er-Gruppen für jeweils eine (bzw. zwei) Variab-*

len die Entwicklungen, Trends aus Ihrer Sicht beschreiben. Bilden Sie entsprechende Gruppen mit Partnern aus anderen Funktionsbereichen. Nehmen Sie sich von den vorbereiteten Karten je Gruppe eine oder zwei Variablen ab und bearbeiten Sie folgende Frage: Mit welchen Entwicklungen, Trends müssen wir in der Variable ‚xy' in den nächsten ca. fünf Jahren rechnen?"

Bitte beschreiben Sie Ihre Einschätzungen und visualisieren Sie diese auf Pinwänden. Sie können direkt auf das Packpapier schreiben, so dass Sie Ihre Sichtweisen anschließend im Plenum präsentieren können. Aus Ihren Ergebnissen werden wir dann weitere prozessrelevante Fragen ableiten."

Der Prozessberater achtet darauf, dass sich die Teilnehmer tatsächlich funktional übergreifend organisieren. So kommen Trends aus ganz unterschiedlichen Perspektiven zusammen. Als Bearbeitungszeit sind ungefähr 30-45 Minuten anzusetzen.

Schritt 3: Präsentation der Kleingruppenergebnisse
Die Kleingruppen präsentieren ihre jeweiligen Trends im Plenum. Nach jeder Variablen werden die Trends kurz um weitere mögliche Entwicklungen aus der Gesamtgruppe ergänzt, um möglichst alle Sichtweisen der Teilnehmer zu berücksichtigen. Dabei geht es nicht um die Bewertung, ob Trendeinschätzungen nun richtig oder falsch sind und auch nicht um die Frage, welcher Variable ein identifizierter Trend nun zugeordnet werden „muss". Eine Diskussion darüber veranschaulicht nur die Notwendigkeit, diverse Entwicklungsrichtungen im weiteren Change-Prozess mit zu berücksichtigen. Diese Klarheit immer wieder herzustellen, ist Aufgabe des Prozessberaters.

Sollten bei der Kleingruppenarbeit einzelne Variablen nicht bearbeitet worden sein, können deren Trends im Anschluss an die Präsentationen gemeinsam im Plenum zusammengetragen werden.

Schritt 4: Ableitung prozessrelevanter Fragen und Ergänzung der bisherigen Themensammlung
Aufbauend auf den Trends je Variable leiten die Teilnehmer mit Unterstützung des Prozessberaters eine oder mehrere prozessrelevante Fragen ab. Diese fließen jetzt direkt in die Themenlandschaft ein, die zuvor im Workshop als Ergebnis einer „Ist-Analyse" erarbeitet wurde. Sollten diese Fragen noch nicht im Themenspeicher erfasst sein, müssen sie entsprechend ergänzt werden. Alternativ kann auch eine bereits formulierte Frage aus dem Katalog erweitert oder angepasst wer-

den (Zu Formulierung und Vorgehen: siehe auch „Erfahrungsorientierte Themensammlung“).

Nach diesem Verfahren werden alle Kleingruppenergebnisse bearbeitet. So erweitert sich die projektrelevante Themenliste um einige wichtige Zukunftsaspekte.

Voraussetzungen/ Kenntnisse

Der Prozessberater benötigt neben guten Moderationserfahrungen für diesen recht einfach erscheinenden Schritt vor allem Verständnis über Wechselwirkungen in Organisationen (systemische Grundkenntnisse). Darüber hinaus braucht er die Kompetenz für die Formulierung der Fragen zur Themensammlung und die Fähigkeit, Teilnehmern in dem immer komplexer werden Themengeflecht Orientierung zu geben und sie „bei der Stange“ zu halten.

Kommentar/ Erfahrungen

Die „Trendorientierte Themensammlung“ stellt einen qualitativen Gewinn für die Themenlandschaft dar. Dennoch fällt es Teilnehmern nicht leicht, diesen Schritt noch mitzugehen, denn nach der – in der Regel vorher – stattgefundenen erfahrungsorientierten Sammlung drängt es viele Teilnehmer in die Bearbeitung, Strukturierung etc. ... Dafür einerseits Verständnis zu zeigen und gleichzeitig für die Trendanalyse zu werben, ist wichtig.

Häufig ertönt der Ruf nach wissenschaftlich fundierten Trends. Diese sind zwar hilfreich und können später durchaus noch hinzugezogen werden, beziehen aber die Sicht der Betroffenen nicht ein. Genau darauf zielt der Workshop jedoch ab: die Betroffenen „mitzunehmen“ mit all ihren subjektiven Einschätzungen, Hoffnungen und Sorgen. Die quantitative Ergänzung der problemorientierten Sicht kann sehr unterschiedlich sein. Manchmal kommen bei sehr komplexen Aufgabenstellungen noch mehrere Fragen hinzu, manchmal sind es aber nur einige wenige. Alle anderen Fragen werden bestätigt oder eventuell erweitert.

Wie geht es nach der Trendanalyse weiter? Je nach Komplexität des Themas kann die Themensammlung noch um die Bedürfnisse aus utopieorientierten Sichten und aus weiteren Quellen ergänzt werden. Ebenso sollte am Schluss der Sammlung auch die Erfahrung des Prozessberaters helfen, die Vollständigkeit der Themen- und Fragenliste zu überprüfen. Danach kann die Bearbeitung der Themen/Fragen begonnen werden.

Technische Hinweise

Ausstattung:
- Moderationsmaterial
- Gegebenenfalls Beamer
- Ausreichende Zahl Pinwände (bespannt mit Papier), für jede Arbeitsgruppe eine Wand
- zusätzlich mindestens drei Wände für die Themensammlung
- Flip-Chart
- Digitalkamera für die nachträgliche Dokumentation der Ergebnisse

Räumliche Voraussetzungen:
Die Arbeitsgruppen sollten möglichst störungsfrei arbeiten können. Für die Plenumsphase ist ein großer heller Raum erforderlich – offener Stuhlkreis.

Vorbereitung:
- Präsentation des SystemModells (Plot oder ppt-Präsentation)
- Pinkarten, beschriftet mit je einer Variablen des SystemModells
- Flip-Chart mit der konkreten Instruktion zur Erarbeitung der Trends und Arbeitsanleitung

Quellen/ Weiterführende Literatur

Das abgebildete und beschriebene System-Modell für Organisationen wurde in dieser Form von den Beratern der ComTeam AG entwickelt. Eine ausführliche Beschreibung findet sich im Buch „Bereit zur Veränderung“. Die Grafik steht im Internet unter www.comteam-ag.de als PDF zum Download zur Verfügung.

- Walter G. Straub/Lorenz S. Forchhammer/Ludovica Brachinger-Franke (2001). Bereit zur Veränderung – Unwege der Projektarbeit. Hamburg: Windmühle Verlag.
- Heide Straub/Ludovica Brachinger-Franke. Gruppenprozesse in die Hand nehmen. Gmund: ComTeam-Eigenverlag.

Spiegelbild

Von Johannes Thönneßen

Anwärmen	**Orientieren**	Bearbeiten	Abschließen

Kurzbeschreibung

„Spiegelbild" ist eine einfache und ohne besonderen Aufwand durchzuführende Übung zur Vorbereitung der Arbeit an konkreten, gruppenübergreifenden Fragestellungen. Zwei (eventuell auch mehr) Teams, Bereiche oder Abteilungen betrachten sich dabei jeweils mit den Augen der anderen. Der Austausch über die jeweils vermuteten Fremdbilder erhöht das gegenseitige Verständnis und fördert die Zusammenarbeit.

Dauer

Beim Einsatz für zwei kleine Gruppen mit je vier bis zehn Mitgliedern: ca. 60 Minuten (30 Minuten Kleingruppenarbeit plus 30 Minuten im Plenum).

Anwendungsbereiche

Das Tool kommt zum Einsatz, wenn im Rahmen von Veränderungsprozessen mehrere betroffene Bereiche in Workshops ihre Zusammenarbeit planen, optimieren und gestalten sollen. Dies können auch Teams im Rahmen größerer Projekte sein, bei denen es in der Zusammenarbeit zu Störungen gekommen ist oder die im Verlauf eines Projektes enger zusammenrücken müssen.

Zielsetzung/Nutzen

Im Rahmen von gravierenden organisatorischen Veränderungen, etwa bei Restrukturierungen, Zusammenlegung von Funktionen oder Fusionen ganzer Unternehmen müssen häufig Bereiche, die bisher wenig miteinander zu tun hatten, aber sich durchaus kennen, plötzlich enger kooperieren. Im „Extremfall" werden Gruppen, die sich bisher eher als Konkurrenten gesehen haben, zu Teams verschmolzen. Das Tool „Spiegelbild" ermöglicht es, das Bild, das die Teams voneinander haben, aufzudecken, Missverständnisse zu klären, Unterschiede zu würdigen und Gemeinsamkeiten zu entdecken, auf denen die zukünftige Zusammenarbeit aufbauen kann.

Ausführliche Beschreibung

Ein Abteilungsleiter stellt fest, dass zwei seiner Teams offensichtlich „Altlasten" aus einer vor längerer Zeit erfolgten Fusion mit sich herumtragen. Obwohl beide eng zusammenarbeiten müssen, „knirscht" es an der Schnittstelle. Team B muss mit den Daten, die ihm Team A liefert, Dossiers zur Registrierung neuer Produkte erstellen. Team B erwartet in der Regel die Daten von Team A so schnell wie möglich und beklagt sich häufiger, dass Team A unzuverlässig, unorganisiert und unberechenbar arbeitet („Typisch, so haben die ja schon immer gearbeitet, sie kommen eben aus einer anderen Kultur!"). Team A benötigt zur Zusammenstellung der Daten genaue Anforderungsbeschreibungen sowie konkrete Zeitangaben und beschwert sich immer wieder, dass Team B regelmäßig einmal verabschiedete Planungen umstößt und kurzfristig mit neuen Anforderungen kommt („Kein Wunder, in dem Laden weiß ja niemand genau, was sie eigentlich wollen, da fehlte schon immer eine klare Linie!"). In einem gemeinsamen Workshop sollen die Schnittstellen diskutiert und gemeinsam nach Absprachen und Regelungen gesucht werden, um die Abläufe zu verbessern.

Schritt 1: Beschreibung des vermuteten Fremdbilds

Nach dem Anwärmen und der Klärung der Zielsetzung des Workshops erhalten die beiden Gruppen vom Moderator folgende Aufgabenstellung: *„Sie haben nun eine halbe Stunde Zeit, um ungestört und getrennt voneinander folgende Fragen zu bearbeiten:*

1. *Was glauben wir, wie die andere Gruppe uns sieht? (Was sind unsere Stärken, Entwicklungspotenziale und ‚Merkwürdigkeiten', ...)*
2. *Was wünscht sich die andere Gruppe vermutlich von uns?*
   Versetzen Sie sich gedanklich bitte ganz in die andere Gruppe und betrachten Sie sich selbst und Ihre Gruppe durch deren Brille. Visualisieren Sie Ihre Vermutungen bitte auf den vorbereiteten Plakaten und wählen Sie ein Mitglied Ihrer Gruppe aus, das anschließend das Ergebnis der anderen Gruppe vorstellt. Bitte sammeln Sie alle Ideen und verzichten Sie auf Diskussionen und Bewertungen. Es geht ausdrücklich um Ihre subjektiven Wahrnehmungen und nicht darum, wer Recht hat."

Meist fällt es den Teilnehmern nicht schwer, sich in die jeweils andere Gruppe zu versetzen. Die Mitglieder wissen in der Regel sehr genau, wie man in der Organisation über sie denkt, wie man über sie spricht.

Sie kennen die Klagen und Beschwerden und haben in der Regel viel Spaß dabei, diese so drastisch wie möglich darzustellen.

Gruppe A: „Ist doch klar, was die von uns sagen werden. Völlige Chaoten, typische Forscher. Heute so, morgen so ..." Später: „Ich glaube, dass sie aber auch unsere Kreativität und die lustige Atmosphäre in unserem Team schätzen ..."

Gruppe B: „Natürlich halten die uns für Bleistiftspitzer und typische Controller. Bürokratisch, lahm und unflexibel ..." Später: „Ich bin sicher, sie halten uns für fachkompetent und wissen, dass sie sich auf uns verlassen können ..."

Häufig verlassen die Gruppen schon in der ersten Diskussion ihre zugewiesene Rolle und setzen sich direkt mit dem „vermuteten Fremdbild" auseinander, nach dem Motto: „Sind wir wirklich so? – Ist das wirklich typisch für uns?" Dann ist es notwendig, dass der Moderator noch einmal auf die Spielregeln verweist (Ideensuche statt Ideenkritik).

Nach 30 Minuten (je nach Gruppengröße evtl. auch später) treffen sich beide Gruppen im Plenum.

Schritt 2: Präsentation des vermuteten Fremdbilds
Wer mit der Vorstellung der Ergebnisse beginnt, wird den Gruppen überlassen. Eine Gruppe präsentiert nun die Ergebnisse ihrer Kleingruppenarbeit. Im Anschluss an die Präsentationen sind zunächst nur Verständnisfragen zugelassen: „Was meint Ihr mit „bessere Selektierung der Informationen"? Warum sollten wir uns das wünschen? Wie kommt Ihr denn darauf, dass wir ...?"

Die Auswertung lässt sich in der Regel nicht getrennt von der Präsentation durchführen. Die andere Gruppe möchte sich meist spontan zu einzelnen Punkten äußern. Der Moderator strukturiert diesen Prozess durch Fragen:
- *Wie wirkt das Ergebnis auf Sie?*
- *Was war erwartet?*
- *Was ist überraschend?*
- *Was hat Sie gefreut, was hat Sie geärgert?*
- *Wo liegt die andere Gruppe völlig daneben?*

Hier wird rasch deutlich, dass jede Gruppe recht genau die eigenen Schwächen kennt, was wiederum die andere Gruppe verwundert: „Witzig, genauso reden wir manchmal über euch!" Aber es gibt auch

Einschätzungen, die die anderen zurückweisen: „Nein, für umständlich halten wir euch eigentlich nicht. Wir wissen, dass ihr genauen Vorgaben folgen müsst, weil wir sonst Probleme mit der Registrierung der Produkte bekommen. Wir denken nur, dass ihr es manchmal zu genau nehmt und euch bei dringlichen Anfragen schwer tut, diese vorzuziehen und vorrangig zu bearbeiten."

Der Moderator sorgt dafür, dass die Diskussion nicht ausufert und bittet die andere Gruppe, ihr Ergebnis in gleicher Weise zu präsentieren.

Schritt 3: Gegenseitige Wünsche konkretisieren
Nachdem beide Gruppen ihre Ergebnisse präsentiert, kommentiert und Verständnisfragen geklärt haben, wird unmittelbar über die vermuteten gegenseitigen Wünsche der Gruppen der konkrete Handlungsbedarf geklärt. Der Moderator fragt nach:

- *Haben Sie tatsächlich die hier vermuteten Wünsche an die andere Gruppe?*
- *Welche Wünsche haben Sie außerdem?*
- *Wo besteht aus Ihrer Sicht der größte Handlungsbedarf?*
- *Was könnte denn Ihr Beitrag sein, um das gegenseitige Verständnis und die Zusammenarbeit zu fördern?*

Dies ist dann die Überleitung zu der Arbeit an den „Bruchstellen" der Zusammenarbeit. Nach einer Pause werden die anstehenden Themen gesammelt, priorisiert und bearbeitet.

Voraussetzungen/ Kenntnisse

Für die Anwendung der Methode ist die routinierte Beherrschung der Basistechniken der Moderation erforderlich.

Kommentar/ Erfahrungen

Der besondere Effekt des Tools steckt in der Umkehrung der Perspektive. Indem sich die Teams fragen, wie sie wohl vom anderen Team gesehen werden, fällt es ihnen leicht, auch kritische Themen und Klagen zu nennen, die, würden sie vom anderen Team geäußert, eher zu Widerstand und Rechtfertigung führen.

Die Methode kann auch als spontane Intervention zur Wiederherstellung der Arbeitsfähigkeit in Workshops genutzt werden. Dabei spielt das „eigentliche" Thema des Workshops keine Rolle. Wenn im Prozessverlauf deutlich wird, dass es bei einzelnen Personen oder Gruppen festgefahrene „Fremd- oder gar Feindbilder" gibt, die eine

Zusammenarbeit behindern, kann der Moderator diese Störung mit dem „Spiegelbild" sehr gut deutlich machen und eine sinnvolle Bearbeitung ermöglichen. Anschließend können sich die Beteiligten meist wieder konstruktiv mit den anstehenden Sachthemen beschäftigen.

Technische Hinweise

Räumliche Voraussetzungen:
Idealerweise gibt es zwei Räume (bei mehr als zwei Gruppen eine entsprechende Anzahl von Räumen), ausgestattet mit jeweils einer Pinwand (bzw. einem Flip-Chart) und kleinem Stuhlkreis.

Vorbereitung:
Plakate mit den Leitfragen

Quellen/ Weiterführende Literatur

- Klaus Doppler/Christoph Lauterburg. Change Management. Frankfurt: Campus Verlag.
- Weitere Tools finden Sie in der Ideenfabrik von MWonline (www.mwonline.de).

Klartext!

Von Hubert Hölzl

Anwärmen	Orientieren	Bearbeiten	Abschließen

Kurzbeschreibung

„Klartext!" ist eine intensive, kreative Methode, die es ermöglicht, in der Konzeptionsphase eines Change-Prozesses aus der Perspektive einer „idealen Zukunft" alle relevanten Veränderungsthemen zu identifizieren. „Klartext!" arbeitet mit Elementen der indirekten Intervention. Neben den sachlichen Themen werden mit diesem Tool vor allem die oft im Verborgenen liegenden emotionalen Themen sichtbar. Ergebnis: Ein vollständiges Themen-Portfolio und klare Zielbilder für den Change-Prozess.

Dauer

2 bis 3 Stunden.

Anwendungsbereiche

Das Tool kommt am Ende der Phase „Orientierung" zur Anwendung, wenn die Sachthemen weitgehend erarbeitet sind und das Themen-Portfolio scheinbar schon vollständig ist. „Klartext!" wird eingesetzt, wenn es darauf ankommt sicherzustellen, dass auch die psychologischen Themen eines Veränderungsprozesses identifiziert und angemessen bearbeitet werden. Dies ist zum Beispiel bei vielen Reorganisationen notwendig, wenn Leidensdruck, Zukunftsängste und Misstrauen die Veränderungsenergie blockieren.

Zielsetzung/Nutzen

Veränderungsvorhaben scheitern in der Praxis häufig an den „geheimen Tagesordnungspunkten" einer Organisation. Was sich auf der Handlungsebene als Trägheit, Schubladendenken oder Widerstand äußert, ist oft Ausdruck massiver Verunsicherung der beteiligten Menschen. Sie nehmen eben nicht nur die Chancen einer Veränderung wahr, sondern fürchten auch Rückschläge, Risiken, Verschlechterungen und Niederlagen. Erfahrungen aus früheren Change-Prozessen rechtfertigen und verstärken meist diesen pessimistischen Blickwinkel.

Es sind oft die unsichtbaren Themen, die darüber entscheiden, wie Menschen zu einem Projekt stehen und wie sie sich verhalten, wenn es „enger" wird: ob sie loyal mitgehen oder skeptisch zurückbleiben. Werden diese Themen offen angesprochen und bearbeitet, so ist es für die Beteiligten nicht nötig, ihre Motive und Bedürfnisse in Sachaussagen zu verstecken und Neuerungen inhaltlich zu blockieren. Ans Licht kommen mit „Klartext!" z.B. die Sorgen eines Teamleiters um die Zukunft seiner Mitarbeiter nach einer Umstrukturierung oder die Sprachlosigkeit von Führungskräften, die Konflikte mit ihrem Chef nicht ansprechen, weil sie Sanktionen fürchten und nicht mehr daran glauben, dass sich etwas ändern wird. Mit „Klartext!" können die im Untergrund schwelenden Sichtweisen früh identifiziert werden, damit sie nicht auf der Sachebene ihre destruktive Kraft entfalten müssen.

Ausführliche Beschreibung

Am Beispiel eines Workshops „Bereichsentwicklung" soll im Folgenden der mögliche Ablauf verdeutlicht werden:

„Klartext!" vorangegangen sind ein Zielgespräch mit der Geschäftsführung und Bereichsleitung im fishbowl und diverse Gruppenarbeiten zur Analyse der aktuell wahrgenommenen Ausgangs- bzw. Problemlage, in der sich der Bereich befindet. Die relevanten Sachthemen wurden identifiziert und im Plenum gemeinsam zu einer „Themenlandschaft" verdichtet.

Schritt 1: Entwicklung einer „idealen" Zukunft

Die Teilnehmer beantworten in Einzelarbeit die Frage: *„Wie wird unser Bereich in sechs Jahren aussehen, wenn alle unsere Idealvorstellungen zu unserer Marktposition, unserem Image im Unternehmen, der Führungs- und Konfliktkultur etc. in Erfüllung gegangen sind?"* Es ist notwendig, bei der Beschreibung der Aufgabe besonders darauf hinzuweisen, dass ein Idealbild beschrieben wird – ein fiktives, nahezu perfektes Bild der Zukunft.

Schritt 2: Verdichtung der Ideen zu einer Erfolgsgeschichte

In kleinen Gruppen werden die Ergebnisse aus den Einzelarbeiten erklärt, diskutiert, verdichtet und für die Präsentation vor den anderen Gruppen aufbereitet. Die Instruktion des Beraters könnte lauten: *„Begeben Sie sich zur Erarbeitung Ihrer Präsentation auf eine Zeitreise in die Zukunft und beschreiben Sie den dann erreichten idealen Zustand als*

Ergebnis einer packenden Erfolgsgeschichte: sechs Jahre später als heute – als würdigender Abschluss eines gelungenen Veränderungsprozesses. Die inhaltliche und formale Gestaltung Ihrer Präsentation ist völlig Ihnen überlassen. Sie können Ihre inhaltlichen Ergebnisse gerne auch bildhaft oder dramatisch präsentieren."

Die Chefs der anwesenden Teilnehmer bearbeiten die Frage in einer eigenen Gruppe. So erhalten die Mitarbeiter auch ein klares Zukunftsbild ihrer Vorgesetzten. Es ist wichtig, für diesen Schritt ausreichend Zeit einzuräumen (ca. eine Stunde), damit die Teilnehmer sich in eine „Zukunftstrance" reden können.

Schritt 3: Präsentation der Gruppenarbeiten im Plenum, Befragung der Teams durch den Berater
Die Gruppen präsentieren nun nacheinander ihre Erfolgsgeschichten – die Gruppe der Führungskräfte zum Schluss. Bei der ersten Präsentation ist es manchmal erforderlich, die Teilnehmer erneut an das Setting „Blick zurück aus der Zukunft" zu erinnern.

Nach jeder Präsentation werden die Gruppen in den abklingenden Applaus hinein vom Kollegen der Öffentlichkeitsarbeit befragt, der in der Mitarbeiterzeitung einen Artikel zum Thema „Klartext Bereichsentwicklung – die Erfolgsfaktoren" veröffentlichen wird. Ausgerüstet mit einem Diktafon, schlüpft der Berater in diese Rolle und interviewt nun die „stolzen" Mitarbeiter. Entscheidend ist dabei der Fokus der Befragung. Nicht die inhaltliche Qualität der Zukunftsbilder oder die Struktur des Prozesses stehen im Vordergrund. Gefragt wird vielmehr nach der Art und Weise, wie Führungskräfte und Mitarbeiter mit Konflikten, Sorgen, Loyalitäten, Rechten umgegangen sind. So werden indirekt, verallgemeinernd die Themen gesetzt, die für konstruktive Arbeitsbeziehungen maßgeblich sein können. Die Fragen des Beraters im Interview leiten sich aus seinen Hypothesen ab: Was alles werden vermutlich in dieser spezifischen Veränderungssituation, in diesem Kontext die Themen auf der emotionalen Ebene sein?

Eine Auswahl:
- *Sicher gab es, trotz des Erfolges, auch bei Ihnen Durststrecken! Wie haben Sie es geschafft, dass das Projekt nicht versandet ist? Wie konnten Sie Skeptiker einfangen?*
- *Bei diesem Thema wäre es überraschend, wenn die Menschen nicht auch von Sorgen begleitet wären! Welche Befürchtungen könnten eine Rolle gespielt haben? Wie sind Sie damit umgegangen?*
- *Kaum ein Veränderungsprozess ist so erfolgreich wie Ihrer, ohne dass*

es auch mal Konflikte zwischen Geschäftsführung und Mitarbeitern gab! Wie sind sie mit Konflikten umgegangen? Was können Sie anderen, die sich in einer ähnlichen Situation befinden, empfehlen?

- *Oft gibt es in Veränderungsprozessen Gewinner und Verlierer! Wie haben Sie diese Situationen gemeistert? Welche Erfahrungen haben Sie gemacht?*
- *Manchmal werden durch das Neue die bisherigen Leistungen abgewertet! Hatten die Erfahrungen der langjährigen Mitarbeiter einen besonderen Stellenwert? Wurden sie genutzt und gewürdigt?*

In diesem Verfahren werden alle Gruppen befragt. Der Berater achtet darauf, dass er jeder Gruppe andere Fragen stellt und auf diese Weise möglichst verschiedene Aspekte erfolgreichen Wandels focussiert. Besonders spannend wird es zum Schluss, wenn die Chefs ihre Erfolgsstory präsentieren und sich den neugierigen Fragen des „Kollegen für Öffentlichkeitsarbeit" stellen.

Der Berater achtet bei allen Präsentationen darauf, dass lediglich Verständnisfragen zum Inhalt gestellt werden dürfen, dass kein „Zerreden" stattfindet und es nicht zu ausführlichen Stellungnahmen anderer Gruppen kommt.

Schritt 4: Reflexion der Eindrücke im Plenum
Der Berater moderiert nun eine abschließende Runde im Plenum. Die Teilnehmer fassen ihre Eindrücke in kurzen persönlichen Statements zusammen und bringen auf den Punkt, welche Themen aus ihrer Sicht von besonderer Bedeutung für die Bereichsentwicklung sind. Sie erkennen, dass die zu Beginn des Workshops erarbeiteten Sachthemen nur erfolgreich bearbeitet werden können, wenn auch die emotionalen und kulturellen Themen angemessen berücksichtigt werden.

Schritt 5: „Klartext Bereichsentwicklung" – Verfassen der Erfolgsstory
Jede Gruppe entsendet einen begabten Journalisten in ein Redaktionsteam. Dieses Team bekommt den Auftrag bis zum nächsten Morgen mit Hilfe der Aufzeichnungen einen Artikel anzufertigen, der unter der Überschrift „Klartext Bereichsentwicklung – die Erfolgsfaktoren" die relevanten Themen auf den Punkt bringt. Ergänzt wird der Bericht durch ein kurzes Interview mit den Vorgesetzten. Zu Beginn des zweiten Workshop-Tages wird der Artikel verlesen und verteilt.

Schritt 6: Weitere Bearbeitung einleiten bzw. klären
Dort, wo brisante Themen auf der Beziehungs- oder Prozessebene benannt werden, sorgt der Berater für eine zeitnahe Bearbeitung im Ple-

num. Ziel ist es, zu tragfähigen Vereinbarungen bzw. transparenten Klärungen zu kommen, damit auf der Inhaltsebene effizient weitergearbeitet werden kann. Themen, die erst im weiteren Prozess wichtig werden, können zur Ausarbeitung in Arbeitsgruppen delegiert werden. Meist ist es sinnvoll, das Themenportfolio nochmals auf Vollständigkeit zu überprüfen und gegebenenfalls um die „Klartext!"-Themen zu ergänzen.

Voraussetzungen/ Kenntnisse

Die Durchführung von „Klartext!" erfordert eine gewisse Routine in der Anleitung von Gruppenprozessen. Erfahrungen mit der Hypothesenbildung und den sich daraus ableitenden indirekten Interventionen sind ebenso erforderlich wie Kenntnisse in der lösungsorientierten Interviewtechnik.

Kommentar/ Erfahrungen

„Klartext!" lebt davon, den Nerv der Gruppe indirekt anzusprechen. Das auszudrücken, was sowieso jeder denkt bzw. weiß, aber was bisher keiner thematisiert hat. Am besten mit einem zwinkernden Auge und der Einladung zum Humor – immer mit dem Blick zum Chef. Denn die indirekte Platzierung der Themen ist ein Grenzgang und setzt voraus, dass der Auftraggeber im Boot ist. Missbilligt er oder sie den Blick ins Verborgene oder fehlt die Bereitschaft, an diesen Themen tatsächlich zu arbeiten, versandet der Versuch – zumindest vordergründig im Workshop. Deshalb sollte der Chef bereits bei der Auftragsklärung im Vorfeld des Workshops für diese Vorgehensweise gewonnen werden.

Technische Hinweise

Ausstattung:

- Moderationsmaterial
- Vier Pinwände (bespannt mit Packpapier)
- Wenn möglich, Diktafon oder ein gutes Handy

Räumliche Voraussetzung:

Ein großer Raum, in dem in Abhängigkeit von der Teilnehmerzahl drei bis vier Gruppen parallel ungestört arbeiten können.

Quellen/ Weiterführende Literatur

„Klartext!" ist eine Adaption der Methode „Rückblick aus der Zukunft", die von Roswita Königswieser und Alexander Exner entwickelt wurde.

- Roswita Königswieser/Alexander Exner (1998). Systemische Intervention – Architekturen und Designs für Berater und Veränderungsmanager. Stuttgart: Klett-Cotta.

Phase 3

Bearbeiten

Die Tools im Überblick:

	Projektarbeit	Problemlösung	Visions-/Zielfindung	Strategieentwicklung	Strategieumsetzung	Prozessoptimierung	Strukturentwicklung	Arbeit an der Unternehmenskultur	Teamentwicklung	Konfliktklärung
Dynamic Solution	●		■					●	●	●
Hurra, ein Befehl!	●			■						
Teilprojekt-Initialisierung	■	●				●	●			
Process Flow	■	●			■					
Risikoportfolio	■	●			●	●	●			
Kollegiale Beratung mit Reflecting Teams				■		●	●			
Arbeit mit Metaphern	●	●					●	●	●	●
Visionsarbeit			●	■				●	●	
Skulpturarbeit mit einem Team									■	■
Triadische Inszenierung		●							■	■

● = Anwendungsmöglichkeit(en)
■ = bevorzugter Kontext des Autors

Heike Ewert beschreibt eine ganzheitliche Diskussionsmethode, die sachliche und emotionale Aspekte gleichermaßen thematisiert und würdigt. *„Dynamic Solution"* verzichtet dabei auf Struktur und vertraut stattdessen voll dem kreativen Interaktionsprozess der Gruppe.

Mit *„Hurra, ein Befehl!"* stellt Frank Wippermann ein Tool vor, das eingesetzt wird, wenn das Ziel einer Veränderungsmaßnahme vom Management klar vorgegeben ist und es darum geht, die Betroffenen „ins Boot" zu holen und tragfähige Umsetzungsvereinbarungen zu treffen.

Ludovica Brachinger-Franke stellt dar, was bei der *„Teilprojekt-Initialisierung"* zu beachten ist. Die Initialisierung setzt die Struktur für eine gute und wirkungsvolle Arbeit am Thema und schafft die „klimatische" Grundlage für eine effektive Zusammenarbeit.

Ingrid Leinhaas zeigt, wie interaktive Moderationstechniken mit analytischen Methoden der Prozessmodellierung verknüpft werden können. Mit *„Process Flow"* lassen sich Abläufe in Organisationen strukturiert erarbeiten, visualisieren und optimieren.

Das von Jörg Meyer beschriebene *„Risikoportfolio"* sorgt dafür, dass die für den weiteren Verlauf eines Projekts oder Change-Prozesses relevanten „Störgrößen" systematisch erfasst und bewertet werden. So können frühzeitig geeignete Maßnahmen für den Eintrittsfall definiert werden.

Heike Ewert und Michael Karmann zeigen, wie die *„Kollegiale Beratung mit Reflecting Teams"* die individuelle Problemlösung unterstützt. Das Tool hilft den Teilnehmern, die eigene Rolle zu klären, neue Einsichten zu gewinnen und alternative Handlungsoptionen zu entwickeln.

Anhand von sieben Metaphern beschreibt Susanne Alwart Organisationen sowie die darin arbeitenden Menschen und deren Denk- und Handlungsmuster. Die *„Arbeit mit Metaphern"* macht die wirksamen Bilder bewusst und hilft, Optionen für Veränderung zu generieren.

Die von Prof. Dr. Henning Schulze präsentierte *„Visionsarbeit"* ermöglicht eine kreative und gleichzeitig strukturierte Erarbeitung einer gemeinsamen Vision. Die Methode bewirkt eine hohe Identifikation, weil die Zukunftsbilder aller Teilnehmer in das Ergebnis einfließen.

Luise Lohkamp nutzt Elemente der systemischen Organisationsaufstellung, um unterschiedliche Wahrnehmungen, Befindlichkeiten und Wünsche in Teams sichtbar zu machen. Die *„Skulpturarbeit mit einem Team"* hilft, die Arbeitsfähigkeit von Teams zu verbessern oder wiederherzustellen.

Dr. Andreas Kannicht stellt eine ritualisierte Form der Aussprache dar, die sich insbesondere bei Polarisierungen in Teams anbietet. Durch gezielte Perspektivenwechsel unterbricht die *„Triadische Inszenierung"* die gewohnten Denk- und Handlungsmuster der Akteure und fördert das gegenseitige Verständnis.

Dynamic Solution

Von Heike Ewert

Anwärmen	Orientieren	Bearbeiten	Abschließen

Kurzbeschreibung

„Dynamic Solution" ist ein Diskussionsverfahren, das neben den analytischen vor allem auch die emotionalen Aspekte eines Themas ans Licht bringt und würdigt. Die Methode setzt auf Spontaneität statt auf Planung und vertraut ganz dem kreativen Interaktionsprozess und den Selbstregulierungskräften des Systems.

Dauer

Die Anwendung der Methode dauert zwischen 2,5 und 8 Stunden, je nach Komplexität des Themas. Grundsätzlich gefährdet Zeitdruck den Erfolg.

Anwendungsbereiche

„Dynamic Solution" eignet sich bei Themen, für deren Bearbeitung die Beteiligten eine gemeinsame Energie haben. Das Tool ist besonders hilfreich, wenn es darauf ankommt, dass die erarbeiteten Lösungen die Zustimmung aller Teilnehmer finden. Typische Anwendungsfelder sind Visionsprozesse, Leitbildentwicklungen und Teamentwicklungen bis zu einer Gruppengröße von maximal 40 Personen.

Zielsetzung/Nutzen

Menschliches Denken und Fühlen vollzieht sich in der Regel nicht linear und kontinuierlich, sondern eher „schubweise" und oft chaotisch. Deshalb lässt es sich nur bedingt in definierte Strukturen und Abläufe zwängen. „Dynamic Solution" wird diesem Sachverhalt gerecht, indem ein kreativer Prozess initiiert wird, der spontane Impulse und thematische Sprünge bewusst zulässt und fördert.

Durch den weitgehenden Verzicht auf Struktur und direktive Führung des Moderators sorgt die Methode auf ungewöhnliche Weise dafür, dass die Teilnehmer ihrer Energie ungehindert folgen können. Die Beteiligten können und sollen bei ihren eigenen Gedanken und Gefühlen bleiben. Sie müssen ausdrücklich nicht auf die Aussagen der „Vorredner" reagieren. Alles, was sie sagen, ist wichtig und wird vom Moderator (oder von Helfern) protokolliert. Nichts geht verloren. Die Impulse, Ideen und Statements stehen für jeden lesbar auf den Flip-Charts. Es ist für jeden jederzeit möglich, nochmals darauf zurückzugreifen.

Es findet kein lähmender Kampf um Positionen statt, weil den Teilnehmern in der Interaktion sehr schnell klar wird, dass es nicht darum geht, Recht zu haben oder zu behalten, sondern darum, eine für alle passende Lösung gemeinsam zu erarbeiten. Nicht einzelne Statements sind wichtig – der Fokus liegt mehr auf der Gesamtheit aller Redebeiträge und dem bei der Diskussion entstehenden „kompletten Bild" eines Themas. Durch diesen offenen Prozess werden ganzheitliche Entscheidungen plötzlich möglich. Der richtige Weg enthüllt sich nach und nach für alle Beteiligten gleichermaßen.

Der Moderator begleitet den Prozess zurückhaltend mittels lösungsorientierter Fragen. Die behutsam eingesetzten Fragen und die spezielle Form der Diskussion sorgen dafür, dass die wesentlichen Aspekte eines Themas auch in ihrer emotionalen Dimension angesprochen und visualisiert werden. Weil nach Lösungen und nicht nach Defiziten gefragt wird, werden die Teilnehmer ermuntert, sich ihrer eigenen Ressourcen (wieder) bewusst zu werden. Dies stärkt das Selbstvertrauen der Gruppe und bestärkt sie, auch bei konfliktreichen Themen „ihre" Lösungen zu finden.

Am Ende des Prozesses stehen ganzheitliche Entscheidungen aller Beteiligten und eine positive, emotionale Aufbruchstimmung – die ideale Ausgangsbasis für das Gelingen von Veränderung.

Ausführliche Beschreibung

Am Beispiel eines Workshops im Rahmen eines Gemeinde-Entwicklungsprozesses soll die Methode verdeutlicht werden. Teilnehmer sind engagierte Bürger und in dieser Gemeinde beschäftigte Fach- und Führungskräfte.

Nach dem gegenseitigen Kennenlernen, der Vereinbarung von Spielregeln und einer Kleingruppenarbeit zum Thema „Unsere Bilder einer zukunftsfähigen und lebendigen Gemeinde" soll der Prozess mit „Dynamic Solution" fortgesetzt werden.

Schritt 1: Anmoderation

Die Teilnehmer sitzen in einem Halbkreis und können sich gegenseitig und auch die Flip-Charts gut sehen. Der Moderator führt die Teilnehmer in die Methode ein: *„Um ihre Vorstellungen einer zukunftsfähigen und lebendigen Gemeinde Realität werden zu lassen, wollen wir nun gemeinsam diskutieren, welche konkreten Maßnahmen und Projekte Sie aktiv angehen möchten. Wir werden mit einer speziellen Methode arbeiten, die darauf abzielt eine ganzheitliche Wahrnehmung Ihrer unterschiedlichen Sichtweisen, Hoffnungen und Sorgen in Bezug auf unser Thema zu ermöglichen. Die Diskussion wird vielleicht ein wenig anders verlaufen, als Sie es gewohnt sind. Meine Rolle als Moderator wird zunächst nur darin bestehen, alle Ihre Diskussionsbeiträge auf den vorbereiteten Flip-Charts zu notieren. Dadurch ist gewährleistet, dass nichts verloren geht.*

Es gibt vier Flip-Charts:

- *Alle Aussagen, die ein Problem beschreiben, werde ich auf die Liste der ‚Probleme' schreiben. Dabei kann und darf es sein, dass Sie sich nicht einig sind und Ihre Äußerungen sich widersprechen. Für mich gilt, dass alles wichtig ist und aufgeschrieben wird.*
- *Ihre Lösungsvorschläge werden auf die entsprechende Liste ‚Lösungen' geschrieben. Dabei spielt es keine Rolle, ob die zweite Lösung auch zum zweiten Problem auf den Listen passt, oder wie gesagt, ob sie sich widersprechen.*
- *Ihre Vorbehalte und Sorgen bezüglich eines Lösungsvorschlags werden genauso aufgenommen und unter dem Begriff ‚Befürchtungen' notiert.*
- *Alle weiteren Äußerungen zum Thema, ganz gleich ob Daten, Vermutungen, Gefühle etc., werden unter dem Begriff ‚Informationen' gesammelt.*

Am Ende haben wir dann vier Listen mit allen von ihnen angesprochenen Aspekten zum Thema in unterschiedlicher Reihenfolge. Genau dieser Mix ist gewollt. Mehr Struktur brauchen wir nicht.

Für die Zuordnung und die inhaltliche Richtung der Diskussion sind nun ganz alleine Sie zuständig. Alles, was Sie zum Thema bewegt, ist wichtig und hat hier seinen Platz. Sie haben dadurch die Möglichkeit, ganz Ihren Impulsen zu folgen. Ich werde lediglich hin und wieder ein paar Fragen stellen. Wenn ein Plakat voll ist, wird es an die Seitenwände gehängt, damit es trotzdem gut zu sehen ist.

Am Ende unserer Diskussion werden Sie merken, dass verschiedene Lösungen, Vorhaben oder Ergebnisse ganz offensichtlich sind. Gemeinsam wollen wir dann entscheiden, wie mit diesen Themen weiter verfahren werden soll und am Ende eine Maßnahmenliste erstellen."

Schritt 2: Diskussion

Jetzt können die Teilnehmer ihre Gedanken und Gefühle äußern, die ihnen unter den Nägeln brennen. Alles darf und muss gesagt werden, wird ernst genommen und aufgeschrieben. Dadurch werden die Teilnehmer offen für neue Ideen und Gedanken von anderen. Es ist möglich, zuzuhören und voneinander zu lernen. Im beschriebenen Workshop kamen beispielsweise folgende, ganz unterschiedliche Bemerkungen:

- Endlich geschieht mal was in unserer Gemeinde, bei uns fehlt es an vielem.
- Wir haben keinen Dorfmittelpunkt, keine Treffpunkte für Familien mit kleinen Kindern.
- Wir haben keine Räume für Jugendliche.
- Es gibt keine generationsübergreifenden Angebote/Aktionen
- Generationen leben sich auseinander, auch bei uns.

Sehr schnell wird mit ersten Lösungsansätzen experimentiert: „Dann brauchen wir eben x oder dann gestalten wir den Marktplatz um oder ..."

Wichtig ist, dass dieses „Experimentieren" vom Moderator gefördert und von der Gruppe zugelassen wird. Die Teilnehmer sollen erleben, wie sich die einzelnen Lösungen anhören und „anfühlen". Sie sollen auch wahrnehmen, ob die eigenen Ideen von anderen Teilnehmern in irgendeiner Art aufgegriffen werden und welche Befürchtungen formuliert werden.

Sehr schnell füllen sich die Listen und im weiteren Diskussionsverlauf kristallisieren sich dann bestimmte Diskussionsfelder heraus, die immer wieder aus verschiedenen Blickwinkeln betrachtet werden. Hierbei ist gut zu beobachten, wie sich die Gruppe selbst reguliert. Der Moderator schreibt fast alles mit, was gesagt wird und fragt manchmal nach, zu welcher Liste die Äußerungen gehören. Die Kunst besteht nun darin, hilfreiche Fragen zu stellen, um die Teilnehmer dazu zu bewegen ihre Äußerungen auf den Punkt zu bringen, z.B.:

- *Was genau ist das Problem?*
- *Was genau soll ich auf unseren Listen notieren?*
- *Gibt es zu diesem Punkt weiterführende Informationen?*

Um möglichst allen Sichtweisen und Meinungen Gehör zu verschaffen, kann der Moderator gezielt Personen ansprechen und ermuntern, sich zu äußern. Andererseits muss der Moderator darauf achten, den Diskussionsverlauf nicht zu stören. Er konzentriert sich am besten nicht auf den roten Faden, denn die Teilnehmer bestimmen die Richtung und regulieren sich selbst. Jedoch ist es wichtig, die Teilnehmer bei der eingeschlagenen Richtung zu begleiten, um Blickwinkel zu erweitern und zur Klärung beizutragen. Weitere Fragen zu den Problemen könnten sein:

- *Wie würde ich als Außenstehender das Problem beschreiben?*
- *Welche Personen sind davon betroffen?*
- *Welche Gruppen in der Gemeinde sind betroffen?*

Manchmal verharren Gruppen stark in einem Zustand der Resignation und im Gefühl der Hilflosigkeit. Es fällt ihnen schwer, diese Empfindungen angesichts der vielen und komplexen Probleme hinter sich zu lassen. Hilfreich kann hier sein, anzunehmen, dass das Ziel schon erreicht ist. In unserem Beispiel könnte gefragt werden:

- *Wie würden Sie sich verhalten, wenn Ihr Ziel schon erreicht ist und der Familientreff bereits besteht?*
- *Was wäre dann anders?*
- *Wie würden andere Gruppen, Vereine o. Ä. darauf reagieren?*
- *Wie würde speziell der Sportverein reagieren?*

Es gilt auch, gemeinsam „Schätze auszugraben" und auf bisherige Erfolge aufmerksam zu machen, um auf diese Weise die vorhandenen Ressourcen der Gemeinde bzw. der Anwesenden ans Tageslicht zu bringen:

- *Gab es denn schon einmal erste „kleine" Ansätze der Kooperation zwischen Grundschule und Kindergarten?*
- *Was wurde da konkret gemacht?*
- *Wie wurde das erreicht?*

Schritt 3: Entscheidungsfindung und Einleitung konkreter Maßnahmen

An einem bestimmten Punkt im Diskussionsverlauf wird (plötzlich!) deutlich, dass alles Notwendige angesprochen ist und die Gruppe auf die Entscheidungsfindung hinsteuert. In den meisten Fällen wird dies von den Teilnehmern selbst ausgesprochen:

- Dann ist ja klar was wir tun müssen: ... oder
- Das bedeutet, wir brauchen ...

Wenn dies nicht der Fall ist, kann auch durch behutsames Nachfragen des Moderators die Aufmerksamkeit der Gruppe auf eventuelle „in der Luft liegende" Lösungen geschärft werden: *„Gibt es noch weitere Diskussionsbeiträge oder können wir vielleicht schon Ergebnisse festhalten?"*

Der Moderator hilft der Gruppe jetzt, die gesammelten Erkenntnisse zu reflektieren und Maßnahmen abzuleiten. Hierbei werden die Plakate aber nicht nochmals alle durchgelesen. Vielmehr wird alles, was nicht zu der gemeinsamen Lösung gehört, gedanklich abgetrennt und zurückgelassen. Am Ende bleibt die Lösung oder verschiedene Lösungen übrig, die von allen mitgetragen werden können.

Zur Einleitung dieser Phase stellt der Moderator Fragen nach den nächsten konkreten Schritten:
- *Was ist nun Ihrer Meinung nach in Ihrer Gemeinde konkret zu tun?*
- *Was werden Sie tun und was können andere tun?*
- *Was wird Ihr Verein übernehmen können?*
- *Wer könnte bei dieser Lösung eventuell behilflich sein?*
- *Wer muss unbedingt mit in die Projektgruppe?*

Die Ergebnisse werden auf einem Ergebnis-Flip-Chart visualisiert und nochmals durch weitere Fragen bezüglich der Lösungsgestaltung reflektiert. Anschließend kann ein Maßnahmenplan (bzw. eine Projektliste) in Form einer Tabelle *„Wer macht was bis wann?"* erstellt und dann den Teilnehmern überlassen werden.

In unserem Beispiel sind drei verschiedene Projektgruppen entstanden: Eine, die sich die Umgestaltung des Schulhofes und des Parks als Aufgabe vorgenommen hat, eine weitere, die die Kooperation der Schulen und der Kindergärten durch verschiedene Aktionen aufbauen will und eine dritte, die ein Kindersportangebot ins Leben rufen will. Diese drei Projektgruppen werden in der ersten Phase professionell begleitet. Wichtig ist noch zu erwähnen, dass die Gemeindeverwaltung nicht nur den Gesamtprozess ins Leben gerufen hat, sondern auch die entstandenen Projekte befürwortet und unterstützt. Diese Ankündigung der Unterstützung am Beginn und dann die Zusage am Ende des Workshops durch den Bürgermeister war ungemein wichtig, um Frustrationen der Teilnehmenden zu vermeiden.

Voraussetzungen/ Kenntnisse

- Beherrschen der grundlegenden Techniken der Moderationsmethode und Erfahrungen mit der lösungsorientierten Fragetechnik sind unbedingte Voraussetzung.
- Positive Einstellung zur systemischen Arbeitsweise und das Vertrauen in die Gruppe und in ihre Selbstregulierungskräfte. Die Teilnehmer wissen selbst, wo die Lösungen für ihre Probleme und Themen zu finden sind.
- Moderator und Teilnehmer müssen eventuell das Gefühl von Chaos

aushalten können. Der Moderator darf nicht krampfhaft versuchen einzugreifen. (Es gilt: cool bleiben, die Gruppe regelt das selbst.)
- Die Teilnehmer müssen ein echtes, gemeinsames Interesse an der Lösung des Problems haben.
- Die Teilnehmer müssen während der gesamten Zeit zusammenbleiben.
- Die Teilnehmer müssen das, was erarbeitet wird auch wirklich umsetzen können, sonst entsteht Frustration. Das heißt, der Rahmen für die Diskussion sollte sorgfältig gewählt und die Veränderungsmöglichkeiten geklärt sein. Für „Zweifelsfragen" waren im beschriebenen Workshop zwei Gemeinderatsmitglieder anwesend.

Kommentar/ Erfahrungen

Beeindruckend ist der Moment, wenn allen im Raum plötzlich klar wird, was jetzt als Nächstes zu tun ist und dieses gemeinsame Wissen darüber deutlich wird. Dieses Gemeinschaftsgefühl ist „unschlagbar" und unheimlich wertvoll für das weitere Vorgehen.

Die Offenheit der Teilnehmer muss vorhanden sein. Wenn Absprachen darüber bestehen, dass irgendwelche Themen nicht angesprochen werden dürfen, blockiert dies den Prozess massiv.

Beachtet werden muss, dass manche Teilnehmer unsicher werden können, wenn sie eher eine strukturierte Vorgehensweise gewohnt sind. Möglicherweise muss ein Moment der Verwirrung der Teilnehmer ausgehalten werden. Hier braucht der Moderator genügend Sicherheit und Vertrauen in sich und die Methode.

Da es schwer ist, gleichzeitig den Diskussionsprozess im Auge zu behalten und zu schreiben, bietet es sich bei komplexen Themen an, mindestens zwei Helfer als Schreiber dabeizuhaben.

Technische Hinweise

Ausstattung:
- Vier Flip-Charts
- Genügend Pinwände, um die beschriebenen Flip-Charts aufzuhängen und immer gut sichtbar im Raum zu haben

Räumliche Voraussetzungen:
- Großer, heller Raum ohne Tische
- Anordnung der Stühle so, dass sich die Teilnehmer gegenseitig sehen können und gleichzeitig die Visualisierungen für jeden sichtbar sind

Vorbereitung:
- Thema der Diskussion visualisieren und aufhängen
- Die Flip-Chart-Bögen mit den jeweiligen Überschriften versehen: Probleme, Lösungen, Informationen, Befürchtungen

Quellen/ Weiterführende Literatur

„Dynamic Solution" kombiniert die Methode „Dynamic Facilitation" mit der lösungsorientierten Fragetechnik. Das Tool wurde bereits in den 80er-Jahren vom US-Amerikaner Jim Rough entwickelt. In Deutschland wurde die Methode erst in den letzten Jahren populär, insbesondere durch die Arbeit von Dr. Matthias zur Bonsen und seinem Team. Durch die bewusste Vernachlässigung von Struktur zu Gunsten eines frei fließenden Interaktionsprozesses unterscheidet sich „Dynamic Facilitation" radikal von den traditionellen Moderationsmethoden.
- Dr. Matthias zur Bonsen. Dynamic Facilitation – Ganz anders moderieren. In: managerSeminare, Heft 84, März 2005, S. 54-58.

Der Lösungsorientierte Ansatz wurde ebenfalls in den 80er-Jahren von den Therapeuten Steve de Shazer und Insoo Kim Berg entwickelt. Eine Besonderheit dieser „Schule" liegt im Verzicht auf Diagnosetools. Ein Problem zu analysieren, wird nicht als hilfreich angesehen, weil dies zu einer „Problemtrance" führt, die den Blick auf Lösungen geradezu versperrt. Der Ansatz geht davon aus, dass jedes Individuum und jede Organisation durchaus selbst in der Lage sind, attraktive Perspektiven zu entwickeln und die erforderlichen Maßnahmen einzuleiten. Die Aufgabe des Beraters besteht „lediglich" darin, mittels geeigneter Fragen, den Blick auf Ressourcen und Lösungen zu fokussieren.
- Steve de Shazer. Der Dreh. Überraschende Wendungen und Lösungen in der Kurzzeittherapie. Heidelberg: Carl Auer Verlag.
- Sonja Radatz (2. Auflage 2006). Beratung ohne Ratschlag. Systemisches Coaching für Führungskräfte und BeraterInnen. Wien: Verlag für Systemisches Management.

Hurra, ein Befehl!

Von Frank Wippermann

Anwärmen	Orientieren	**Bearbeiten**	Abschließen

Kurzbeschreibung

Die Methode klärt, welchen konkreten Beitrag die Beteiligten zur Erreichung des Ziels einer vorgegebenen Veränderungsmaßnahme leisten können und wollen. Dazu werden Ängste und Befürchtungen, Hoffnungen und Erwartungen, Potenziale und Visionen sowie absehbare Probleme und Unterstützungserwartungen formuliert und ausgetauscht. Dieser Austausch schafft die Basis für tragfähige Vereinbarungen.

Dauer

Drei bis vier Stunden.

Anwendungsbereiche

„Hurra, ein Befehl!" wird bei Gruppen bis zu 20 Personen eingesetzt, deren Mitglieder von einer anstehenden Veränderung in ähnlichem Maße betroffen sind. Das kann beispielsweise eine vor einer EDV-Umorganisation stehende Abteilung sein. Der Einsatz des Instruments ist immer dann sinnvoll, wenn das Ziel einer Veränderungsmaßnahme unumstößlich feststeht, und es „nur" noch darum geht, die Umsetzungsschritte vorzubereiten und umzusetzen.

Zielsetzung/Nutzen

Mit dem Tool werden Widerstände und Potenziale systematisch erfasst und bearbeitet. Dabei nimmt das Instrument zunächst die vielfältigen Emotionen auf, die angeordnete Veränderungen auslösen und konzentriert sich dann auf die zielunterstützenden Beweggründe, ohne hemmende zu ignorieren. Die Dringlichkeit der anstehenden Veränderung wird den Beteiligten bewusst gemacht. Dadurch erscheinen „unpopuläre" Entscheidungen in einem anderen Licht. Sie werden nachvollziehbar und akzeptabel. „Hurra, ein Befehl!" schafft die Grundlage, dass die Teilnehmer am Ende konkrete Maßnahmen vereinbaren können, und unterstützt so wirkungsvoll den Praxistransfer.

Ausführliche Beschreibung

Bevor das Tool zum Einsatz kommt, sollten schon einige vorbereitende Schritte erfolgt sein.

Die anstehende Veränderung wurde durch einen Repräsentanten der Unternehmenshierarchie bereits erläutert – am besten im Workshop selbst, unmittelbar vor dem Instrument „Hurra, ein Befehl!". Damit werden die Entstehung einer Gerüchteküche und die Bildung von „Bedenkenträgerfraktionen" am ehesten vermieden. Dieser Input durch die Unternehmenshierarchie sollte gut geplant sein – sowohl hinsichtlich der Länge als auch der Sprache. Es darf nur wenig Druck erzeugt werden. Der Input soll klar und eindeutig sein, ohne zu „überrollen". Durch den Input soll sowohl die Neugier auf die beschlossene Veränderung als auch das Engagement für die Mitwirkung bei der Umsetzung geweckt werden.

Ebenso konnten die Teilnehmer klärende Fragen stellen und die für sie wichtigsten Inhalte der Veränderung herausstellen. Bei dieser Fragephase soll durchaus kritisch nachgehakt werden. Die Antworten sind idealerweise prägnant und sachlich – Diskussionen werden zu denjenigen Themen unterbunden, die in den folgenden Schritten noch bearbeitet werden.

„Hurra, ein Befehl!" besteht aus drei Phasen mit jeweils zwei zusammengehörenden Schritten:

Phase 1: Risiken und Chancen (Dauer: 60 Minuten)

Den meisten Menschen fällt zu angekündigten Veränderungen zunächst einmal ein „Ja, aber ..." ein. Diese Energie wird im Workshop genutzt, indem zunächst die Ängste und Befürchtungen und erst danach (wenn die vielen „aber" bereits benannt worden sind) die Hoffnungen und Erwartungen abgefragt werden.

Schritt 1: Ängste und Befürchtungen

Auf einer Pinwand ist die Veränderungsmaßnahme mit einem Stichwort visualisiert, beispielsweise „EDV-Umorganisation". Der Moderator hat bereits eine Frage vorbereitet und auf eine Moderationskarte geschrieben: *„Welche Ängste und Befürchtungen haben Sie hinsichtlich der [Veränderung]?"* In die eckige Klammer gehört das zur Bearbeitung anstehende Veränderungsthema, im Beispiel also die EDV-Umorganisation. Der Moderator pinnt die Frage an und bittet die Teilnehmer um ihre Statements. Er notiert alle Antworten einzeln auf roten Moderationskarten und heftet diese sofort an die Pinwand. Um das alles zügig zu bewältigen, kann er auch jemand bitten, ihm bei diesem Prozessschritt zu assistieren. Am Ende des Brainstormings dreht der Moderator die Pinwand um.

Schritt 2: Hoffnungen und Erwartungen

Auf einer weiteren Pinwand wird nach den Hoffnungen und Erwartungen der Teilnehmer gefragt. Der Moderator geht genauso vor, wie im vorangegangenen Schritt, nur verwendet er jetzt grüne Moderationskarten. Die Einstiegsfrage lautet: *„Welche Hoffnungen und Erwartungen haben Sie hinsichtlich der [Veränderung]?"* Wenn auch dieses Brainstorming durchgeführt ist, stellt der Moderator die beiden Pinwände nebeneinander und lässt die Teilnehmer die Antworten „clustern". Dabei dürfen rote und grüne Karten gern in ein Cluster zusammengefasst werden. Wenn die Karten sortiert sind, sollen die Teilnehmer für jedes Cluster eine – möglichst neutral formulierte – Überschrift finden, mit der sie das Cluster betiteln.

Phase 2: Die Stolpersteine auf dem schwierigen Weg zum Ziel (60 Minuten)

Hier geht es zunächst darum, die mit der Veränderung angestrebte Situation möglichst genau zu beschreiben, um daraufhin die möglichen Probleme und die damit verbundenen Wünsche um Unterstützung ebenfalls möglichst konkret formulieren zu können.

Schritt 1: Das Ziel der Reise

Jeweils drei, vier oder fünf Teilnehmer setzen sich um einen Tisch, auf dem ein großes Blatt Papier liegt, das so vorbereitet ist:

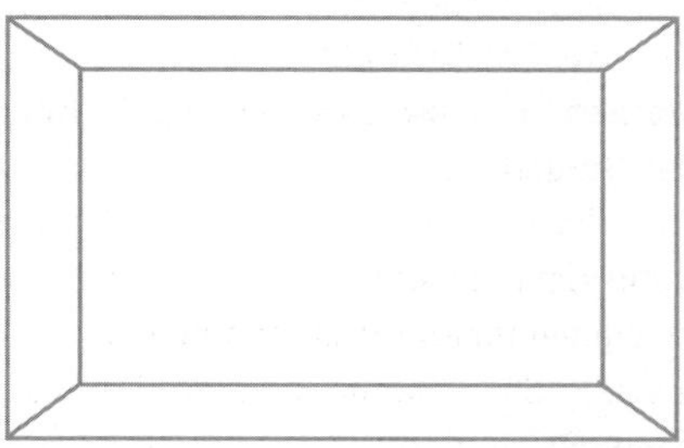

Abb. 1: Arbeitsblatt: „Das Ziel der Reise"

(Eventuell muss mit 3er-, 4er- und 5er-Tischen variiert werden, so dass alle Teilnehmer Platz finden – das Blatt wird dann entsprechend mit drei, vier bzw. fünf Außenfeldern markiert.)

Jeder Teilnehmer schreibt in „sein" kleines Feld, das vor ihm liegt, die eigenen Ansichten zum Ziel der Reise auf. Die Anmoderation lautet:

„Stellen Sie sich vor, dass die [Veränderung] gelungen ist – wie sieht die Organisation dann in drei bis fünf Jahren aus?“ Sind die Teilnehmer einer Kleingruppe damit fertig, so präsentieren sie sich die Notizen untereinander. Gemeinsame Ideen oder solche Ideen, die die Zustimmung aller finden, werden in das Rechteck in der Mitte des Blattes geschrieben.

Jede Kleingruppe präsentiert anschließend ihre Ergebnisse (die Inhalte aus der Blattmitte) im Plenum. Danach wird das Ziel der Reise gemeinsam auf einem Zeitstrahl visualisiert: Auf einer Pinwand werden die später eintreffenden Situationen hinter den früher eintreffenden auf Karteikarten angebracht.

Schritt 2: Probleme und Wünsche

Der Moderator schiebt die eben erstellte Pinwand ganz nach rechts (aus Teilnehmerperspektive), stellt zwei weitere Pinwände links daneben und sorgt dafür, dass die Teilnehmer freie Sicht auf die Ergebnisse aus Phase 1 (die geclusterten Befürchtungen/Hoffnungen) haben. Nun sammelt der Moderator die Antworten der Teilnehmer auf die Frage: *„Welche Probleme können auf dem Weg zu diesem Ziel auftreten?“* Er notiert die Antworten auf eckigen Moderationskarten, die er erst dann auf die beiden Pinwände heftet, wenn die Antworten „versiegen“. Der Moderator lässt unter den Karten genügend Platz. Denn nun pinnt er unter jede eckige Moderationskarte eine ovale. Er ruft den Inhalt der eckigen Karten auf und fragt dann jeweils: *„An wen haben Sie welche Erwartungen, um bei der Bewältigung dieses Problems unterstützt zu werden?“* Die Antworten notiert er auf die dazugehörigen ovalen Karten.

Phase 3: „Anpack-Themen“ und Maßnahmen (75 Minuten)

Durch das Abrufen der Unterstützungswünsche wird deutlich gemacht, dass die Veränderung nicht durch die Betroffenen allein angegangen werden muss. Sobald die Mitwirkung anderer formuliert ist, fällt es vielen leichter, auch die eigenen Beiträge zu benennen.

Schritt 1: „Anpack-Themen“

In einem ersten Schritt lässt der Moderator die Teilnehmer die wichtigsten der zuvor erarbeiteten Unterstützungswünsche mithilfe einer Punktabfrage priorisieren. Anschließend fragt er in die Runde: *„Welches sind Ihre Beiträge, Themen und Aktionen, damit die Veränderung gelingt?“* Die Antworten sammelt er mittels MindMapping auf einer Pinwand. Sind die Antworten sehr allgemein, so ist es seine Aufgabe, die Teilnehmer zu konkreteren Aussagen zu ermuntern.

Schritt 2: Maßnahmenliste
Die priorisierten Unterstützungswünsche und die eigenen Beiträge für die Veränderung werden vom Moderator auf einem Flip-Chart untereinander notiert. Bei einer umfangreichen MindMap reicht es aus, nur die Titel der Hauptäste auf das Flip-Chart zu übertragen. Vor der nun folgenden Einschätzung erhalten die Teilnehmer Gelegenheit, nochmals einen Blick auf das Ergebnis des Schrittes „Ziel der Reise" zu werfen. Nun entscheidet die Gruppe für jede Maßnahme, ob diese
- kurzfristig (bis die Veränderung beginnt),
- mittelfristig (während der Veränderung) oder
- langfristig (nach der Veränderung)

durchgeführt werden muss.

Darüber hinaus lässt der Moderator die Gruppe entscheiden, ob die jeweilige Maßnahme
- für das Gelingen der Veränderung unverzichtbar ist,
- die Veränderung unterstützt und leichter macht oder
- für die Veränderung eher unbedeutend ist.

Die Einschätzungen notiert er hinter jeder Maßnahme. Auf diese Weise entsteht eine Rangfolge der Maßnahmen hinsichtlich ihrer Dringlichkeit: Höchste Priorität haben kurzfristige unverzichtbare, hohe Priorität mittelfristige unverzichtbare Maßnahmen usw. Indem diese Maßnahmen durch die Teilnehmer selbst entwickelt werden – ausgehend von ihren Befürchtungen und Hoffnungen – steigt die Identifikation nicht nur mit den Maßnahmen, sondern ebenso mit der Veränderung selbst.

Im Anschluss an „Hurra, ein Befehl!" kann eine klassische Maßnahmenplanung erfolgen, bei der Verantwortlichkeiten, Detailschritte, Unterstützungsleistungen und Fristen vereinbart werden: *„Wer macht was mit wem bis wann?"*

Voraussetzungen/ Kenntnisse

Der Moderator benötigt profunde Erfahrungen in der Moderation kleiner Gruppen sowie Mut und Fantasie, die einzelnen Schritte der jeweiligen Situation in der Gruppe anzupassen.

Kommentar/ Erfahrungen

Die Ergebnisse der einzelnen Schritte können durch MindMapping, Kartenabfrage, Brainwriting (6-3-5-Methode), „Tischdecke" oder Flip-Chart-Notizen dokumentiert werden. Nach meinen Erfahrungen hängt der Einsatz weniger vom jeweiligen Schritt ab, sondern vielmehr von der Vertrautheit innerhalb der Gruppe und der Erfahrung von Moderator und Gruppe mit dem jeweiligen Verfahren.

Die Methode kann grundsätzlich auch mit einer großen Gruppe (bis zu 250 Personen) durchgeführt werden. Hierbei sind einige Besonderheiten zu berücksichtigen:

- Meistens sind die Mitglieder der Organisation von einer anstehenden Veränderung in sehr unterschiedlicher Weise betroffen – beispielsweise ein Werk, in dem Gruppenarbeit eingeführt wird, wovon einige Werksbereiche kaum berührt sind, anderen dagegen grundlegende Veränderungen bevorstehen.
- Nach der Arbeitsgruppenphase folgt für jeden Schritt zusätzlich die Präsentation der einzelnen AG-Ergebnisse sowie eine moderierte Zusammenfassung.
- Der Vorbereitungsaufwand wird um ein Vielfaches höher (Absprache der Moderatoren, Bereitstellung der Logistik, ...) – der Übergang zur Großgruppenmoderation ist mit dieser Variante vollzogen, der Zeitaufwand erhöht sich auf das bis zu Dreifache.

Ansonsten gilt für alle Varianten und Anpassungen dieses Instruments das Motto der Großgruppenmoderatoren: Vertraue auf den Prozess! Dieses Vertrauen ist in meiner Praxis noch nie enttäuscht worden.

Technische Hinweise

Ausstattung:

- Moderationskoffer
- Flip-Chart
- 2 Pinwände für die beiden Brainstormings in Phase 1
- 3 Pinwände für Zeitstrahl und Problematisierung in Phase 2
- 1 Pinwand für das MindMapping und 1 Flip-Chart für die Maßnahmenliste in Phase 3

Räumliche Voraussetzungen:

- Ausreichend Platz, um die Pinwände mit den erarbeiteten Ergebnissen unterbringen zu können

Vorbereitung:

- Moderationskarten mit den formulierten Moderationsfragen

Höchst-Teilnehmerzahl:

- 20 Personen (bei der hier vorgestellten Variante)

Quellen/ Weiterführende Literatur

„Hurra, ein Befehl!" ist als eine sehr schlanke Version von Real-Time-Strategic-Change (RTSC) entstanden, einer Methode der Großgruppenmoderation. RTSC zielt darauf ab, die Identifikation mit einem Zielzustand herzustellen und darauf aufbauend die Verantwortung für die Umsetzung in die Hände der Teilnehmenden zu legen.

- Robert W. Jacobs (1994). Real time strategic change. How to involve an entire organization in fast and far-reaching change. San Francisco: Berrett-Koehler Publ.
- Barbara B. Bunker/Billie Alban (1996). Large Group Interventions. Engaging the Whole System for Rapid Change. San Francisco/London: Jossey-Bass. S. 61-76.

Phase 3

Teilprojekt-Initialisierung

Von Ludovica Brachinger-Franke

Anwärmen	Orientieren	**Bearbeiten**	Abschließen

Kurzbeschreibung

Jedes Teilprojekt braucht einen definierten Start und ein klares Ende, um erfolgreich und effizient zu sein. Die Initialisierung setzt den Anfang und damit auch die Struktur für eine gute und wirkungsvolle Arbeit am Inhalt. Außerdem legt sie die Grundlage für eine gute Zusammenarbeit der beteiligten Menschen.

Dauer

Die Dauer der „Teilprojekt-Initialisierung" hängt von der Komplexität der Projektfragestellung ab. In der Regel ist es sinnvoll, einen ganzen Tag für diesen Prozessschritt einzuplanen.

Anwendungsbereiche

Das Tool kann für jeden Start einer Projekt- oder Arbeitsgruppe verwendet werden. Teile daraus können auch während der Arbeit in der Projektgruppe als Tool zur Reflexion und zum Ermitteln des Status quo eingesetzt werden.

Zielsetzung/Nutzen

Die Initialisierung dient dazu, einen Überblick über die Gesamtheit der zu bearbeitenden Aufgaben zu erhalten und diese zu organisieren. Sie hat zwei Zielbereiche: Sie strukturiert und plant die inhaltliche Arbeit des Teilprojekts. Es werden Einzelaufgaben identifiziert und die gegenseitigen Abhängigkeiten und Vernetzungen eruiert. Dann werden die Aufgaben auf einer Zeitachse eingetragen und Zuständigkeiten und Verantwortlichkeiten definiert. Zum anderen wird für die Zusammenarbeit und die Beziehungen der Menschen untereinander eine partnerschaftliche und kommunikative Basis gelegt, die für den Zeitraum des Teilprojektes tragfähig und belastbar sein soll. Auch die Organisation der Arbeit, die zu verwendenden Tools und Techniken sowie die Aufgaben und die Planung der Sitzungen werden herausgearbeitet und soweit wie möglich festgelegt. Die Rollen des Projektleiters und des Prozessbegleiters werden verbindlich geklärt.

Ausführliche Beschreibung

Die „Teilprojekt-Initialisierung" soll hier am Beispiel eines großen Veränderungsprojekts beschrieben werden. Im Rahmen eines Start-Workshops wurden fünf Teilprojekte definiert und Verantwortlichkeiten für die weitere Vorgehensweise festgelegt. Nun sollen die einzelnen Teilprojekte in weiteren Workshops konkretisiert werden.

Zum gegenseitigen Kennenlernen tragen die Teilnehmer zu Beginn der Veranstaltung einige Informationen zur Person in einen „Gruppenspiegel" ein (z.B. *Name, Funktion, Dauer der Betriebszugehörigkeit, Projekterfahrung, ...*). Anschließend teilen sie sich in einem Blitzlicht die gegenseitigen Erwartungen in Bezug auf den Workshop mit. Der Teilprojektleiter informiert über den aktuellen Stand des Projektfortschritts und eventuelle Neuerungen aus Projekt und Unternehmen.

Schritt 1: Themenpakete definieren, Aufgaben strukturieren

Als Ergebnis des Start-Workshops liegt bereits eine grobe Beschreibung des Teilprojekts vor. Die Fragen oder Aufgaben, die darin definiert sind, werden nun einzeln oder als Ganzes (je nach Umfang oder Komplexität) in Aufgaben zerlegt. Die folgende Aufgabe kann im Plenum mit bis zu sieben Teilnehmern stattfinden. Bei größeren Gruppen werden Kleingruppen mit drei bis vier Teilnehmern gebildet. Die Zusammensetzung kann frei gewählt werden.

Manchmal schlagen die Teilnehmer vor, dass Kollegen aus bestimmten Arbeitsbereichen in einer Kleingruppe zusammenarbeiten. Der Moderator lässt dies dann zu. Es kann immer davon ausgegangen werden, dass die Menschen ihre Organisation so gut kennen, dass sie wissen, welche Zusammensetzung hilfreich und sinnvoll ist. Die einzelnen Teilnehmer bzw. Kleingruppen werden gebeten, Karten zu schreiben als Antwort auf die Frage: *„Welche Aufgaben müssen wir für dieses Teilprojekt (oder diesen Aspekt) bearbeiten?"* Die Kleingruppen brauchen hierfür etwa 45 Minuten Zeit, je nach Komplexität des Projektthemas. Dann präsentiert eine Kleingruppe oder ein Teilnehmer die geschriebenen Karten. Hierbei wird durch einen gemeinsamen Diskussionsprozess der Inhalt für alle präzisiert. Die übrigen Gruppen werden aufgefordert, gleiche oder ähnliche Karten gleich miteinzubringen Die Karten werden dann in die vorgegebene Struktur eingefügt.

Thema des Teilprojekts /des Aspekts

Aufgaben-Pakete	Formales Ziel	Beteiligung – wer? – Form – Inhalt	Experimente	Bezüge	Zeitaufwand

Abb.1: Vorbereitetes Plakat zur Teilprojekt-Initialisierung

Zunächst wird die erste Karte in die Spalte „Aufgabenpakete" gehängt. Dann werden alle weiteren Karten nacheinander entweder zu einer schon hängenden Karte oder separat gehängt. Die Leitfrage ist dabei: *Ist das in einer schon genannten Aufgabe zu erledigen oder ist das ein eigenes Thema?* Der Moderator hat hier immer wieder eine fragende Position: *„Ist die Aufgabe zu komplex oder zu umfangreich?"; „Welche Aspekte gehören noch dazu?"; „Wie kann die Aufgabe noch konkreter beschrieben werden?"* Natürlich ist es hier auch hilfreich, wenn der Moderator seine Erfahrungen aus anderen Veränderungsprojekten einbringt, was sinnvolle Arbeitspakete sein könnten.

Dieser Prozess ist oft mühsam und langwierig und macht letztlich den Hauptteil der Arbeit in der Initialisierung aus. Es besteht naturgemäß am Anfang weder Klarheit noch Einigkeit darüber, wie die Aufgaben in Pakete strukturiert werden können. Der Prozessmanager muss dafür sorgen, dass die Stimmung erhalten bleibt und eine gute Atmosphäre zwischen den Teilnehmern gefördert wird. Wenn alle Karten hängen (und das kann durchaus mehrere Pinwände erfordern) wird gefragt, ob jetzt noch eine Aufgabe fehlt. Wenn ja, wird sie auf eine Karte geschrieben und hinzugefügt. Dann ist der Schritt abgeschlossen.

Wenn die Stimmung im Verlauf dieses Prozesses sinkt und die Überzeugung, dass diese Aufgabe zu schaffen ist, verloren geht, hilft es, die folgende Grafik zu zeigen und zu erklären, dass der Abfall der Stimmungslage durch den Anstieg der Komplexität entsteht.

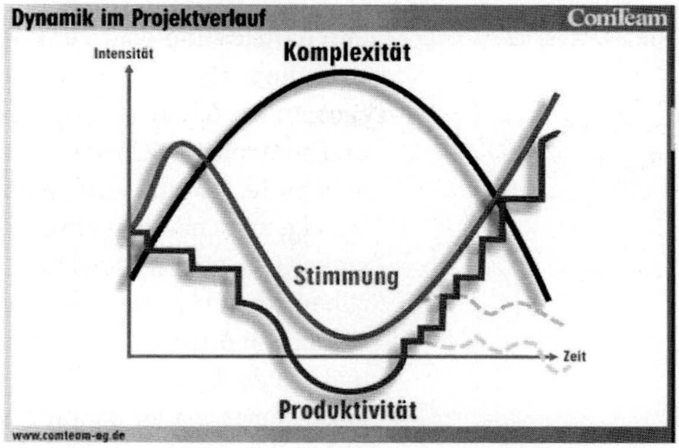

Abb. 2: Dynamik im Prozessverlauf

Dieser Exkurs sorgt gleichzeitig für einen gewissen „Schutzimpfungseffekt" für die praktische Realisierung des Projekts. Meist sind die Menschen zu Beginn eines Projekts froh, dass endlich etwas geschieht. Die Stimmung steigt zunächst, obwohl immer neue Fragen aufgeworfen werden, die zu Beginn des Vorhabens noch gar nicht wahrgenommen wurden. Komplexität wird zunächst als Herausforderung verstanden. Nach einiger Zeit verändert sich jedoch die Wahrnehmung der Beteiligten. Die Komplexität der relevanten Fragen steigt auf ein Maß, das als nicht mehr beherrschbar erlebt wird. Die Teilnehmer beginnen zu resignieren. Gleichzeitig lässt die Produktivität nach, denn diese folgt der Stimmung.

Irgendwann gibt es in jedem komplexen Projekt einen Punkt, an dem jeder bereut, überhaupt mit der Arbeit begonnen zu haben. Der Prozessmanager kann den Zusammenhang von Komplexität, Stimmung und Produktivität am Live-Beispiel der Teilprojekt-Initialisierung sehr anschaulich transparent machen. So wie es bei der Initialisierung wichtig ist, konzentriert bei der Sache zu bleiben, so wird es auch bei der praktischen Umsetzung immer wieder erforderlich sein, die nötigen Energien zu mobilisieren, um „durchzuhalten" und sich nicht vorzeitig mit mittelmäßigen Lösungen zu begnügen.

Schritt 2: Ziele formulieren – Beteiligung planen – Experimente überlegen – Beziehung zu anderen Teilprojekten identifizieren – Zeitaufwand schätzen

Nun werden nach und nach die weiteren Spalten in der Übersicht ausgefüllt. Das geschieht in einem Diskussionsprozess im Plenum. Und es ist wichtig, dass alle Teilnehmer hierbei um eine gemeinsame Lösung ringen. Denn dann ist das Ergebnis von allen getragen. Erst wird für jedes Aufgabenpaket das formale Ziel herausgearbeitet. Das bedeutet, dort stehen Aussagen wie „Anforderungskatalog", „Kurzpräsentation", „Kriterienkatalog" oder „Liste der Funktionen". Es ist wichtig zu erkennen, dass man das formale Ziel identifizieren kann ohne das inhaltliche Ziel vorwegzunehmen. In die Spalte „Beteiligung" wird eingetragen, wer von den Projektbeteiligten, den Mitarbeitern, Organisationseinheiten im Unternehmen einzubinden ist und in welcher Form. Das können andere Projektgruppen, der Personal- oder Betriebsrat, die

Geschäftsleitung oder Funktionen aus der Organisation sein. Es können Workshops für die Beteiligung, Gespräche, Befragungen oder Ähnliches sein. In die Spalte „Experimente“ wird eingetragen, ob es möglich und sinnvoll ist Schritte, Erkenntnisse, Änderungen in kleinerem Rahmen zu testen und auszuprobieren, um Erfahrungen zu sammeln. Die Bezüge zwischen den einzelnen Aufgabenpaketen zeigen die Abhängigkeiten untereinander auf. Es werden Pfeile oder Nummern von Aufgabenpaketen eingetragen, die auf Interdependenzen hinweisen. Der Zeitaufwand (meist ausgedrückt als Dauer in Wochen) wird geschätzt und eingetragen. Auch dies ist ein aufwendiger Prozess. Der Moderator muss immer wieder darauf hinweisen, wie wichtig diese gemeinsame Diskussion ist. Ausreichende Pausen mit frischer Luft und eventuell etwas Bewegung erleichtern den Teilnehmern (und dem Moderator) das Durchhalten.

In einem separaten Zeitplan wird eine Übersicht der definierten Zeiträume und deren Abhängigkeiten erstellt. Dies kann über MS-Project erfolgen, als Excel-Sheet oder in Form eines Pinwand-Plakats. Den Anfangspunkt bildet der aktuelle Monat. Jedes Arbeitspaket wird mit seinem Zeitaufwand in diese Übersicht eingetragen.

Schritt 3: Rahmenbedingungen und Ressourcen klären, Zuständigkeiten regeln – Zusammenarbeit und Organisation festlegen

Jetzt müssen die Rahmenbedingungen und Ressourcen ermittelt werden, die notwendig sind, damit die definierte Arbeit auch erbracht werden kann. Es sind die folgenden Fragen zu beantworten und vielleicht noch andere:

- *Welche Räume und Materialien werden benötigt?*
- *Wer kümmert sich um welche Aufgabe(n)?*
- *In welchen Zeiträumen trifft sich die Gruppe?*
- *Wer organisiert Unterlagen und Räume?*
- *Wer informiert wen zu welchem Zeitpunkt?*
- *Wer führt welches Protokoll über welches Medium?*
- *Gibt es eine gemeinsame (technische) Plattform für den Austausch von Informationen?*
- *Wie wird der Kontakt zum Lenkungsausschuss und den anderen Projektgruppen geregelt?*

Die Teilnehmer prüfen, ob alle relevanten Fragen enthalten sind und fügen gegebenenfalls noch weitere hinzu.

Diese Fragen werden im Plenum diskutiert und besprochen. Alle Absprachen werden visualisiert und für alle verbindlich vereinbart. Bei der Verteilung von Aufgaben muss darauf geachtet werden, dass alle Beteiligten für sie passend, aber auch gerecht in die Arbeit einbezogen werden. Manche Punkte können möglicherweise nicht abschließend definiert werden, da Entscheidungen von übergeordneter Stelle von Nöten sind. Dann wird festgelegt, wer sich darum kümmert und in welcher Form die weitere Vorgehensweise kommuniziert wird. Hier muss klargemacht werden, dass diese Absprachen nicht für die „Ewigkeit" sein können, sondern flexibel gehandhabt werden müssen. Der Moderator macht deutlich, dass diese gemeinsame Arbeit ein gemeinsamer Lernprozess ist und es gewünscht ist, Erfahrungen zu sammeln, die neue Erkenntnisse bringen.

Zum Abschluss werden eventuell noch offene Punkte ermittelt und das weitere Vorgehen hierfür festgelegt.

Zum Abschluss des Workshops lässt der Prozessmanager die Teilnehmer die Zufriedenheit über die inhaltliche Arbeit und die Qualität der Zusammenarbeit transparent machen. Hierzu kann er beispielsweise mit Moderationskarten eine Skala von null bis hundert auf dem Fußboden auslegen und die Teilnehmer bitten, ihren „Standpunkt" zu beziehen und in einem Satz zu kommentieren.

Voraussetzungen/ Kenntnisse

Der Prozessberater braucht neben Moderationserfahrungen die Fähigkeit, komplexe Situationen zu strukturieren und dabei den Überblick zu behalten. Er muss sich empathisch in Menschen einfühlen können und divergierende Meinungen oder Konflikte zu einem guten Ergebnis führen können.

Kommentar/ Erfahrungen

Der Prozess der Initialisierung macht Spaß und bringt die Teilnehmer in ihre Energie. Die Stimmung „jetzt geht's endlich los" mobilisiert alle und das ist gut so. Allerdings ist das Herausarbeiten aller Arbeitspakete dann letztendlich ziemlich mühsam. Die gemeinsame Diskussion ist jedoch nötig, damit eine gemeinsame Sichtweise der einzelnen Aspekte entstehen kann und auch verinnerlicht wird. Dies weiß der Prozessmanager und führt mit seiner Überzeugung den Prozess bis zum Endpunkt, an dem dann die Stimmung in aller Regel auch wieder steigt. Jetzt liegen konkrete Aufgaben vor und die Teilnehmer können „loslegen".

Am besten ist es, abseits des Unternehmens in einem Tagungshotel zu arbeiten und auch dort zu übernachten. Das dient dem Kennenlernen und einem guten Kontakt der Projektmitarbeiter untereinander.

Technische Hinweise

Ausstattung:

- Moderationsmaterial
- Gegebenenfalls Beamer
- 3 bis 5 Pinwände (bespannt mit Papier)
- Flip-Chart
- Digitalkamera für die Dokumentation der Ergebnisse

Räumliche Voraussetzungen:

Die Arbeitsgruppe sollte störungsfrei arbeiten können. Der Workshop sollte deshalb möglichst nicht im Unternehmen stattfinden.

Vorbereitung:

- Unterlagen mit der Teilprojektbeschreibung
- Plakat für die Definition der Aufgabenpakete
- Plot oder Flip-Chart „Dynamik im Projektverlauf"

Quellen/ Weiterführende Literatur

- Walter G. Straub/Lorenz S. Forchhammer/Ludovica Brachinger-Franke (2001). Bereit zur Veränderung – Unwege der Projektarbeit. Hamburg: Windmühle Verlag.
- Heide Straub/Ludovica Brachinger-Franke. Gruppenprozesse in die Hand nehmen. Gmund: ComTeam-Eigenverlag

Process Flow – Prozesse im Wandel und Wandlung von Prozessen

Von Ingrid Leinhaas

Anwärmen	Orientieren	**Bearbeiten**	Abschließen

Kurzbeschreibung

„Process Flow" ist eine strukturierte, analytische Methode zur Erarbeitung, Visualisierung und anschließenden Optimierung von Arbeits- und Prozessabläufen. Sie verbindet interaktive Moderationstechniken mit Methoden der Prozessmodellierung. Das Tool schafft Transparenz in komplexen Abläufen und ermöglicht die Erarbeitung eines Projektplanes unter Einbeziehung der betroffenen Personen.

Dauer

Die Anwendung des Tools dauert drei bis vier Stunden (je nach Komplexität der Arbeits-/Prozessabläufe und Anzahl der beteiligten Personen). Falls die Komplexität sehr hoch ist, ist es ratsam, sich auf spezielle Themenbereiche zu konzentrieren und gegebenenfalls mehrere Workshops durchzuführen.

Anwendungsbereiche

Das Tool kommt in der Prozessphase „Bearbeiten" zum Einsatz. Es eignet sich sowohl für Veränderungsprojekte (z.B. Restrukturierung) als auch für Anwendungsprojekte (z.B. Einführung eines EDV-Systems).

Typische Einsatzgebiete sind:
- Prozessmodellierung (Ist-Prozesse) und -optimierung (Sollprozesse) zur Analyse von Abläufen, Abhängigkeiten und Verbesserungspotenzial
- Projektmanagement in der Phase der Projektplanung und -umsetzung zur Erarbeitung und Festlegung von Arbeitspakten, Rollen und Verantwortlichkeiten sowie Terminen und Meilensteinen (analog Projektstrukturplan)

Zielsetzung/Nutzen

Die in Projekten und Prozessen zentralen Fragestellungen „WER macht WAS, WIE und WANN?“ werden systematisch mit den Workshop-Teilnehmern erarbeitet und die Ergebnisse grafisch visualisiert. Die Modellierung der Prozessketten erhöht die Transparenz für Aufgaben, deren Abläufe und Zusammenhänge und integriert alle am Prozess beteiligten Teams, Gruppen und Mitarbeiter. Dadurch wird eine hohe Akzeptanz der erzielten Ergebnisse erreicht.

Ausführliche Beschreibung

Anhand eines Beispiels wird ein Einsatz der Methode „Process Flow“ detailliert werden:

Der Geschäftsführer eines kleinen Speditionsunternehmens möchte die Wertschöpfung in seinem Unternehmen verbessern und beauftragt einen Prozessberater, einen Workshop mit den Mitarbeitern seines Unternehmens durchzuführen. Im Rahmen des Workshops sollen die betriebswirtschaftlichen Abläufe analysiert werden, um Optimierungspotenzial aufzudecken. Insbesondere die Angebotserstellung soll im Fokus der Analyse liegen.

Schritt 1: Visualisierung der Organisation – WER ist beteiligt?
Zunächst erarbeiten die Mitarbeiter des Unternehmens, geleitet durch den Prozessberater, die Organisationseinheiten heraus, die an dem zu betrachtenden Prozess beteiligt sind. Diese Organisationseinheiten werden hierarchisch als Aufbauorganisation in Form eines Organigramms dargestellt. Ziel dieses Schrittes ist es, darzustellen, WER an den Prozessen beteiligt ist.

Alle Organisationseinheiten werden vom Prozessberater oder einem Workshop-Teilnehmer auf ovalen, gleichfarbigen Moderationskarten geschrieben, auf einer Pinwand gesammelt und anschließend als Organigramm angeordnet. In unserem Beispiel besteht das Unternehmen aus vier Abteilungen: Geschäftsführung, Bürodienste, Disposition und Kalkulation.

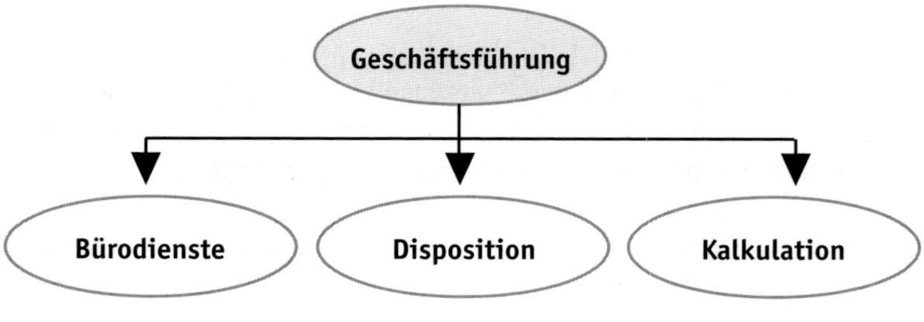

Abb. 1: Organigramm

Schritt 2: Erarbeitung der Funktionen und Darstellung in einem Funktionsbaum – WAS wird gemacht?
Mittels Brainstorming werden im nächsten Schritt alle Funktionen/Aufgaben gesammelt und in einem „Funktionsbaum" zur Darstellung der statischen Zusammenhänge auf einer Pinwand aufgereiht. Hier geht es darum, möglichst vollständig zu erarbeiten, WAS genau getan wird, welche konkreten Aufgaben ausgeführt werden.

Alle Funktionen werden auf rechteckigen Moderationskarten gleicher Farbe notiert und zunächst an einer Pinwand gesammelt. Der Prozessberater achtet in diesem Schritt darauf, dass möglichst alle Funktionen und Aufgaben der jeweiligen Organisationseinheiten benannt werden. Er gibt entsprechend Zeit und fragt konsequent nach. Funktionen werden zum Zwecke der Einheitlichkeit mit Objekt und Verb festgehalten z.B. Angebot (Objekt) erstellen (Verb).

In unserem Beispiel wurden folgende Aufgaben auf einer Pinwand aufgelistet:

Abb. 2: Funktionenliste

Anschließend werden alle Funktionen von den Teilnehmern hierarchisch logisch unterhalb der zuständigen Organisationseinheit auf Pinwänden sortiert. Dabei ergibt sich folgende Aufgabenaufteilung:

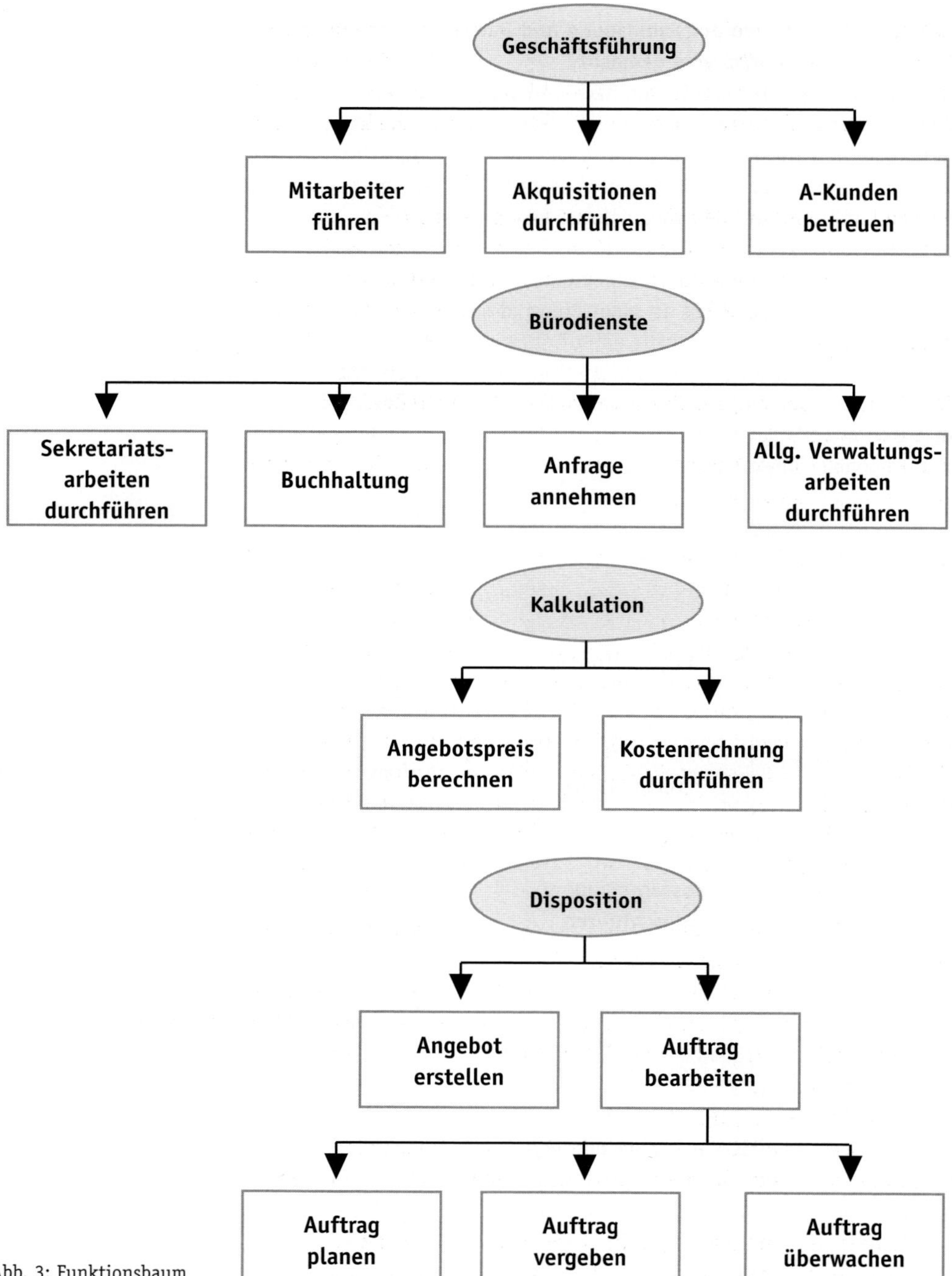

Abb. 3: Funktionsbaum

Auf diese Weise entsteht ein genaues Bild, wer was im Unternehmen macht: Die Geschäftsführung führt z.B. die Mitarbeiter, führt Akquisitionen durch und betreut die besonders wichtigen Kunden; die Bürodienste führen die Sekretariatsarbeiten durch, führen die Buchhaltung usw. ...

Da sich im Verlauf der Gespräche im Workshop herausstellt, dass im Unternehmen der Prozess von der Kundenanfrage bis zur Angebotserstellung oft fehleranfällig ist und lange dauert, wird gemeinsam im Workshop festgelegt, sich zunächst diesen Unternehmensprozess genauer anzusehen.

Schritt 3: Erarbeitung der Prozessabläufe – WIE wird das WAS ausgeführt?
In diesem Schritt geht es darum, herauszuarbeiten, WIE der Prozessablauf der Funktionen genau erfolgt.

Hierzu leitet der Prozessberater zur prozessorientierten Darstellung der Funktionen über, indem er erklärt, dass die Funktionen in einer Prozesskette mit entsprechenden Auslöser-Ereignissen und End-Ereignissen in einen Ablauf gebracht werden. Er fragt nun nach der ersten Funktion im zu betrachtenden Prozess – in unserem Beispiel „Anfrage annehmen" und dem Auslöser dieser Funktion – hier „Anfrage liegt vor". Danach fragt er nach den möglichen Ergebnissen der untersuchten Funktion. Auslöser und Ergebnisse von Funktionen werden in der Prozessmodellierung als Ereignisse bezeichnet und über Rautensymbolik dargestellt. Im Rahmen von Workshops werden rautenförmige Moderationskarten mit einheitlicher Farbe zur Visualisierung verwendet.

Der Prozessberater pinnt die entsprechenden Karten der Ereignisse und Funktionen an. Da Prozesse in der Realität selten linear, nacheinander verlaufen, fragt der Prozessberater nach möglichen parallelen Abläufen und Verzweigungen, die durch unterschiedliche Ereignisse bedingt werden. Sind mehrere Ergebnisse einer Funktion möglich, wird erarbeitet, ob die Ergebnisse ...

- parallel ablaufen (UND-Verknüpfung),
- oder alternativ (XOR exklusives ODER), d.h. entweder/oder
- bzw. parallel und alternativ (inklusives ODER) ablaufen können.

Durch diese Verknüpfungen (in der Sprache der Prozessmodellierung Konnektoren genannt) werden Verzweigungen, Zusammenführungen und Bearbeitungsschleifen im Prozessablauf dargestellt.

Für die Konnektoren wird üblicherweise die folgende Symbolik verwendet:

Abb. 4: Symbolik der Prozessverkettung

∧	UND	paralleler Ablauf
X	XOR (exklusives ODER)	entweder/oder
V	ODER (inklusives ODER)	paralleler Ablauf optional

In unserem Beispiel wurde der Anfang des Prozesses der Angebotserstellung wie folgt erarbeitet:

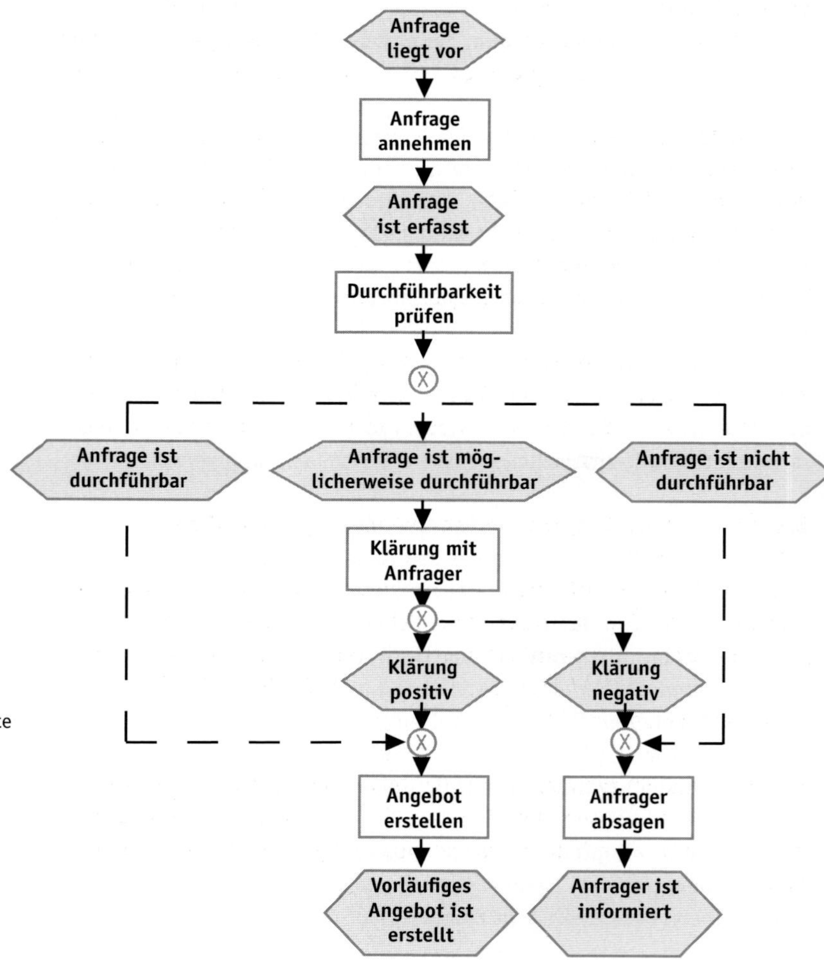

Abb. 5: Prozesskette

Das auslösende Ereignis des Prozesses ist, dass eine „Anfrage vorliegt", es folgt immer die Funktion „Anfrage annehmen". Die Funktion endet damit, dass die „Anfrage erfasst" ist, wobei sich dann die Funktion „Durchführbarkeit prüfen" anschließt. In dieser Funktion sind drei End-Ereignisse möglich:

1. Anfrage ist durchführbar,
2. Anfrage ist möglicherweise durchführbar und
3. Anfrage ist nicht durchführbar.

Je nach Ergebnis der Funktion werden die folgenden Funktionen ausgeführt, daher wurden die End-Ereignisse mit dem Symbol „X" (exklusives Oder) verbunden. Ist die Anfrage durchführbar, wird ein Angebot erstellt. Ist die Anfrage möglicherweise durchführbar, so wird eine Klärung mit dem Anfrager versucht. Wird bei der Prüfung erkannt, dass die Anfrage nicht durchführbar ist, so erhält der Anfrager eine Absage.

Sind die Workshop-Teilnehmer mit der Methode vertraut, können unterschiedliche Prozessabläufe parallel in mehreren Kleingruppen erarbeitet werden. Wichtig ist, dass der Prozessberater darauf achtet, dass in diesen Fällen das Ergebnis im Plenum nochmals vorgestellt wird, um sicherzugehen, dass alle Beteiligten involviert sind und ggf. Anmerkungen oder Ergänzungen anbringen können.

Nach diesem Schritt ist es wichtig, dass der Prozessberater den Workshop-Teilnehmern durch eine Pause ermöglicht, die Ergebnisse wirken zu lassen und vor der nächsten Arbeitsphase nach Erkenntnissen aus den Pausengesprächen zu fragen.

Schritt 4: Erarbeitung der Rollen und Verantwortlichkeiten – WER macht WAS?

Aufbauend auf den Arbeitsergebnissen des vorangegangenen Schrittes wird nun unter Zuhilfenahme des in Schritt 1 erzeugten Organigramms nach den Organisationseinheiten gefragt, welche die Funktionen ausführen und ob es Organisationseinheiten gibt, die in der Funktion informiert werden.

Ausführende und verantwortliche Organisationseinheiten werden rechts oberhalb der jeweiligen Funktion angepinnt. Organisationseinheiten, die Informationen erhalten, also benachrichtigt werden, rechts unterhalb.

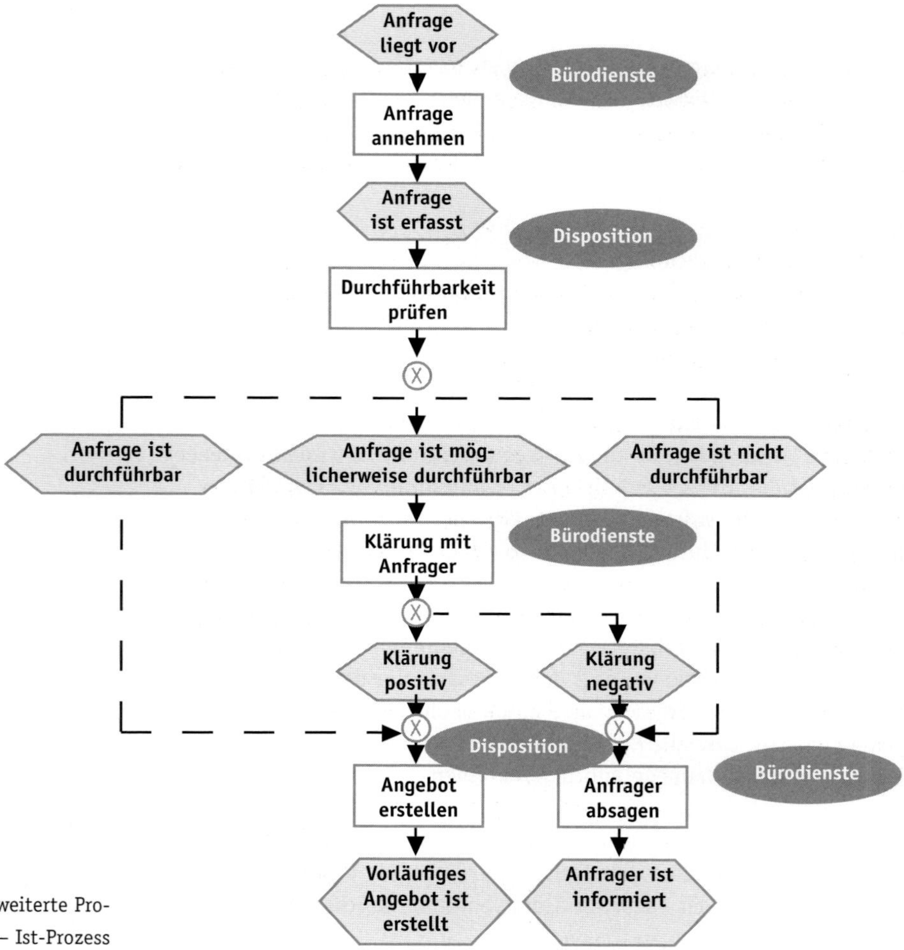

Abb. 6: Erweiterte Prozesskette – Ist-Prozess

Von den Bürodiensten werden die Anfragen angenommen, die Disposition prüft die Durchführbarkeit usw. ...

Zusätzlich kann es hilfreich sein, zu kennzeichnen, bis WANN Funktionen durchgeführt sein sollten. Dies ist beispielsweise in Workshops relevant, in denen Projektaufgaben als Funktionen erarbeitet werden, für die Termine als Meilensteine festgelegt werden sollen. Die Meilensteine können mit der Angabe der im Teilnehmerkreis vereinbarten Termine mit runden Moderationskarten den End-Ereignissen von Funktionen zugeordnet werden.

An diesem Bearbeitungspunkt werden die Rollen und Verantwortlichkeiten deutlich und es kann im Plenum erarbeitet werden, wann

Verantwortlichkeiten wechseln sollen und ob sich an diesem Thema Verbesserungspotenzial ergeben könnte. Gleiches gilt für den Arbeitsablauf. Erkennt der Prozessberater Verarbeitungsschleifen, unklare Vor- und Nachbedingungen einer Aufgabe, so fragt er in diesem Sinne nach.

Bevor Verbesserungsvorschläge auf den Pinwänden durch Umhängen der Karten oder neue Karten dargestellt werden, sollte der Prozessberater die Bestätigung der Teilnehmer einholen, die die Ergebnisse erarbeitet haben. Anschließend sollte er die Pinwände digital fotografieren, um das Ist-Ergebnis zu dokumentieren.

In unserem Beispiel fällt beispielsweise der Wechsel von Verantwortlichkeiten zwischen Bürodiensten und Disposition auf. Hierauf kann der Prozessberater die Beteiligten mit gezielten Fragen aufmerksam machen. Auch die Klärung mit dem Anfrager durch die Bürodienste lässt Verbesserungspotenzial erkennen. Wenn die Prüfung auf Durchführbarkeit so eindeutig ausgeführt wird, dass die Anfrage entweder angenommen oder abgelehnt wird, kann der Teilprozess der Klärung entfallen.

Eine mögliche Optimierung in unserem Beispiel könnte daher wie folgt aussehen:

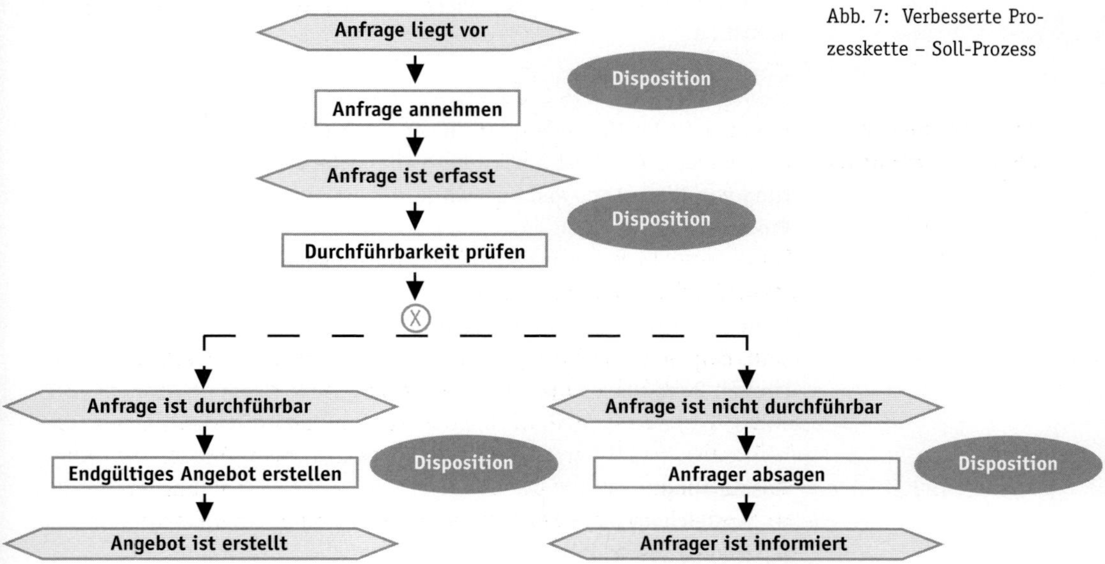

Abb. 7: Verbesserte Prozesskette – Soll-Prozess

Die Disposition würde in diesem Soll-Prozess alle Funktionen der Anfrageklärung und -prüfung sowie der Angebotserstellung übernehmen. Dabei obliegt es der Disposition, die Anfrage vollständig anzunehmen, die Durchführbarkeit eindeutig zu prüfen (um weiteren Klärungsbedarf zu vermeiden) und ein endgültiges Angebot zu erstellen bzw. die Anfrage abzusagen.

Ergibt der entwickelte Soll-Prozess für alle Beteiligten ein stimmiges Bild, so erarbeitet der Prozessberater gemeinsam mit den Beteiligten Vereinbarungen für die Umsetzung der Verbesserungen und hält diese schriftlich fest. Dies rundet den Workshop ab und gibt einen Ausblick auf die nächsten Schritte. Abschließend fasst der Prozessberater die Ergebnisse nochmals zusammen und lässt sie sich durch die Teilnehmer bestätigen. Er dokumentiert alle visualisierten Resultate durch ein digitales Fotoprotokoll, das er den Teilnehmern zeitnah zur Verfügung stellt.

Voraussetzungen/ Kenntnisse

Der Prozessberater benötigt Erfahrung in der Moderation von Gruppenprozessen und in systemischen Fragetechniken. Er muss die Logik von „Process Flow“ verinnerlicht haben und die Methode in einer einfachen Sprache erklären können. Die praktische Anwendung erfordert eine konsequente, strukturierte Vorgehensweise, da die Schritte aufeinander aufbauen.

Kommentar/ Erfahrungen

Der Einsatz der Methode setzt immer eine präzise Auftragsklärung voraus. „Process Flow“ ist immer dann ein geeignetes Tool für die Optimierung von Prozessen, wenn gewährleistet ist, dass alle Teilnehmer diese Prozesse auch kennen.

Manchmal brauchen die Gruppen etwas Zeit, um mit der Methode vertraut zu werden. Um „Berührungsängste“ abzubauen, kann es hilfreich sein, den Teilnehmern die Vorgehensweise zunächst anhand eines praktischen Beispiels ausführlich zu erläutern.

Technische Hinweise

Ausstattung:

- Ausreichend Pinwände (je nach Komplexität)
- Moderatorenkoffer
- Moderationskarten mit entsprechenden Farben und Formen
- Digitale Kamera zur Dokumentation der Workshop-Ergebnisse

Quellen/ Weiterführende Literatur

„Process Flow“ nutzt ausgewählte, für den Rahmen von Workshops geeignete Komponenten aus der Prozessmodellierung nach ARIS. ARIS steht für Architektur integrierter Informationssysteme und wurde von Prof. Dr. A.-W. Scheer entwickelt.

- Heinrich Seidlmeier (2002). Prozessmodellierung mit ARIS. Braunschweig/Wiesbaden: Vieweg Verlag.
- A. W. Scheer (2001). ARIS – Modellierungsmethoden. Metamodelle. Anwendungen. Berlin: Springer Verlag.

Risikoportfolio

Von Jörg Meyer

Anwärmen	Orientieren	Bearbeiten	Abschließen

Kurzbeschreibung

Das „Risikoportfolio" ist eine Methode zur systematischen Sammlung und Bewertung der relevanten Risiken für den weiteren Prozess- bzw. Projektverlauf. Das Tool schafft die Grundlage, um bereits zu Beginn des Prozesses geeignete Maßnahmen für den Eintrittsfall erarbeiten zu können.

Dauer

Die Anwendung des Tools dauert je nach Anzahl und Komplexität der identifizierten Themen etwa zwei bis drei Stunden.

Anwendungsbereiche

Das Tool wird bevorzugt in der Projektarbeit eingesetzt. Es dient der geistigen Vorwegnahme zukünftigen Handelns unter besonderer Betrachtung der relevanten Risiken für den weiteren Projekt- oder Prozessverlauf. Häufige Einsatzgebiete sind Problemlösungs-, Veränderungs- und Strategieentwicklungsprozesse, die in konkrete Projekte münden. Im Rahmen von Projektplanungs-Workshops kommt das „Risikoportfolio" meist gegen Ende der Bearbeitungsphase zur Anwendung. Es kann aber auch ein eigenständiges Thema für einen Workshop darstellen, insbesondere zu Beginn eines komplexen Veränderungsprozesses, wenn eine systematische Risikobetrachtung die Grundlage für den nachfolgenden Maßnahmenplan schaffen soll.

Zielsetzung/Nutzen

Der konkrete Nutzen jeglichen Risikomanagements besteht darin, dass mögliche Risiken bereits vor Eintritt identifiziert, bewertet und mit geeigneten Maßnahmen im Eintrittsfall belegt werden können. Die Gefahrengröße „unvorhersehbar" wird mit einem wirksamen Risikomanagement deutlich entschärft. Risikomanagement setzt dabei auf die Erkenntnis, dass ein vorhersehbares Problem sich vor seinem tatsächlichen Eintritt meist entspannter bearbeiten lässt, als später im Prozess, wenn das Problem scheinbar unvorhergesehen und plötzlich auftritt.

Außerdem wird mit dem „Risikoportfolio“ ein Tool für ein systematisches Vorgehen vorgegeben, ob und nach welchen Kriterien Risiken bearbeitet werden. Es findet eine Priorisierung von Risiken statt, denn nicht jedes Risiko benötigt ein konkretes Risikomanagement.

Insgesamt entsteht eine deutlich höhere Handlungssicherheit in der Umsetzung von Projekten. Das Tool stellt, um eine Metapher zu gebrauchen, eine Investition in den Brandschutz von Projekten dar und schützt vor aufwendigen Feuerwehreinsätzen mit möglicherweise erheblichem Schaden im weiteren Projektverlauf.

Ausführliche Beschreibung

Am Beispiel eines „Workshops zur Projektplanung“ soll der mögliche Ablauf verdeutlicht werden. Teilnehmer der Veranstaltung sind Projektbeteiligte aller relevanten Fachgruppen (Kernteam, mögliche Teilprojektleiter, ...) und Spezialisten des Systems, in dem das Projekt verortet ist (Vertreter der Lenkungsgruppe, sonstige informelle „System-Insider“ ...).

Schritt 1: Identifizieren der Risiken
Die Teilnehmer werden mit folgender Aufgabenstellung beauftragt: *„Sammeln Sie alle Risiken, die Ihnen einfallen, wenn Sie an den weiteren Verlauf des Projekts bis zur Projektzielerreichung denken.“* Alternativ könnte dazu auch folgende Fragestellung verwendet werden: *„Wer oder was könnte uns Ihrer Meinung nach an einer erfolgreichen Zielerreichung hindern?“* Als Plattform zur Sammlung dienen hier vorbereitete dreispaltige Flip-Chart-Blätter mit folgenden Überschriften:

Nr.	Risikobeschreibung/Störgröße	Bewertung

Der Prozessmoderator instruiert die Teilnehmer: *„Formulieren Sie möglichst präzise und tragen Sie Ihre Ideen in die mittlere Spalte Ihres Flip-Chart-Papiers ein. Die Bearbeitung der ersten und der dritten Spalte findet erst zu einem späteren Zeitpunkt statt.“*

Um einen breiten und relativ vollständigen Überblick der möglichen Risiken zu erhalten, bieten sich überschaubare Kleingruppen von höchstens vier Personen an. Die Aufteilung der Gruppen kann nach unterschiedlichsten Gesichtspunkten erfolgen. So können Kleingruppen nach Fachbereichen gebildet werden, die einen besonderen Fokus auf das anstehende Projekt legen, aber auch Gruppen, die die bestehende Projekterfahrung oder die Nähe zum Projekt abbilden, sind denkbar. Letztlich geht es vor allem darum, dass die Gruppengröße und die gewählte Gruppenfunktion die Risikosuche unterstützt und nicht behindert.

Als motivierende Unterstützung könnte sinngemäß folgende weitere Anmoderation für den Arbeitsschritt denkbar sein: *„Bei diesem Arbeitsschritt dürfen Sie Ihrer Fantasie freien Lauf lassen. Was könnte alles passieren? Sehen Sie dabei so richtig schwarz und toben Sie sich dabei nach Herzenslust aus. Sammeln Sie alle erdenklichen Risiken. Das Motto lautet: Alles was Ihnen einfällt ist sinnvoll – bewertet wird später."*

Manchen Teilnehmern hilft es, eine relativ vollständige Risikoliste zu erhalten, wenn sie sich an der Chronologie des Projektverlaufs orientieren.

Jede Kleingruppe erhält ein vorbereitetes Flip-Chart-Papier und zieht sich zur Risikosammlung zurück. Als sinnvolles Zeitfenster sollte ein Zeitrahmen von etwa 30 Minuten zur Verfügung stehen.

Schritt 2: Präsentieren der gefundenen Risiken
Nachdem alle Gruppen wieder ins Plenum zurückgekehrt sind, werden die Plakate eingesammelt und für alle Teilnehmer sichtbar ausgehängt. Die gefundenen Risiken werden nun von den Autoren vorgestellt und erläutert.

Als Reihenfolge erscheint es sinnvoll, dass jede Arbeitsgruppe mit der Vorstellung eines beliebigen Risikos aus ihrer Liste beginnt und danach eine andere Arbeitsgruppe fortfährt. Oftmals gibt es zwischen den gefunden Risiken Überschneidungen. Durch das vorgeschlagene Verfahren wird gewährleistet, dass alle Gruppen gleichermaßen Berücksichtigung finden und nicht bereits die erste Arbeitsgruppe einen Großteil der Risiken vorstellt.

In der Moderation wird darauf hingewiesen, dass Verständnisfragen im Anschluss an jedes Risiko erwünscht sind, Bewertungen jeglicher Art jedoch ausdrücklich nicht. Sollte es zu bewertenden Aussagen kommen, verweist der Berater auf einen späteren Zeitpunkt, an dem die

Bewertung der Risiken im Vordergrund steht. Zielsetzung des jetzigen Schritts ist die Verständlichkeit und die Nachvollziehbarkeit des dargestellten Inhalts. Nur wenn allen Teilnehmern klar ist, was gemeint ist, kann das jeweilige Risiko sinnvoll bewertet werden.

Während der Vorstellung der Risiken kommt es häufig zu inhaltlichen Dopplungen, weil manche Risiken parallel von mehreren Gruppen identifiziert wurden. Die Gruppe, die ein Risiko als erstes vorgestellt hat, behält dann das jeweilige Thema auf ihrer Liste. In den anderen Listen wird das Thema gestrichen und wird auch nicht erneut präsentiert. Wichtig ist dabei, dass gewährleistet ist, dass es sich tatsächlich um eine Dopplung und nicht nur um eine Ähnlichkeit handelt. Falls ähnliche Risiken identifiziert werden, sollten diese nicht vorschnell entfernt werden, sondern im gegenseitigen Einvernehmen bei der erstgenannten Risikodarstellung ergänzt werden. Im Zweifelsfall bleiben beide Risiken erhalten. Dabei gilt der Leitgedanke: Lieber ein Risiko zu viel als eines zu wenig.

Es ist Aufgabe der Prozessberatung, die Unterscheidung zwischen „gleich" und „ähnlich" zu hinterfragen und klären zu lassen. Skalierungen können dafür hilfreich sein: *„Bewerten Sie auf einer Skala von 1 bis 10, wie sich die dargestellten Risiken inhaltlich zueinander verhalten. Die 1 steht für keine Ähnlichkeit vorhanden; die 10 steht für die Risiken sind identisch."*

In seltenen Fällen kann es vorkommen, dass die Teilnehmer während der Präsentation weitere Risiken identifizieren, die noch auf keiner Liste Berücksichtigung gefunden haben. Diese neu identifizierten Risiken werden zusätzlich formuliert und in eine der Listen aufgenommen. Die Präsentation dauert meist zwischen 30 und 60 Minuten, sie kann aber je nach Anzahl der Teilnehmer und der gefundenen Risiken auch mehr Zeit beanspruchen.

Im Anschluss an die Präsentation und die Bereinigung der Dopplungen liegt den Teilnehmern eine vollständige Liste der ihnen bekannten Risiken vor. Jetzt werden alle vorhandenen Risiken mit Ordnungszahlen versehen. Dazu wird die linke Spalte der Listen fortlaufend ausgefüllt. Die Ordnungszahlen stellen lediglich eine Aufzählung und keinerlei Prioritäten dar. Wie viele identifizierte Risiken sich auf den durchnummerierten Listen befinden, ist unterschiedlich. Meist werden 10 bis 40 Risiken gesammelt.

Schritt 3: Bewerten der Risiken
Jetzt werden die identifizierten Risiken und Störgrößen systematisch bewertet. Dabei werden vom Moderator zwei Bewertungskriterien eingeführt:

1. Die Wahrscheinlichkeit des Eintritts des dargestellten Risikos (Eintrittswahrscheinlichkeit).
Erkenntnisleitende Fragestellung dieser Parameter: „*Wie hoch ist die Wahrscheinlichkeit, dass dieses Ereignis eintritt?*" Hierbei wird eher nach quantitativen Größen gefragt. Hilfsfragen bei der Einschätzung können sein:

- *Welche Kriterien sprechen dafür, dass das beschriebene Risiko eintritt?*
- *Welche Kriterien sprechen dagegen, dass das beschriebene Risiko eintritt?*
- *Wie häufig ist das beschriebene Risiko bei vergleichbaren Projekten eingetreten?*

2. Die Auswirkung bei Eintritt des dargestellten Risikos (Eintrittsauswirkung).
Erkenntnisleitende Fragestellung dieses Parameters: „*Wie gravierend ist die Auswirkung, falls dieses Risiko eintritt?*" Die Fragestellung richtet sich hierbei eher nach qualitativen Größen. Hilfsfragen bei der Einschätzung können sein:

- *Wie stark beeinflusst der Risikoeintritt den weiteren Projektverlauf?*
- *Wie stark beeinflusst der Risikoeintritt die Zielerreichung?*
- *Wie groß ist die Gefährdung der Existenz des Projekts im Eintrittsfall?*
- *Ist eine Weiterarbeit nach dem Eintrittsfall möglich?*
- *Welche Auswirkungen hat der Eintrittsfall auf die Ressourcen, die Termine, das Budget, den Personaleinsatz und die Zielqualität?*

Die Hilfsfragen haben die Funktion, die Teilnehmer für die unterschiedlichen Beurteilungskriterien zu sensibilisieren und ihnen konkrete Mittel zur spezifischen Klärung an die Hand zu geben. Es ist deshalb sehr hilfreich, die Fragen zu visualisieren und den Teilnehmern zu präsentieren. Die Visualisierung sollte während der gesamten Bewertung für alle Akteure sichtbar bleiben.

Beide Kriterien werden mithilfe eines vorbereiteten Koordinatensystems (Abb. 1), welches auf eine Moderationswand gepinnt wurde, gleichzeitig erfasst. Die dargestellte Matrix wird den Teilnehmern vorgestellt und erläutert.

Bevor es zur eigentlichen Bewertung kommt, sollte den Teilnehmern klar sein, welche Konsequenzen ihre Bewertungen haben. Es werden drei verschiedene Kategorien auf dem „Risikoportfolio" unterschieden:

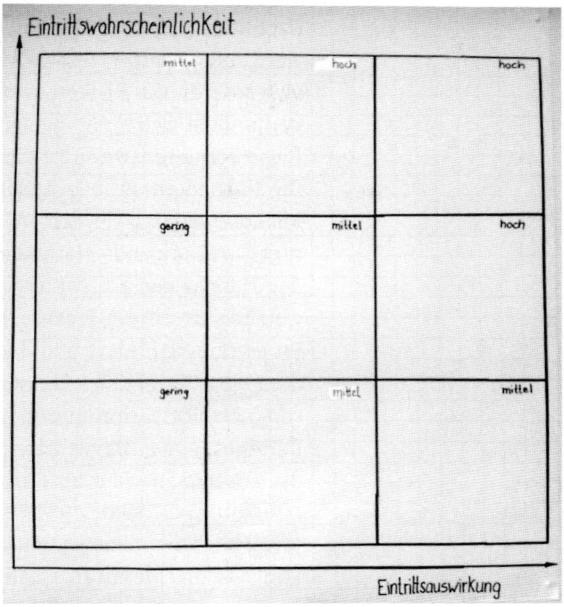

Abb. 1: Das Portfolio mit den Risiko-Koordinaten

- *Erste Kategorie „hoch":* Bei allen mit „hoch" bewerteten Risiken besteht zwingender Handlungsbedarf, der in konkrete Maßnahmen münden sollte. Im Portfolio befinden sich drei mit „hoch" kategorisierte Felder.
- *Zweite Kategorie „mittel":* Bei allen mit „mittel" bewerteten Risiken besteht ein Handlungsbedarf, über den im Einzelfall entschieden wird. Im Portfolio befinden sich vier mit „mittel" kategorisierte Felder.
- *Dritte Kategorie „gering":* Bei allen mit „gering" bewerteten Risiken besteht kein akuter Handlungsbedarf. Diese Risiken werden meist vernachlässigt. Im Portfolio befinden sich zwei mit „gering" kategorisierte Felder.

Das Modell erscheint manchen Teilnehmern auf den ersten Blick nicht ganz logisch, weil in den Zeilen und Spalten die Begriffe „hoch", „mittel" und „gering" teilweise zweimal vorkommen. Der Berater löst diesen „Widerspruch" auf, indem er darauf verweist, dass in der Logik dieses Modells die Eintrittsauswirkung höheres Gewicht hat als die Eintrittswahrscheinlichkeit.

Zur Veranschaulichung des nächsten Schritts kann der Prozessberater mit den Teilnehmern ein „Beispielrisiko" bearbeiten. Er fragt:*„Wie hoch schätzen Sie in Bezug auf die Eintrittswahrscheinlich ein, dass der heutige Workshop pünktlich beendet wird?"* Sobald diese Fragestellung mit einer der Kategorien „gering", „mittel", „hoch" bewertet wurde, schließt sich die folgende Fragestellung an: *„Wie hoch ist Ihrer Meinung nach die Auswirkung, falls das Risiko eintritt und wir nicht pünktlich fertig werden?"* Auch diese Fragestellung wird entsprechend bewertet. Jetzt ergibt sich eine entsprechende Platzierung in einem der neun Koordinatenfelder des „Risikoportfolios", die die Eintrittswahrscheinlichkeit und die Eintrittsauswirkung berücksichtigt.

Nach dieser Systematik werden nun alle aufgelisteten Risiken diskutiert und bewertet. Generell spricht bei der Bedeutung des Themas vieles dafür, die Risiken gemeinsam im Plenum zu diskutieren, zu verhandeln und einen gemeinsamen Einigungsprozess zu erzielen. Diese Verfahrensweise ist sicherlich für alle Beteiligten anstrengend. Die Methodenwahl begründet sich dadurch, dass die Bedeutung einer Risikobewertung für den weiteren Verlauf so hoch ist, dass andere, weniger anstrengende Methoden der Entscheidungsfindung der Bedeutung des Themas meist nicht angemessen sind. Eine gemeinsame Risikobewertung ist oft ein Prozess, der das Commitment für die gemeinsame Projektarbeit fördert und dadurch eine entscheidende Erfolgsgröße darstellt. Das erzielte Commitment wirkt sich förderlich auf die persönliche Motivation und Identifikation mit dem Projekt eines jeden Beteiligten aus. Damit ist eine Investition getätigt, die die Qualität der Zusammenarbeit als Ganzes positiv beeinflusst. Eine lohnende Anstrengung, die sich sowohl auf der fachlichen und strukturellen Ebene (aktives Risikomanagement) als auch auf der psycho-sozialen Ebene (Motivation, Identität, Qualität der Zusammenarbeit) auszahlt.

Für eine zielführende Moderation dieses Prozesses ist Folgendes bedenkenswert: Die Teilnehmer sollten dazu angehalten werden, ihre Einschätzungen zu begründen. Die dargestellten Hilfsfragen erweisen sich dabei als beschleunigende, weil Struktur gebende, Instrumente.

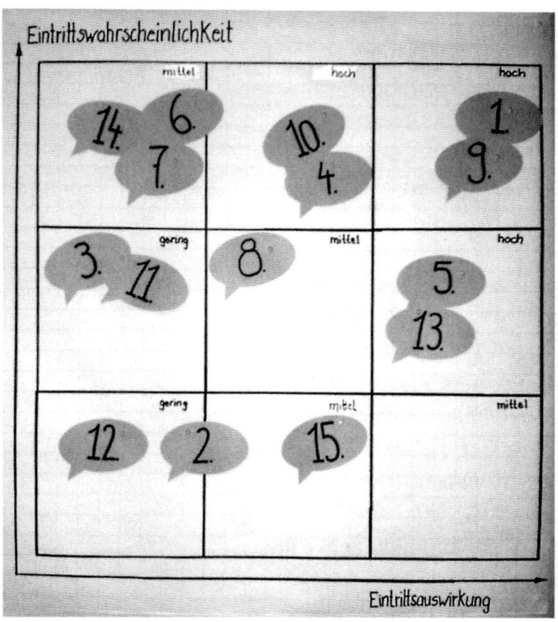

Abb. 2: Das Resultat der Risikobetrachtung

Als weitere Hilfestellung zur Prozessmoderation kann das Angebot dienen, dass die erste Einschätzung von den Autoren des gewählten Risikos stammt. Diese sind als Urheber oftmals prädestiniert zu begründen, warum gerade dieses Risiko ihrer Meinung nach so bewertet werden sollte.

Das erzielte Ergebnis wird mit Hilfe eines vorbereiteten Moderationskärtchens, welche mit der Ordnungszahl des besprochenen Risikos versehen ist, auf die Matrix gepinnt. So werden systematisch alle Risiken diskutiert, bewertet und in das „Risikoportfolio" übertragen (Abb. 2).

Als letzter Schritt werden nun alle Ergebnisse in die noch offene rechte Spalte der Listen übertragen. So wird also entweder der Begriff „hoch", „mittel" oder „gering" bzw. ein dafür stehendes Kürzel der jeweiligen Ordnungszahl und der zugehörigen Risikobeschreibung zugeführt und in die Liste eingetragen. So erhalten die Teilnehmer eine vollständige Liste aller identifizierten und bewerteten Risiken.

Voraussetzungen/ Kenntnisse

Für die Anwendung der Methode ist die routinierte Beherrschung der Basistechniken der Moderation von Gruppenprozessen und eine systematische, strukturierte Arbeitsweise erforderlich.

Kommentar/ Erfahrungen

Das „Risikoportfolio" schafft eine aussagekräftige Grundlage für die Beurteilung, ob vorbeugende Maßnahmen im Sinne eines aktiven Risikomanagement notwendig sind und welche relative Bedeutung die Maßnahmen für den Projekterfolg haben. Das Tool bietet somit die Nahtstelle zwischen Risikoanalyse und Risikointervention. Natürlich ist der Einsatz des „Risikoportfolios" im Sinne eines wirksamen Risikomanagements nur die halbe Miete. Risikomanagement besteht immer aus den aufeinander aufbauenden Schritten der Analyse und der daraus resultierenden Interventionen.

Da sich das vorgestellte Tool ausschließlich mit der Risikoanalyse beschäftigt und keine Aussagen über das weitere Vorgehen der Risikointervention macht, soll an dieser Stelle noch kurz skizziert werden, welche Schritte im weiteren Verlauf des Workshops erfolgen können.

Wenn das Resultat der Risikoanalyse vorliegt, werden zunächst alle als „hoch" bewerteten Risiken nacheinander mit konkreten Maßnahmen versehen. Dieser Schritt ist zwingend erforderlich und erfolgt idealerweise gemeinsam im Plenum. Die Vereinbarungen werden in einem Maßnahmenplan dokumentiert. Danach werden die mit „mittel" bewerteten Risiken bearbeitet. Hier gibt es je nach Anzahl der Risiken und Größe der Gruppe verschiedene Möglichkeiten der weiteren Bearbeitung. Wenn es nur wenige Risiken zu bearbeiten gibt, kann gemeinsam im Plenum weitergearbeitet werden. Es kann aber auch sinnvoll sein, in Kleingruppen kurze Brainstormings zu den einzelnen Themen durchzuführen und anschließend im Plenum Handlungsempfehlungen auszusprechen, kurz zu diskutieren und bei Bedarf in den Maßnahmenplan zu übernehmen. Oder die „mittleren" Risiken werden in Form einer Vernissage im Raum aufgehängt und die Teilnehmer können von Plakat zu Plakat gehen und ihre Vorschläge notieren. Mit einer Punktabfrage wird anschließend abgefragt, zu welchen Themen jetzt noch Maßnahmen diskutiert und konkret vereinbart werden sollen. Die mit „gering" bewerteten Risiken werden im Rahmen der Risikointervention vernachlässigt.

Technische Hinweise

Ausstattung:

- Moderationswand
- Flip-Charts
- Moderationskoffer mit Stiften, Kärtchen und Pins

Vorbereitung:

- Auf Flip-Chart-Papier aufgezeichnete Risikolisten
- Ausreichend großes „Risikoportfolio"
- Hilfsfragen auf Kärtchen bzw. Flip-Chart-Papier
- Moderationskärtchen, welche mit Ordnungszahlen versehen sind

Räumliche Voraussetzungen:

Ausreichend großer Raum, der sich für die Plenumsarbeit eignet und eine störungsfreie Kleingruppenarbeit zulässt bzw. störungsfreie Orte entsprechend der Anzahl der Kleingruppen

Quellen/ Weiterführende Literatur

Auf das Thema Risikomanagement im Kontext der Projektarbeit wird ausführlich im folgenden Literaturhinweis eingegangen:

- Horst Harrant. Risikomanagement. In: Hans-Dieter Litke (2005). Projektmanagement – Handbuch für die Praxis. München: Hanser Verlag.

Kollegiale Beratung mit Reflecting Teams

Von Heike Ewert und Michael Karmann

Anwärmen	Orientieren	**Bearbeiten**	Abschließen

Kurzbeschreibung

Die „Kollegiale Beratung" ist ein effektiver, klar strukturierter Interaktionsprozess zur Bearbeitung und Lösung von Problemen. Die Workshop-Teilnehmer bringen aktuelle Themen („Fälle") aus ihrem Arbeitsumfeld ein und werden von Kollegen aus anderen Fachbereichen dabei unterstützt, die eigene Rolle zu reflektieren, neue Einsichten zu gewinnen und alternative Handlungsoptionen zu entwickeln.

Dauer

Die Anwendung der Methode erfolgt in mehreren Durchgängen. Ein Durchgang dauert durchschnittlich 60 Minuten.

Anwendungsbereiche

Die Methode bietet sich immer dann an, wenn sich Kollegen zu einem strukturierten Austausch treffen, um sich gegenseitig zu unterstützen und um voneinander zu lernen (z.B. beim Leiten von Projekten). Die Zielsetzung des Austauschs kann sehr unterschiedlich sein. Es kann zum Beispiel darum gehen,

- konkrete Maßnahmen der Veränderung in den eigenen Organisationen zu erarbeiten,
- bereits erfolgte Maßnahmen zu reflektieren,
- die eigene Arbeit zu überprüfen,
- Lösungswege für Konfliktsituationen im eigenen Verantwortungsbereich zu erarbeiten,
- ...

Zielsetzung/Nutzen

Für den Fallgeber selbst ist es sehr angenehm, sein Anliegen in aller Ruhe darlegen zu können. Er kann sich darauf verlassen, nicht unterbrochen zu werden. Auch ein besonderes Bemühen um die Aufmerksamkeit der Anwesenden ist nicht nötig. Der Fallgeber darf in dieser Rolle ganz „egoistisch“ eine Lösung für sein Thema suchen. Die kollegialen Berater stehen in ihrer Rolle als „Reflecting Team“ nicht unter Leistungsdruck. Ihre Vorschläge werden nicht bewertet oder kritisiert. Auf diese Weise kann sich Kreativität frei entfalten.

Die „Kollegiale Beratung“ an sich bringt dem, der den Fall eingebracht hat, einerseits interessante Impulse, neue Ideen und überraschende Lösungsansätze. Sachverhalte können an die Oberfläche kommen, die man selbst bisher übersehen hat. Andererseits fällt es durch den Einsatz des „Reflecting Teams“ dem Fallgeber leichter, Ideen anzunehmen. Sie werden in einer lockeren Runde besprochen und nicht als direkte Ratschläge, sondern als „Blumenstrauß hilfreicher Ideen“ präsentiert. Der Fallgeber hört aufmerksam zu und wählt die für ihn passenden Ideen aus. Andere Lösungsvorschläge lässt er zunächst scheinbar unbeachtet, greift aber eventuell später darauf zurück. Das Nichtbeachten einer Idee wird nicht als Abwertung der Person bewertet und ist somit für den Fallgeber völlig unproblematisch. Die Integrität des Fallgebers bleibt dadurch in hohem Maße gewahrt.

Ganz nebenbei ermöglicht dieses Tool allen Beteiligten, an den konkreten Situationsschilderungen zu lernen und die im Workshop erarbeiteten theoretischen Inhalte in die eigene Praxis zu übertragen.

Ausführliche Beschreibung

Die Methode soll am Beispiel eines Workshops zur Qualitätsentwicklung verdeutlicht werden. Die Teilnehmer sind Führungskräfte aus verschiedenen Non-Profit-Organisationen. Am ersten Workshop-Tag erfolgte die ausführliche Erarbeitung und Formulierung der Ziele des Qualitätsprozesses. Am zweiten Tag erarbeiten die Teilnehmer Ideen und Maßnahmen zur konkreten Umsetzung in ihren Organisationen. Hierbei nutzt der Moderator die „Kollegiale Beratung mit Reflecting Teams“.

Schritt 1: Einführung in die Methode

Die Anmoderation könnte beispielsweise folgendermaßen erfolgen:
„Um Sie in der praktischen Umsetzung der Qualitätsziele in Ihrer Organisation zu unterstützen, werden wir jetzt mit einer speziellen Methode arbeiten. Genau betrachtet sind es sogar zwei Methoden, denn wir kombinieren die ‚Kollegiale Beratung‘ mit der Methode des ‚Reflecting Teams‘. Dieses Verfahren hilft Ihnen einerseits, die eigene Situation zu reflektieren – andererseits kann es Ihnen neue, innovative Lösungswege eröffnen. Wir nutzen dabei das gesamte Potenzial aller Teilnehmer.

Der Prozess erfolgt in mehreren Durchgängen und dauert jeweils ungefähr eine Stunde. Sie haben nacheinander die Möglichkeit, ein konkretes Anliegen bezüglich der Umsetzung der Qualitätsziele in Ihrem Bereich einzubringen, für das Sie nach einer Lösung oder nach Ideen suchen. Mit der Vorbereitung dieser Falldarstellung werden wir gleich im Anschluss an meine Ausführungen beginnen.

Wenn wir uns auf eine Reihenfolge geeinigt haben, stellt die erste Person ihr Anliegen vor und formuliert am Ende mit Unterstützung des Moderators die für sie zentrale Fragestellung. Die übrigen Teilnehmer bilden als kollegiale Berater das ‚Reflecting Team'. Sie hören bei der Falldarstellung zu, ohne das Gesagte zu kommentieren. Auch Fragen sind hier nicht vorgesehen.

Nach der Falldarstellung wird sich das ‚Reflecting Team' über Ihr Anliegen austauschen. Das Besondere daran ist, dass sich die Mitglieder des Teams in einem geschlossenen Kreis auf lockere Art unterhalten werden – ohne Blickkontakt zu Ihnen. Sie reden also untereinander, aber nicht mit Ihnen. Das Team hat die Aufgabe, all das zu würdigen, was Sie schon ‚Richtiges' tun, bezogen auf Ihren Fall, Ihre Situation, Ihre Rolle oder auf sonstige Aspekte. Gleichzeitig wird das Team im entspannten ‚Plauderton' Ideen austauschen, die Ihnen vielleicht helfen könnten, Ihr Anliegen noch besser zu bewältigen. Sie selbst sitzen in einiger Entfernung und hören einfach nur zu, was Ihre Kollegen über den Fall zu sagen haben.

Anschließend haben Sie die Möglichkeit, der Gruppe eine Rückmeldung zu geben, was für Sie wichtig und wertvoll war. Wir werden auch klären, was Sie konkret praktisch umsetzen wollen und welche Vereinbarungen hierfür getroffen werden müssen.

Nach einer Pause werden wir dann eine zweite und dritte Runde mit anderen Fallgebern durchführen."

Schritt 2: Vorbereitungsphase

Der Moderator erteilt den Teilnehmern nun den Auftrag, einen Fall oder ein Problem aus ihrem Arbeitsfeld, das sie beschäftigt, zu bearbeiten. Die Arbeitsinstruktion hat er zuvor auf einem Flip-Chart visualisiert:

„Bitte gehen Sie jetzt folgendermaßen vor:

1. *Benennen Sie Ihr angestrebtes Ziel.*
2. *Bereiten Sie eine Präsentation (max. 15 Min) Ihres Falles vor, indem Sie ...*
   - *... den Sachverhalt visualisieren,*

- ... *Ihre Rolle und Ihre bisherige Vorgehensweise skizzieren,*
- ... *Hintergrundinformationen zur Kontextklärung ergänzen,*
- ... *bisherige Lösungsversuche bzw. -ideen erläutern und*
- ... *Ihre Frage/Ihr Anliegen an das ‚Reflecting Team' benennen."*

Die Teilnehmer arbeiten nun alleine an der Falldarstellung. Sie erhalten hierfür ca. 20 Minuten Zeit.

Schritt 3: Rollenfindung und erste Falldarstellung
Nachdem die Teilnehmer ihre Falldarstellungen erarbeitet haben, erfragt der Moderator, wer zuerst die Möglichkeit der Beratung durch das „Reflecting Team" nutzen möchte. Wenn sich daraufhin mehrere Personen melden, wird eine Reihenfolge festgelegt. Die übrigen Teilnehmer bilden das „Reflecting Team".

Abb. 1: Die Sitzordnung zu Beginn der Falldarstellung (M = Moderator, F = Fallgeber)

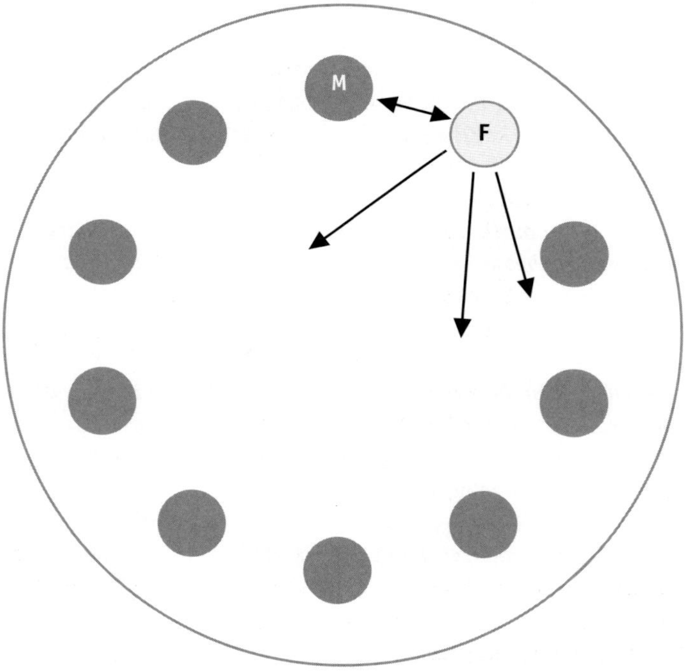

Wenn alle bereit sind, bittet der Moderator den ersten Fallgeber mit seiner Falldarstellung zu beginnen. Die Darstellung soll maximal 15 Minuten Zeit beanspruchen. Der Moderator erklärt nochmals die Spielregeln für das „Reflecting Team" (nur zuhören, keine Fragen!), achtet auf die Zeit und gibt bei Überschreitung ein Signal. Er sorgt dafür, dass die Zeitvorgabe höchstens um fünf Minuten überschritten wird. Zusätzlich sorgt er für Klarheit, indem er gegebenenfalls Verständnisfragen stellt oder dem Fallgeber hilft, auf den Punkt zu kommen: *„Was genau ist das Problem?"*

Falls nach der Falldarstellung keine konkrete Fragestellung formuliert wird, fragt der Moderator nach: *„Welche konkreten Fragen ergeben sich für Sie daraus?"*

Schritt 4: Reflecting Team (Zeit ca. 20 Minuten)
Wenn die Fragestellung klar ist, ist das „Reflecting Team" an der Reihe.

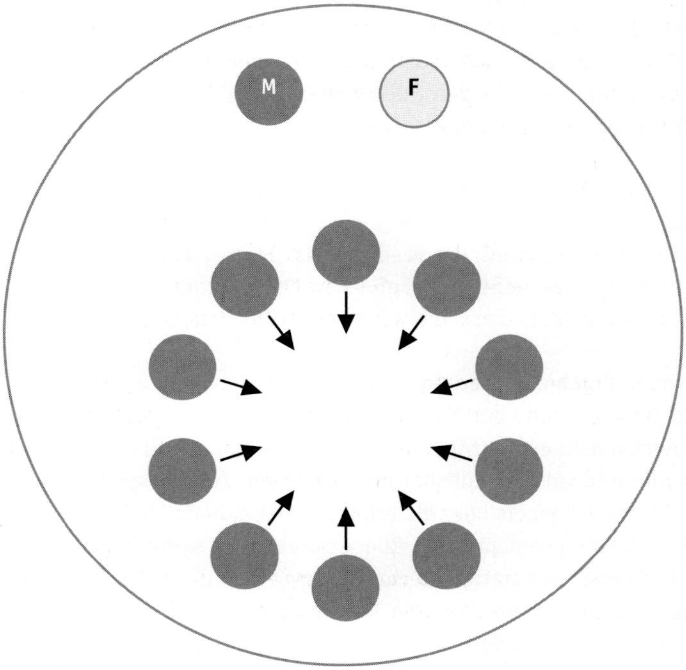

Abb. 2: Das Reflecting Team in Aktion

Das „Reflecting Team" bildet nun einen geschlossenen Sitzkreis. Die Mitglieder haben untereinander direkten Blickkontakt. Der Fallgeber und der Moderator sitzen ein Stück entfernt außerhalb des Kreises. Das Team trägt jetzt zusammen, was es über den Fall weiß, bezieht weitere Blickwinkel mit ein, sammelt Ideen und Vorschläge für mögliche Problemlösungen und gibt Impulse für die Erweiterung des Handlungsrepertoires des Fallgebers. Dieser hört zu, äußert sich aber noch nicht. Das „Reflecting Team" sollte möglichst nicht länger als 20 Minuten „plaudern". Findet das „Reflecting Team" nach ausführlicher Diskussion keinen Abschluss, gibt der Moderator ein Zeichen und übernimmt wieder die Leitung.

Schritt 5: Rückmeldung/Entscheidungsfindung
Nun wird die ursprüngliche Sitzordnung wiederhergestellt (siehe Abb.1). Alle Akteure bilden wieder gemeinsam einen großen Sitzkreis und haben Blickkontakt zueinander.

Der Fallgeber erhält nun die Möglichkeit, dem „Reflecting Team" eine Rückmeldung zu den genannten Ideen zu geben. Gleichzeitig dient dieser Schritt der Entscheidungsfindung. Der Fallgeber gibt Auskunft über folgende Fragen:

- Was war wichtig für mich?
- Welche Ideen und Vorschläge sprechen mich an?
- Welche Impulse erscheinen mir konkret umsetzbar?
- Was werde ich auf jeden Fall umsetzen?
- Worüber möchte ich noch nachdenken?

Diese Phase dauert meist 10 bis 15 Minuten. Eventuell muss der Moderator den Fallgeber an dieser Stelle mit vertiefenden Fragen unterstützen. Es ist sinnvoll, das Feedback als „Einweg-Kommunikation" zu organisieren, das heißt, das „Reflecting Team" erfährt die Gedanken des Fallgebers, darf diese aber nicht nochmals kommentieren.

Schritt 6: Ergebnissicherung
Anschließen könnte der Moderator die Frage der Ergebnissicherung und das Aushandeln einer schriftlichen Vereinbarung, die die Umsetzung der genannten Ideen verbindlicher machen sollen. Zum Beispiel kann ein Bericht des Fallgebers über die erfolgten Maßnahmen und ihren Erfolg in der nächsten gemeinsamen Runde beschlossen werden. Gleichzeitig würde dadurch ein stetiges gemeinsames Lernen der Teilnehmer erfolgen. Oder man vereinbart ein Treffen (nach einer bestimmten Zeit) zwischen einem Vertreter des „Reflecting Teams" und dem Fallgeber. Der Moderator hält die getroffenen Vereinbarungen auf dem Flip-Chart für alle deutlich fest und dokumentiert diese auch später im Fotoprotokoll.

Voraussetzungen/ Kenntnisse

Moderationserfahrungen sind unbedingt erforderlich. Darüber hinaus sind Kenntnisse der lösungsorientierten Fragetechnik äußerst hilfreich.

Kommentar/ Erfahrungen

Variante:
Um die Ideen und Lösungsmöglichkeiten zu visualisieren, kann auch ein Protokollant aus den Reihen des „Reflecting Teams" benannt werden, der die gesamten Lösungsideen und -vorschläge auf einem Flip-Chart festhält.

Die Methode ist nicht geeignet für den Einsatz gleich zu Beginn eines Workshops. Die Arbeit mit „Reflecting Teams" setzt ein gewisses Vertrauensverhältnis der Teilnehmenden voraus, das in den vorangegangenen Phasen sorgfältig aufgebaut werden muss. Die Methode ist außerdem nicht geeignet für – insbesondere konfliktäre – Themen, in die mehrere Anwesende direkt involviert sind.

Wir haben gute Erfahrungen mit regelmäßigen Runden kollegialer Beratung von Projektleitern gemacht, um die Projekterfahrungen zu reflektieren und an Kollegen weiterzugeben. Dieses Vorgehen scheint uns sinnvoller als umfangreiche Projektberichte zu erstellen, die aus Zeitgründen oft nicht gelesen werden. Hierbei spielt es dann auch keine Rolle, wenn Teilnehmer aus unterschiedlichen hierarchischen Ebenen verschiedener Organisationen vertreten sind.

Technische Hinweise

Räumliche Voraussetzungen:

- Großer Raum
- Nur Stühle, keine Tische
- Als Möglichkeit für die Einzelarbeit sollten entweder in einem großen Raum mehrere kleine Nischen oder weitere Kleingruppenräume vorhanden sein

Ausstattung:

- Flip-Charts oder Stellwände, um den Fall zu visualisieren

Vorbereitung:

- Alle Arbeitsaufträge und Fragen auf Flip-Charts visualisieren

Quellen/ Weiterführende Literatur

Die Methode der „Reflecting Teams" wurde von Tom Andersen in Norwegen entwickelt.

- Tom Andersen, (Hrsg.) (1990). Das Reflektierende Team. Dortmund: Borgmann.
- Peter Weber, (2005). „Kollegiale Beratung". Systemisch Denken in Organisationsbesprechungen. In: Sozialwirtschaft 5/2005.
- Jürgen Hargens/Arist von Schlippe (2002). Das Spiel der Ideen. Reflektierendes Team und systemische Praxis. Dortmund: Borgmann.

Arbeit mit Metaphern

Von Susanne Alwart

Anwärmen	Orientieren	Bearbeiten	Abschließen

Kurzbeschreibung

„Metaphern" sind „Bilder der Organisation" und Perspektiven, aus denen Unternehmen betrachtet werden können. Sie liefern Informationen über die Unternehmen, ihre Strukturen und Prozesse sowie über die darin arbeitenden Menschen und ihre Denk- und Handlungsmuster. Mit diesem Tool werden die in einer Organisation wirksamen Metaphern bewusst gemacht. Daran anschließend werden Handlungsoptionen entwickelt, um die versteckten Potenziale dieser Bilder nutzbar zu machen und ihre Risiken zu minimieren.

Dauer

Die hier vorgestellte Version dauert ungefähr vier Stunden.

Anwendungsbereiche

Das Instrument eignet sich für die Diagnose- und Planungsphase von Veränderungsprozessen, für Führungskräfte-Workshops und Teamentwicklungen. Die „Arbeit mit Metaphern" ist – abhängig von der jeweiligen Zielsetzung – grundsätzlich in jeder Phase von Workshops möglich. In diesem Beitrag wird der Einsatz als Bearbeitungs-Tool beschrieben.

Zielsetzung/Nutzen

Die „Arbeit mit Metaphern" ist ein effektives Tool, sowohl für die Diagnose von Organisationen als auch für deren Veränderung. Die „Bilder der Organisation" bestimmen bewusst oder unbewusst die betriebliche Alltagswirklichkeit. Das Erkennen der Metaphern ermöglicht sowohl den Betroffenen und Beteiligten als auch dem Berater, die Organisation besser zu verstehen. Metaphern und Analogien werden von Fritz Simon als Voraussetzung für kreatives und intelligentes Problemlösen beschrieben, denn Metaphern beschreiben Kommunikationsmuster. Deren Mechanismen müssen erkannt werden, um die Funktionsweise von Systemen zu begreifen. Metaphern sind grundsätzlich veränderbar. Unternehmen aus einer anderen Perspektive (mit einer anderen Metapher) zu beschreiben, eröffnet oftmals die Wahrnehmung neuer Möglichkeiten und Ressourcen.

Ausführliche Beschreibung:[1]

Führungskräfte eines mittelständischen Unternehmens haben Schwierigkeiten, ihre Mitarbeiter für Veränderungsprozesse zu motivieren. Die innere Haltung der Mitarbeiter dazu ist: „Wir haben genug! Früher haben wir auch Gewinne erwirtschaftet und mussten nicht ständig alles verändern." In einem Workshop wollen die Führungskräfte Wege erarbeiten, um die Akzeptanz der Veränderungsprozesse durch die Mitarbeiter zu vergrößern.

Schritt 1: Geschichten (er-)finden

Der Berater erteilt den Teilnehmern folgenden Auftrag: *„Bevor wir mit unserer gemeinsamen Arbeit beginnen, bitte ich Sie, zu beschreiben, wie Ihre Mitarbeiter vermutlich Ihr Unternehmen sehen. Tun Sie das bitte in abstrakter Form und entpersonalisiert. Schreiben Sie eine kurze Geschichte, ein Märchen, eine Analogie, eine Metapher aus dem Blickwinkel Ihrer Mitarbeiter. Wir werden später damit arbeiten. Sie haben 15 Minuten Zeit, eine Geschichte zu (er-)finden. Lassen Sie Ihrer Fantasie freien Lauf. Arbeiten Sie bitte alleine und ‚verraten' Sie Ihre Metapher noch niemandem."*

Manchmal finden die Teilnehmer nicht sofort Zugang zu dieser analogen Arbeitsweise. Der Berater kann ihnen den Einstieg dann erleichtern, indem er sie ermuntert, sich vorzustellen, ihre Mitarbeiter würden das Geschehen im Unternehmen verfilmen oder ein Buch darüber schreiben:

- *Wie könnte der Titel lauten?*
- *Was wäre die Haupthandlung in wenigen Worten?*
- *Welches Genre wäre passend: Krimi, Tragödie, Lustspiel, Daily Soap, oder ...?*

Schritt 2: Einführung in die Metaphernarbeit, Präsentation der sieben (Haupt-)Metaphern

Der Berater leitet den nächsten Schritt ein, indem er zunächst den Sinn und die Zielsetzung der „Arbeit mit Metaphern" erläutert: *„Metaphern sind ein sehr plakatives Instrument, um unterschiedliche Kulturen und Sichtweisen zu beschreiben. Das konnten Sie bei unserer Einstiegs-*

[1] Im Folgenden wird der Begriff „Metapher" für Bilder, Geschichten, Analogien aller Art verwendet.

übung bereits live erleben. Metaphern sind ‚Bilder der Organisation', die jeder von uns in sich trägt. Unternehmen sind so vielschichtig und kompliziert, dass wir sie niemals vollständig verstehen, geschweige denn präzise beschreiben können. Deshalb nutzen die Menschen bewusst oder unbewusst Metaphern, um eine vereinfachte Sichtweise zu erhalten. Diese Bilder bestimmen unser Handeln und steuern unsere Kommunikation. Während viele Managementtheorien Organisationen eher als ‚statische Gebilde' darstellen, liefern Metaphern bewegte Bilder. Sie sind ständig im Fluss und bieten Optionen für Veränderungen.

Wir werden im Folgenden mit sieben Metaphern arbeiten, welche die wesentlichen Betrachtungsweisen von Organisationen reflektieren. Beachten Sie bitte, dass diese Bilder nirgendwo in ‚Reinkultur' anzutreffen sind – Organisationen werden immer von mehreren dieser Metaphern gleichzeitig, jedoch in unterschiedlicher Intensität, beeinflusst. Wir beschäftigen uns mit diesen Bildern, um die Perspektiven Ihrer Mitarbeiter besser zu verstehen. Wir können daraus Erkenntnisse ableiten, was unterschiedliche Vorgehensweisen im Veränderungsprozess bewirken können."

Der Berater stellt die sieben Metaphern nun nacheinander vor. Es hat sich bewährt, zu jeder Metapher ein eigenes, plakatives Beispiel zu nennen. Dieser Schritt dauert ca. 20 bis 30 Minuten.

1. Die Metapher vom Ingenieur, vom mechanistischen Denken und von bürokratischen Organisationen:
   „Das ‚Ingenieurmodell' liefert ein Bild von der Organisation als Maschine. Die Erwartung ist, dass sie effizient und vorhersehbar funktioniert. In dieser Metapher gibt es keine Subjektivität. Klassische Managementtheorien (z.B. MBO – Management by Objektives) sind auf Grund dieser Denkrichtung entstanden und haben hierarchisch strukturierte Organisationen mit genau definierten Dienstwegen und klarer Unterteilung in Funktionen/Aufgaben entstehen lassen. Die Unternehmensmaschine erfüllt einen ganz bestimmten Zweck. Ändert sich der Zweck, muss die Maschine umgebaut oder neu gebaut werden. Maschinen können optimiert werden. Effekte von Optimierungen sind berechenbar. Kapazitätsgrenzen werden über einen entsprechenden Ressourceneinsatz aufgelöst. Menschen werden wie Maschinen als Hilfsmittel zur Erreichung von Zielen betrachtet. Arbeitsplätze und Prozesse werden detailgenau beschrieben und Abläufe geplant. Daraus entsteht oftmals langweilige und entfremdete Arbeit.
   Beispiel: Schnellrestaurants. Hier sind alle Abläufe vorgeschrieben und durchgetaktet, selbst das Lächeln der Mitarbeiter."

Um das gemeinsame Verständnis der Metaphern zu verstärken, kann der Berater nach jeder Metapher die Teilnehmer befragen, welche typischen Beispiele ihnen spontan dazu einfallen.

2. Die Metapher von den Bedürfnissen und der Motivation:
„Die ‚Gegenbewegung' zum mechanistischen Ingenieurmodell ist die Metapher von den Bedürfnissen und der Motivation. Sie geht davon aus, dass Individuen und Gruppen, ebenso wie biologische Organismen, nur effektiv funktionieren können, wenn ihre essenziellen Bedürfnisse befriedigt werden. Die Grundidee der klassischen Organisationsentwicklung entspricht dieser Metapher. Je wertvoller und motivierender die Arbeit, desto höher die Sinnerfüllung des Einzelnen und die Loyalität zum Unternehmen und desto besser die Zielerreichung. Die Motivation hat weitestgehend durch die Führung zu geschehen, an die somit hohe Anforderungen gestellt werden. So lange die Bedürfnisse der Mitarbeiter nicht befriedigt sind, stehen die Bedürfnisse von Kunden oder Bürgern wie selbstverständlich hintenan.
Beispiel: Behörden und behördenähnliche Unternehmen."

3. Die Metapher vom Anpassen und Überleben:
„Wenn wir annehmen, dass Individuen, Gruppen und Organisationen Bedürfnisse haben, deren Befriedigung sie anstreben, dann kann daraus der Schluss gezogen werden, dass sie zu ihrem Wohlbefinden ein Umfeld brauchen, das entsprechende Ressourcen liefert. Diese Denkrichtung beschreibt also das Komplement der Metapher von den Bedürfnissen und der Motivation. Unternehmen, in denen die Metapher vom Anpassen und Überleben wirkt, sind extrem auf die Bedürfnisbefriedigung ihrer Kunden fixiert (beleuchten also die Umgebung der Organisation) und verlieren sich selbst dabei häufig aus den Augen. Ruft der Kunde, springen alle auf und versuchen, die Aufgabe zu lösen. Die Bedürfnisse des Kunden haben Vorrang, nach dem Motto: ‚Wenn wir den Kunden verlieren, gehen wir unter.'
Beispiel: Werbeagenturen."

4. Die Metapher von der Unternehmenskultur:
„Alle Unternehmen verfügen über eigene Unternehmenskulturen, die sich durch die unterschiedliche Ausprägung von Regeln, Ritualen und Werten voneinander unterscheiden. Eine Unternehmenskultur entwickelt sich als moralischer Anspruch, der durch soziale Prozesse, Bilder, Symbole und Rituale geschaffen und am Leben erhalten wird. Unternehmen verfügen meist über viele verschiedene und miteinander in Konkurrenz stehende Wertesysteme, die ein Mosaik von

Organisationsrealitäten und keine einheitliche Kultur ergeben. Wenn ein Unternehmen seine soziale Realität stark aus der Perspektive der Unternehmenskultur betrachtet, heißt das nicht, dass es starr an den gleichen Werten, Prinzipien, Regeln und Ritualen festhält und diese nicht weiterentwickelt, sondern vielmehr, dass es sein Denken und Handeln danach ausrichtet. Typische Sätze sind:

- *Uns ist wichtig, dass unsere Mitarbeiter würdevoll behandelt werden.*
- *Unsere Führungskultur beruht auf sieben Werten.*
- *Eine solche Vorgehensweise passt gut zu unserer Unternehmenskultur.*

Beispiel: kirchliche Institutionen."

5. Die Metapher von der Unternehmenspolitik:
   „Politik wird als die hohe Kunst verstanden, Ziele gegen den Widerstand anderer zu erreichen. In dieser Metapher geht es um die Verfolgung von Interessen, die dem Prinzip der Nützlichkeit für die handelnde Person folgt, nicht der Nützlichkeit für das Unternehmen. Es geht also nicht darum, Ziele für das Unternehmen zu erreichen. In dieser Metapher spielen informelle Netzwerke zur Machtausübung eine große Rolle. Für Außenstehende sind die Interessenlagen, Koalitionen und Allianzen schwer zu durchschauen und die Reaktionsweisen der involvierten Personen häufig nicht verständlich. Ein Weg, Organisationspolitik systemisch zu analysieren, besteht darin, sich auf die Beziehungen zwischen Interessen, Konflikt und Macht zu konzentrieren.
   Beispiele: Politische Institutionen, Konzernzentralen und Unternehmensbereiche die nicht messbar gemacht werden können und das auch zu verhindern wissen."

6. Die Metapher von der Überlegenheit durch schnelle Informationsverarbeitung:
   „Ist es möglich, Organisationen so zu gestalten, dass sie ebenso flexibel, beweglich und einfallsreich funktionieren wie Gehirne? Diese Metapher beschreibt die Organisation als ein Informationssystem und damit verbunden als ein Kommunikationssystem. Sie stellt Vergleiche zum Gehirn als holografisches System an, das Informationen dezentral verteilt und Daten gleichzeitig speichert und verarbeitet. Organisationen, die aus dieser Perspektive betrachtet werden, verfügen über ausgeklügelte EDV- und Wissensmanagementsysteme.
   Beispiel: Call-Center."

7. Die Metapher vom Unternehmen als psychischem Gefängnis:
„In Organisationen tritt häufig das Phänomen auf, dass sie Ideen, Gedanken und Handlungen entwerfen, die ihrerseits Prozesse nach sich ziehen, durch welche die Organisationsmitglieder gefangen und gefesselt werden. Andere Sichtweisen als die, welche im Unternehmen verabredet und sanktionsfrei ausgetauscht werden, werden als abwegig bezeichnet. Unternehmen, deren Mitarbeiter dieses Bild stark repräsentieren, wirken sehr veränderungsresistent, ignorieren neue technologische Entwicklungen und nehmen tatsächliche Bedrohungen durch sich verändernde Märkte nicht wahr.

Der Gedanke des psychischen Gefängnisses wird von Platon in seinem Werk ‚Staat' beschrieben. In der Allegorie von der Höhle erklärt Sokrates die Beziehung zwischen Erscheinung, Wirklichkeit und Wissen.

Die Geschichte beschreibt eine Höhle mit einer Öffnung, in der ein loderndes Feuer brennt. In der Höhle sind Menschen angekettet, die sich nicht bewegen können. Sie sehen nur die vom Feuer erleuchtete gegenüberliegende Höhlenwand, auf der die Schatten der Menschen und Gegenstände zu erkennen sind. Die Höhlenbewohner setzen die Schatten mit der Wirklichkeit gleich, geben ihnen Namen und verbinden sie mit Geräuschen, die von außen in die Höhle eindringen. Wahrheit und Wirklichkeit ist für die Gefangenen die Schattenwelt, weil sie gar keine andere Welt kennen. Bewohner, welche die Höhle verlassen, stellen fest, dass es außerhalb der Höhle eine komplexe Welt gibt und interpretieren von nun an die Schatten und Geräusche in der Höhle anders. Würden die Menschen, welche die Außenwelt gesehen haben, den angeketteten Bewohnern von ihren Erfahrungen berichten, würden diese sie verhöhnen. Für die Gefangenen würden die gewohnten Abbildungen in der Höhle die einzig wahre Interpretation der Welt bleiben. Da diejenigen, welche in die Höhle zurückkehren würden, auf Grund ihres neuen Wissens nicht mehr in gewohnter Weise agieren würden, weil sie nicht mehr die gleichen Interpretationen der erlebten Phänomene hätten, würden die Mitbewohner sie zweifellos für gefährlich halten. Möglicherweise wäre von diesem Zeitpunkt an die äußere Welt eine Gefahrenquelle, die es zu meiden gilt. Außerdem könnten die Gefangenen sich gegenseitig in dem Verhalten stärken, jetzt erst recht an der gewohnten Sichtweise festzuhalten.

Beispiele: Behörden, gesetzliche Krankenversicherungen und alteingesessene Unternehmen, deren Geschäft ‚immer irgendwie' funktioniert hat, auch ohne Kundenorientierung, neue Techologien ..."

Schritt 3: Reflexion

Die Teilnehmer erhalten nun Gelegenheit, in einer Einzelarbeit subjektiv einzuschätzen, inwieweit die einzelnen präsentierten Metaphern die vorherrschenden Sichtweisen im Unternehmen widerspiegeln. Der Berater fragt: *„Welche der präsentierten Metaphern beschreiben Ausschnitte der Sichtweisen Ihrer Mitarbeitern? Bitte analysieren Sie auch die von Ihnen zuvor erarbeitete Metapher und achten Sie auf ‚versteckte' und ‚leicht ersichtliche' Ähnlichkeiten mit den sieben Metaphern. Bitte bewerten Sie die Relevanz der in Frage kommenden Metaphern mit Prozentzahlen. Gehen Sie dabei von der Annahme aus, die sieben Metaphern würden die in Ihrer Organisation wirksamen Bilder vollständig abbilden – wie verteilen sich dann die 100% auf die einzelnen Metaphern. Notieren Sie die Verteilung zunächst auf einem Blatt Papier. Sie haben für diese Arbeit zehn Minuten Zeit."*

Zur Visualisierung der Einschätzungen hat der Berater eine Tabelle auf einer Moderationswand vorbereitet. Das Plakat hat eine Spalte für die unterschiedlichen Metaphern und jeweils eine Spalte pro Teilnehmer. Der Berater trägt die Namen der Teilnehmer in der Matrix ein. Eventuell trägt er zum besseren Verständnis zusätzlich ein vorbereitetes Beispiel in die Tabelle ein.

Wenn alle Teilnehmer die Einzelarbeit beendet haben, bittet sie der Berater ihre Einschätzungen im Plenum bekannt zu geben. Die Teilnehmer äußern sich nacheinander zu den vermuteten Sichtweisen ihrer Mitarbeiter und tragen in die Auswertungstabelle ein, zu wie viel Prozent ihrer Meinung nach jede der sieben Metaphern zu dieser Sichtweise beiträgt.

Abb. 1: Auswertungstabelle

Metapher	Herr A	Frau B	Frau C	Herr D	Summe/Ranking	
„Ingenieur"	20%	10%	15%	15%	60	3
„Bedürfnisse/Motivation"	45%	50%	45%	60%	200	1
„Anpassen und Überleben"	5%	0%	5%	3%	13	6
„Unternehmenskultur"	3%	10%	5%	15%	33	4
„Unternehmenspolitik"	7%	10%	5%	0%	22	5
„Schnelle Informationsverarbeitung"	0%	5%	0%	0%	5	7
„Psychisches Gefängnis"	20%	15%	25%	7%	67	2
Summe	100%	100%	100%	100%		

Danach erhalten die Teilnehmer Gelegenheit, sich gegenseitig zu befragen, um herauszufinden, worauf sie bei der Betrachtung ihrer Teams bzw. ihrer Umgebung besonders achten und wie sie das Gesehene interpretieren.

Am Ende dieses Schritts addiert der Berater in der Spalte „Summe/Ranking" die Prozentzahlen zusammen und ermittelt die Rangfolge der Metaphern. In den meisten Unternehmen kristallisieren sich, wie in unserem Beispiel, drei bis vier Hauptmetaphern heraus. Mit diesen Metaphern wird anschließend weitergearbeitet.

Schritt 4: Vertiefung und Analyse
Nun findet eine weitere Untersuchung der relevanten Metaphern statt, mit dem Ziel, die Führungskräfte noch stärker mit den Perspektiven der Mitarbeiter vertraut zu machen. Der Berater bittet die Teilnehmer, sich in Kleingruppen à drei bis vier Personen aufzuteilen und die wichtigsten Metaphern anhand folgender Leitfragen zu untersuchen:

- *Was sind die Vorteile dieser Metapher für unser Unternehmen. Was gewinnen wir dadurch?*
- *Was sind die Nachteile dieser Metapher. Was verlieren wir?*
- *Wie sind auf Grund der Metapher bislang Veränderungsprozesse/Konflikte abgelaufen?*
- *Was können wir tun, um zukünftige Veränderungsprozesse in Bewegung zu bringen?*
- *Was könnten wir tun, um Konflikte zu vermeiden bzw. Akzeptanz zu schaffen?*

Die Teilnehmer werden gebeten, ihre Ideen und Meinungen zu visualisieren. Sie erhalten hierzu jeweils eine Pinwand mit einem vorbereiteten Plakat (siehe Abb. 2). Die Beantwortung der Leitfragen in Kleingruppen dauert meist ca. 30 bis 60 Minuten. (Wenn wenig Zeit

Abb. 2: Analyse der Metaphern

Metapher	Vorteile	Nachteile	Ablauf bisheriger Veränderungsprozesse	Was können wir tun, um Veränderungsprozesse in Bewegung zu bringen?	Was können wir tun, um Konflikte zu vermeiden?
„Bedürfnisse/ Motivation"					
„Psychisches Gefängnis"					
„Ingenieur"					

ist oder bei großer Teilnehmerzahl ist es sinnvoll, die Arbeitsgruppen nur jeweils eine Metapher bearbeiten zu lassen und hierfür maximal 30 Minuten Zeit zu geben.)

Schritt 5: Präsentation und Diskussion der Ergebnisse
Die Kleingruppen präsentieren nacheinander ihre Arbeitsergebnisse. Der Berater lässt Rückfragen zu und ermuntert zur vertiefenden Diskussion. Je nachdem, ob die Kleingruppen im vorangegangenen Schritt die gleichen Themen parallel oder aber verschiedene Themen arbeitsteilig bearbeitet haben, ergeben sich unterschiedliche Blickwinkel für die Diskussion. Wurde parallel an den gleichen Themen gearbeitet, so lenkt der Berater die Aufmerksamkeit der Teilnehmer auf die Ähnlichkeiten und Unterschiede der Ergebnisse und unterstützt sie dabei, gemeinsam die „Essenz" auf den Punkt zu bringen. Wurde arbeitsteilig gearbeitet, so ist es eher wichtig, die präsentierten Ergebnisse zusammenzuführen und eventuell noch zu ergänzen, wenn in der Plenumsrunde weitere Sichtweisen zur Sprache kommen.

Es kommt häufig vor, dass die Gruppen mögliche Optionen für Veränderung eher defizitorientiert aus dem Blickwinkel „weg von ..." betrachten. Typische Aussagen sind:

- Wir sollten künftig weniger ... .
- Wir müssen unbedingt ... vermeiden.
- Wir dürfen ... nicht länger dulden.

Es ist wesentlich, dass der Berater die Teilnehmer darin unterstützt, diese Sichtweisen in ressourcen- und lösungsorientierte Beschreibungen aus dem Blickwinkel „hin zu ..." zu übersetzen. Er kann fragen:

- *Was wünschen Sie sich stattdessen?*
- *Was wollen Sie künftig mehr tun?*
- *Welche Metaphern müssten in Ihrer Organisation stärker wahrgenommen werden?*

Schritt 6: Persönliche Konsequenz
Abschließend geht es für die Führungskräfte darum, persönliche Konsequenzen abzuleiten und konkrete Maßnahmen für ihren jeweiligen Zuständigkeitsbereich zu definieren. Der Berater erteilt folgende Instruktion: *„Bitte beantworten Sie die folgenden Fragen und entwickeln Sie einen konkreten Aktivitätenplan. Präsentieren Sie diesen bitte anschließend auf Overhead-Folie im Plenum.*

- *Was bedeutet das Erarbeitete für Ihr Team?*
- *Was haben Sie über Ihr Team und den Veränderungsprozess gelernt?*
- *Welche konkreten Maßnahmen ergreifen Sie jetzt?"*

Sie haben für die Erarbeitung maximal 60 Minuten Zeit. Nach 30 Minuten Einzelarbeit empfehle ich Ihnen 20 Minuten Beratung in einem 2er-Team."

Es ist sinnvoll, wenn der Berater für die Präsentation der persönlichen Maßnahmenpläne eine einheitliche Struktur vorgibt (siehe Abb. 3).

Was möchte ich ändern? Was möchte ich konkret tun? Was werde ich wie kommunizieren?	Bis wann?	Woran werde ich meinen Erfolg erkennen?

Abb. 3: Individueller Maßnahmenplan

Die Teilnehmer sollen sich in den abschließenden Präsentationen möglichst kurz fassen. Es findet keine weitere Diskussion statt. Der Berater interveniert lediglich, wenn die Maßnahmenpläne oder die Erfolgskriterien zu unspezifisch sind. Dann fragt er nach: *„Was bedeutet das konkret?"*

In einer gemeinsamen Schlussrunde haben die Teilnehmer Gelegenheit, ein persönliches Fazit in Bezug auf den Verlauf, die Ergebnisse und die Atmosphäre des Workshops zu ziehen.

Voraussetzungen/ Kenntnisse

Der Berater sollte über Erfahrung in der Moderation von Gruppenprozessen, in der Anwendung von Fragetechniken und in der Bearbeitung von „Kulturthemen" verfügen. Er muss mit den verwendeten Metaphern vertraut sein und deren wechselseitige Beeinflussungen erklären können.

Kommentar/ Erfahrungen

Das Metaphern-Tool sorgt für „Aha-Effekte" und ermöglicht einen tiefen Einstieg in Themen, die kontrovers diskutiert werden. Zudem kommen die Beteiligten oft zu erstaunlichen Lösungen, die meist weit außerhalb des bisher gezeigten Handlungsrahmens liegen. Es lohnt sich, tief in die Diskussionen einzusteigen und mit konkreten Lösungen die Arbeit zu beenden.

Als Variante des ersten Schrittes ist es auch möglich, die Geschichten in Kleingruppen erarbeiten zu lassen und anschließend als Theaterstücke zu inszenieren. Diese Vorgehensweise gewährleistet einen interaktiven, lockeren Einstieg und eignet sich besonders als „Abendsession".

Metaphern reduzieren Komplexität und schaffen einen gemeinsamen Bezugsrahmen. Dies erleichtert die Kommunikation erheblich. Gleichzeitig wirken Metaphern aber auch einseitig, da sie Interpretationen sind und die Wirklichkeit nicht abbilden, sondern verzerren und so möglicherweise den Blick auf andere Wahrheiten und somit auch Potenziale verstellen. Der Berater sollte sich dieser Gefahr jederzeit bewusst sein und dies auch kommunizieren.

Zusätzliche Hinweise

Ausstattung:

- Mehrere Moderationswände (mindestens entsprechend der Anzahl der Kleingruppen bei Schritt 4)

Vorbereitung:

- Plakate:
  - Auswertungstabelle (für Schritt 3)
  - Analyse der Metaphern (für Schritt 4)
  - Individueller Maßnahmenplan (für Schritt 6)

Quellen/ Weiterführende Literatur

Der Begriff „Bilder der Organisation" wurde von Gareth Morgan geprägt. In seinem gleichnamigen Buch bietet er acht verschiedene Metaphern zur Beschreibung von Organisationen an.

- Gareth Morgan (1997). Bilder der Organisation. Stuttgart: Klett-Cotta.

Roderich Heinze hat in seinem Buch „Keine Angst vor Veränderungen" in Anlehnung an Gareth Morgan ebenfalls leicht nachvollziehbare Metaphern beschrieben. Diese Metaphern bilden die theoretische Grundlage für das hier beschriebene Tool.

- Roderich Heinze (2004). Keine Angst vor Veränderungen! Heidelberg: Carl-Auer-Verlag.

Weitere empfehlenswerte Literatur:

- Fritz Simon (2004). Gemeinsam sind wir blöd. Heidelberg: Carl-Auer-Verlag.
- Platon (1958). Der Staat. Stuttgart: Kröner Verlag.

Eine ausführliche Beschreibung der Metaphern können Sie telefonisch unter 040/31793900 oder per Mail über die Adresse info@alwart-team.de anfordern.

Visionsarbeit

Von Prof. Dr. Henning Schulze

Anwärmen	Orientieren	Bearbeiten	Abschließen

Kurzbeschreibung

„Visionsarbeit" ist ein effektives Werkzeug zur kreativen und strukturierten Erarbeitung von Visionen, das vor allem die emotionalen Aspekte von Zukunftsbildern betont und würdigt. Die Methode garantiert, dass die Ideen aller Teilnehmer in das Ergebnis einfließen können und bewirkt so eine hohe Akzeptanz und Identifikation.

Dauer

Je nach Setting und Größe der Gruppe dauert die „Visionsarbeit" etwa drei Stunden.

Anwendungsbereiche

Das Tool kommt in der Startphase von Change-Prozessen oder von Teamarbeitsprozessen zum Einsatz. Die Anwendung dieser Methode ist dann sinnvoll, wenn die Beteiligten noch nicht genau wissen, wohin sie sich selbst, ihr Team und/oder ihre Organisation entwickeln wollen.

Zielsetzung/Nutzen

Visionen sind gemeinsame Zielideen von Menschen in Organisationen, Teams etc., die wie Fixsterne über dem sich kontinuierlich ändernden Umfeld stehen. Visionen sind keine Ziele! Sie sind per definitionem relativ unspezifisch, weisen aber trotzdem den Beteiligten eine Richtung. Mit der Beschreibung der Vision wird ein ehrgeiziger Anspruch im Sinne einer „machbaren Utopie" zum Ausdruck gebracht. Visionen sind hoch relevant als Basis aller folgenden Planungsschritte. Sie sind sehr stark emotional basiert und lassen sich deshalb nur schwer ausdrücken, beschreiben und vergleichen.

Oft scheitert die „Arbeit" an Visionen daran, dass über sie nachge*dacht* wird. Dieses Nachdenken führt dazu, dass jeder einzelne seine Vision (oder etwas, was er dafür hält – meist sind es eher Ziele) benennt.

Hierbei passiert oft zweierlei: einerseits kommt der Einzelne nicht an seine Visionen heran, zumindest nicht an den emotional gesteuerten Teil, und zweitens werden die Aussagen nebeneinander gestellt, verglichen und bewertet. Dies führt in vielen Fällen dazu, dass es während der Visionsarbeit zu kontraproduktiven Spannungen, Auseinandersetzungen und zu Frustrationen kommt. Ergebnis ist dann oft, dass die Beteiligten im Konflikt auseinander gehen. Dies ist dann das genaue Gegenteil der eigentlichen Zielsetzung: die Beteiligten über ihre gemeinsame Vision zueinander zu bringen, so dass sie an einem Strang in eine gemeinsame Richtung ziehen.

Grundidee der vorgestellten Methode ist, die Arbeit von der Ebene der kognitiven Steuerung auf die der primär emotiven Steuerung zu heben. So ist es möglich, die individuellen Bilder von einer idealen Zukunft zusammenzuführen und für alle Beteiligten attraktiv, akzeptabel und gültig sein zu lassen.

Ausführliche Beschreibung

Wie der Ablauf beispielhaft erfolgen kann, soll im Folgenden am Beispiel eines Visions-Workshops beschrieben werden. Die eigentliche „Visionsarbeit" umfasst die gesamte Bearbeitungsphase.

Bevor die Methode zur Anwendung kommt, sorgt der Moderator durch einen Theorie-Input dafür, dass die Teilnehmer ein gemeinsames Verständnis entwickeln im Hinblick auf die Frage, was Visionen überhaupt sind. Die Teilnehmer müssen den Unterschied zwischen Zielen und Visionen kennen und sie sollen verstehen, dass es nicht allein um Gedanken, sondern vielmehr um die Verbindung von Gefühlen, Gedanken und Wünschen geht.

Dann leitet der Moderator zur Visionsarbeit über.

Schritt 1: Die Kreativphase

Die Teilnehmer malen jetzt ihre Vision für ihr Team oder die Organisation in 5, 7 oder 10 Jahren. Wie lang der Zeithorizont dabei zu wählen ist, hängt von der jeweiligen Branche ab, in der die Organisation arbeitet. Die Aufgabe lautet: *„Nehmen Sie sich bitte einige Blatt Papier und verschiedenfarbige Wachsmalstifte. Suchen Sie sich einen ruhigen Platz. Bitte ‚fühlen Sie nach' und überlegen Sie sich …*

- *was Ihre Arbeit für Sie ausmacht,*
- *und wie sie idealerweise in Ihren Vorstellungen in fünf Jahren aussieht.*

Nehmen Sie sich dreißig Minuten Zeit, um dieses Bild oder auch mehrere Bilder mit den vorhandenen Stiften zu malen – nicht zeichnen! Kunst spielt dabei keine Rolle, wichtig sind Ihre inneren Bilder und Ideen. Die entscheidende Frage ist: Welche Vision haben Sie von Ihrem Unternehmen in fünf Jahren?"

Der Moderator sorgt dafür, dass die Teilnehmer ungestört arbeiten können. Am Ende der Kreativphase werden die Bilder zusammengetragen und an eine Wand gehängt.

Schritt 2: Die Galeriephase
So geht die gemeinsame Arbeit in die nächste Phase, die Galeriephase. Alle bekommen die Aufgabe, in der „Galerie" umherzugehen, sich die Bilder in Ruhe anzuschauen und zu würdigen (ca. 15 Minuten). Statements werden dabei nicht abgegeben. Die Bilder werden (noch) nicht diskutiert. Der Moderator achtet in dieser Phase darauf, dass die Beteiligten für sich allein mit den Bildern umgehen.

Anschließend wählt sich jeder einen gleich großen Anteil an Bildern aus. Es sollten Bilder sein, von denen er sich angesprochen fühlt. Wichtig ist hierbei, dass niemand eigene Bilder auswählen darf.

Schritt 3: Die Interpretationsphase
Der Moderator leitet nun zur nächsten Phase über, indem er die Teilnehmer bittet, sich allein und in Ruhe mit den ausgewählten Bildern der Kollegen zu befassen. Aufgabe ist es, die Bilder mit ihrem Inhalt und in ihren Wirkungen zu beschreiben (nicht zu bewerten!) und die Gedanken stichwortartig auf Moderationskarten festzuhalten. Für diesen Schritt gibt der Moderator jedem Teilnehmer ca. zwanzig Moderationskarten in einer einheitlichen Farbe. Diese Phase sollte etwa 25 Minuten in Anspruch nehmen.

Nach Beendigung dieser Phase werden die Karten mit den Interpretationsergebnissen durch den Moderator eingesammelt und gut gemischt. Meist kommt hier eine große Anzahl an Moderationskarten zusammen. Sie bilden den inhaltlichen Ausgangspunkt für die nächste Prozessphase.

Schritt 4: Die Auswertungsphase
Im nächsten Schritt geht es darum, die Inhalte aus den Einzelarbeiten zusammenzuführen. Es werden Kleingruppen von maximal vier Personen gebildet. Der Moderator mischt die Karten gut durch und gibt jeder

der Kleingruppen einen gleich großen Anteil (1/Anzahl der Kleingruppen) der zuvor erarbeiteten Interpretationskarten. Die Aufgabe der Kleingruppen ist nun, den Inhalt der Karten zu diskutieren und ihn auf ein bis drei Moderationskarten zusammenzufassen. Diese Karten hat der Moderator zuvor verteilt und auch hier darauf geachtet, dass sie alle die gleiche Farbe haben und sich in ihrer Farbe von den zuvor verwendeten Karten unterscheiden. Die Bearbeitungszeit in dieser Phase liegt bei etwa 30 Minuten.

Zum Ende der Auswertungsphase sammelt der Moderator die Ergebniskarten wieder ein. Auf ihnen stehen nun schon ganze Sätze oder Halbsätze, die prägnante Ideen von der Vision (oder den Visionen) zum Ausdruck bringen. Der Moderator liest die Karteninhalte laut vor und heftet sie anschließend an die bereitstehende Moderationswand.

Schritt 5: Die Konklusionsphase
Zu Beginn der Konklusionsphase diskutiert der Moderator mit den Teilnehmern die Inhalte der Karten an der Moderationswand. Die Teilnehmer sollen auf der Basis dieser Inhalte konkrete Vorschläge für den Wortlaut der gemeinsamen Vision einbringen. Der Moderator weist darauf hin, dass eine Vision immer in aktiver Sprache und in der Gegenwart formuliert sein soll, obwohl sie sich auf angestrebte Zustände und erwünschtes Verhalten in der Zukunft bezieht. Wenn nötig, gibt er aktiv Hilfestellung. Er achtet jedoch darauf, dass sich die Hilfe auf die Formulierung der Inhalte und nicht auf die Inhalte selbst bezieht.

Eine Vision kann zum Beispiel wie folgt lauten: „Wir sehen uns, die XXX GmbH, als erfolgreichen Partner für die Entwicklung und Umsetzung von ZZZ. XXX ist ein Ort gegenseitiger Achtung und Anerkennung. Wir sind kompetenter Dienstleister für unsere internen und externen Kunden."

Wichtig ist, dass unter den Teilnehmern Einverständnis in Bezug auf die Formulierungen hergestellt wird. An dieser Stelle des Prozesses wird viel diskutiert. Die Teilnehmer arbeiten die Inhalte auf diese Art und Weise noch einmal richtig durch. Das Ergebnis der Konklusionsphase besteht erfahrungsgemäß inhaltlich nicht allein aus Visionsinhalten. Auch nachgeordnete Ziele und Strategien werden oft schon formuliert: „Wir sind ein eigenständiges, bundesweit tätiges, in verschiedenen Marktsegmenten erfolgreich arbeitendes, wachsendes Dienstleistungsunternehmen. Unsere Arbeit basiert auf klar formulierten ethischen Maximen (Zielsetzung). Wir nehmen uns Zeit und Raum für Spaß, Genuss, kreativen Unsinn, für geistige Freiheit, kreatives Chaos, interaktive Prozesse sowie für die Vor- und Nachbereitung von Projekten (Strategie)."

Die Dauer dieser Phase hängt von der Diskussionsbereitschaft der Teilnehmer ab. Sie kann zwischen 60 und 90 Minuten dauern.

Damit ist die eigentliche „Visionsarbeit" abgeschlossen. Der Moderator skizziert zum Abschluss noch einmal den gemeinsam gegangenen Weg und hebt die Mitarbeit aller Teilnehmer hervor. Er dankt den Beteiligten und erklärt ihnen das weitere Vorgehen für den Nachgang der gemeinsamen „Visionsarbeit".

Um die Ergebnisse für eine später erfolgende Präsentation zusammenzufassen, nimmt der Moderator die erarbeiteten Materialien (Bilder, Interpretationskarten, Auswertungskarten und das Flip-Chart-Material mit den gemeinsam formulierten Sätzen) mit. Er erarbeitet daraus eine Präsentation, in der die einzelnen Arbeitsschritte dokumentiert sind und zum Abschluss die gemeinsam formulierten Inhalte in ihren hierarchischen Zusammenhang gebracht werden. Hierbei ist es wichtig, dass Visionsinhalte von Zielen und Strategieansätzen getrennt werden. Ziele und Strategieansätze gehören nicht direkt zur Vision. Sie sind jedoch zu dokumentieren. In späteren Arbeitsschritten werden sie wichtig sein.

Die Präsentation der Ergebniszusammenfassung erfolgt etwa ein bis zwei Wochen nach der „Visionsarbeit". Wichtig ist dabei, dass alle Beteiligten anwesend sind. Gute Erfahrungen haben wir damit gemacht, die Präsentation mit den Visionen, Zielen und Strategieansätzen von allen Anwesenden unterschreiben zu lassen. So ist das Commitment dann auch dokumentiert.

Die Beteiligten bekommen die Bilder auf Wunsch zurück. Nicht selten haben sich Teams die Bilder rahmen lassen und zum Beispiel in Sitzungsräumen aufgehängt. So wurde die identitätsstiftende Funktion der Arbeit und des Ergebnisses noch einmal verstärkt.

Voraussetzungen/ Kenntnisse

Für die Anwendung der vorgestellten Methode sind fundierte Kenntnisse über strategische Planung und Sicherheit in der Moderation von Gruppenprozessen zwingend erforderlich.

Kommentar/ Erfahrungen

Der Reiz des vorgestellten Change-Tools ist, dass alle Teilnehmer ihre Visionen in den Prozess einbringen. Sie tun dies, ohne wie gewohnt sofort auf die kognitive Ebene zu gehen. Vielmehr lassen sie sich auf einen spielerischen, kreativen Prozess ein, der zunächst primär emotional gesteuert ist. Diskussionen über die (schönen) Bilder von der Zukunft, die für den Einzelnen sehr wertvoll sein können, finden nicht statt. So erfährt der einzelne Teilnehmer auch keine Abwertung seiner Vision. Stattdessen eignen sich alle auch Anteile/Inhalte der anderen an. So steht am Ende für die Beteiligten mit hoher Wahrscheinlichkeit ein positives Ergebnis, hinter dem sie stehen können, und welches sie anschließend gemeinsam nach außen vertreten.

Die Teilnehmer sollten möglichst wenig über das Workshop-Design informiert sein. Mit dem Auftraggeber muss jedoch eine klare Absprache erfolgen, wer im Prozess welche Verantwortung trägt. Insbesondere muss Einigkeit darüber bestehen, worin genau die Rolle des Moderators besteht.

Technische Hinweise

Räumliche Voraussetzungen:
Benötigt wird ein großer Plenumssaal sowie mehrere kleinere Räume oder Besprechungsecken, in denen die Teilnehmer Platz (Tisch und Stuhl) und Ruhe für die Einzel- und Gruppenarbeiten haben.

Materialien:
- Wachsmalstifte
- DIN-A4-Papier
- Moderationskarten in verschiedenen Farben

Medien:
- Overheadprojektor oder Flip-Chart für die Präsentation zu Beginn
- Flip-Chart für die Zusammenfassung zum Abschluss des gemeinsamen Prozesses

Skulpturarbeit mit einem Team

Von Luise Lohkamp

Anwärmen	Orientieren	Bearbeiten	Abschließen

Kurzbeschreibung

Die „Skulpturarbeit" nutzt Elemente der systemischen Organisationsaufstellung zur ganzheitlichen Diagnose der Beziehungsdynamik in Teams. Die Methode verdeutlicht unterschiedliche Wahrnehmungen und Befindlichkeiten der Teammitglieder, macht die persönlichen Wünsche sichtbar und ermöglicht die gemeinsame Einleitung eines Entwicklungsschrittes zur Verbesserung oder Wiederherstellung der Arbeitsfähigkeit.

Dauer

Etwa 180 Minuten.

Anwendungsbereiche

Das Tool kommt in Teamentwicklungs- bzw. Teamcoaching-Workshops in der Bearbeitungsphase zum Einsatz. Es ist eine Mischung aus Diagnose und Intervention. Es eignet sich besonders, um nach einer allgemeinen Teamdiagnosephase die Beziehungsdynamik des Teams aufzuzeigen und bearbeitbar zu machen. Dieses Tool kann unabhängig vom Leidensdruck aktueller Konflikte im Team angewandt werden. Das Bewusstmachen, wer im Team wie zu wem steht, kann in harmonischen Teamphasen wie auch in verstrickten konfliktären Teamphasen nutzbringend sein.

Meist bietet sich der erste Workshop-Nachmittag an, da ein Workshop-Folgetag notwendig ist, um notfalls Themen, die bis zum nächsten Morgen nachwirken, auffangen und bearbeiten zu können. Im Anschluss an dieses Tool bieten sich die Bearbeitung von Spielregeln zum Umgang im Team an, sowie die Klärung der gegenseitigen Erwartungen zwischen Teamleiter und Team.

Zielsetzung/Nutzen

In vielen Team-Workshops werden Spielregeln zum Umgang miteinander im Team vereinbart. Häufig werden diese von den Teilnehmern als „Lippenbekenntnisse" erlebt und die Umsetzung scheitert. Entscheidend für das Gelingen eines konstruktiven Miteinanders ist die „Ordnung des Systems Team". Hierfür geht es um die Klärung der Fragen:

- Wer hat wo seinen Platz im Team?
- Welche „alte Themen" behindern die Zusammenarbeit?
- Sind Hierarchien und Zugehörigkeitszeiten ausreichend gewürdigt?
- Wie kann eine „Ordnung des Systems" dazu beitragen, dass das Team wieder arbeitsfähig wird?
- Wie kann das Team vorbeugen, dass vereinbarte Spielregeln keine Lippenbekenntnisse bleiben?

Durch das räumlich/körperliche Erleben des eigenen Platzes im Team, die emotionale Beteiligung und das anschließend bewusste Verhandeln von Wünschen im Team, kann auf mehreren Ebenen wirksam an der Arbeitsfähigkeit eines Teams gearbeitet werden. Häufig werden Störeinflüsse für das Team sichtbar, die den Mitgliedern vorab nicht oder nur wenig bewusst waren.

Ausführliche Beschreibung

Die „Skulpturarbeit mit einem Team" schließt die Diagnosephase ab und leitet erforderliche Veränderungsschritte ein, um die Arbeitsfähigkeit eines Teams zu erhöhen. Dieses Tool hat seine Wurzeln in der Organisationsaufstellungsarbeit und ist eine spezielle Variante, da hier nicht mit Stellvertretern, sondern mit dem Live-Team gearbeitet wird.

Voraussetzung für die Anwendung des Tools ist das Einverständnis der Teammitglieder, sich auf dieses „Experiment" einzulassen. Die Teilnehmer werden vorab über die Methode, Möglichkeiten und Risiken sowie einen möglichen Abbruch bei Nicht-Gelingen informiert.

Die „Skulpturarbeit mit einem Team" wird in sieben Schritten durchgeführt.

Schritt 1: Teamdarstellung auf Papier

Jedes Teammitglied stellt auf einem Blatt Papier dar, wo es sich selbst und die anderen Teammitglieder sieht. Hierbei malt es einen Kreis für jedes Teammitglied und schreibt sein Kürzel in den Kreis. Ein Pfeil beschreibt die Blickrichtung der Person. Jede Person kann nur eine Blickrichtung haben! In den Dimensionen: „Nähe – Distanz" und „zugewandt – abgewandt" beschreibt jedes Teammitglied, wie es die Teammitglieder untereinander und in Beziehung zu sich erlebt.

Vielen Teammitgliedern fällt es schwer, dieses eher intuitiv-emotionale innere Bild des Teams darzustellen. Hier braucht es beharrliche Unterstützung durch den Berater und die Vorgabe, nach dem vierten Bild wieder auf das erste zurückzukommen. Wichtig für den Prozess ist, dass jedes Teammitglied ein Bild erstellt und anschließend veröffentlicht. So ist zu vermeiden, dass Sündenböcke gesucht werden, die unangenehme Teamdynamiken offen legen und sich Dritte aus dem Prozess heraushalten können.

Schritt 2: Ausstellung und Auswahl einer Teamdarstellung
Alle Bilder werden an eine Pinwand gehängt. Das Team setzt/stellt sich um diese herum. Jedes Teammitglied stellt sein Ergebnis vor. In dieser Phase sind nur Verständnisfragen erlaubt, keine bewertenden Kommentare.

Anschließend reflektiert das Team Überraschendes, Übereinstimmungen, Unterschiede etc. zu den Darstellungen. Hierbei ist es hilfreich, das Team auf einer Metaebene in der Reflexion zu halten, um in dieser Phase konkrete Feedbacks untereinander zu vermeiden. Häufig sind Teams erstaunt und erleichtert über die Ähnlichkeit der Darstellungen.

Nun wählt das Team gemeinsam eine Darstellung aus, die möglichst viel gemeinsam erlebte Teamdynamik ausdrückt. Mit dieser Darstellung wird weiter gearbeitet.

Schritt 3: Teamaufstellung im Raum
Der Raum wird für die Aufstellung frei geräumt und vorbereitet. Nun bekommt das Teammitglied, dessen Darstellung ausgewählt wurde (der „Maler") und das Team eine Instruktion zu ihren Rollen während der Teamaufstellung, zum Vorgehen und zu möglichen Irritationen.

Der Maler hat als „Aufsteller" die Aufgabe, die Teammitglieder und sich selbst entsprechend seinem eigenen inneren Bild im Raum aufzustellen. Wichtig hierbei ist, dass sich der Aufsteller eher intuitiv denn kognitiv leiten lässt, sich überraschen lässt, wie sich sein Teambild evtl. doch noch ganz spontan verändert, und dass er sich für diesen Prozess genügend Zeit nimmt. Ein direktes Nachjustieren der aufgestellten Teammitglieder ist möglich, ein späteres Umstellen nicht mehr. Hiermit soll vermieden werden, dass der Aufsteller vor lauter Schreck über das Unwohlgefühl eines Kollegen, diesem helfen will und dabei das entstandene Bild verzerrt.

Die Teammitglieder haben die Aufgabe, sich vom Aufsteller an den jeweiligen Platz im Raum führen zu lassen und hinzuspüren, was sich während und nach der Änderung ihres Platzes im Team verändert. Der Aufsteller stellt das Team im Raum auf, indem er jedes Teammitglied an beiden Schultern führt. Abschließend stellt er sich dann an seinen Platz. Während des Aufstellens wird nicht gesprochen.

Schritt 4: Befragung der Teammitglieder
Nun spricht der Berater jedes einzelne Teammitglied an und fragt:
- *Wie erleben Sie sich an diesem Platz?*
- *Welche Gefühle nehmen Sie wahr (Freude, Wut, Angst, Trauer, Schmerz)?*
- *Welche Körperwahrnehmungen gibt es (z.B. eher warm – kalt, eher ruhig – kribbelig etc.)?*
- *Was hat sich für Sie verändert, seit Sie hier stehen?*
- *Wie geht es Ihnen mit den anderen Teammitgliedern und mit dem Teamleiter?*
- *Wenn Sie sich bewegen könnten – ohne das jetzt tatsächlich zu tun – wo würde es Sie hinziehen?*

Manchmal verändert sich für Teammitglieder noch einmal etwas, wenn andere gesprochen haben. Sie brauchen dann die Möglichkeit, ihre veränderten Wahrnehmungen zu schildern. Hierbei reagieren Teams und auch Teammitglieder sehr unterschiedlich. Einige können sich gut auf das „Hinfühlen" einlassen, andere brauchen viel Unterstützung und Beispiele.

Schritt 5: Erarbeitung möglicher Entwicklungsschritte des Teams
In dieser Phase gibt es zwei Möglichkeiten, die alternativ oder in Reihenfolge angewandt werden können. Ich empfehle die Reihenfolge, da Teams häufig selbst ein gutes Gefühl für ihre Ordnung haben und gleichzeitig bestimmte Aspekte unberücksichtigt bleiben, die der Berater unterstützen kann.

a.) Team-Gleichgewicht
In dieser Phase hat jedes Teammitglied die Möglichkeit, sich nach dem Geben eines Handzeichens zu bewegen, allerdings immer nur einer zur gleichen Zeit und immer nur sich selbst. Dieser Prozess läuft schweigend ab. Häufig braucht es mehrere Bewegungsfolgen, da sich ja mit jeder einzelnen Positionsveränderung das Erleben aller verändert. Die spannende Frage in dieser Phase ist, ob das Team selbst Gleichgewicht und Ordnung findet, oder in der Unruhe verharrt. Zusätzlich werden in dieser Phase wichtige diagnostische Informationen deutlich, z.B. wenn

Teammitglieder mit der Leitung konkurrieren oder Konfliktachsen sichtbar werden. Häufig findet das Team eine Konstellation, die besser auszuhalten ist als die vorherige, die aber noch nicht gut ist. Das ist der Auslöser für Phase b.)

b.) Entwicklungsaufstellung des Teams
Mit der Information, einen möglichen nächsten Entwicklungsschritt des Teams und nicht (!) die Wahrheit aufzustellen, stellt der Berater das Team entsprechend der Ordnungskriterien für Systeme in Organisationen auf. Hierbei werden z.B. Hierarchien innerhalb des Teams und die Zugehörigkeitsdauer zum Team sowie natürlich Besonderheiten dieses Teams berücksichtigt. Das Ziel hierbei ist nicht, dass sich alle Teammitglieder wohl fühlen, sondern dass die systembezogenen Voraussetzungen für die Arbeitsfähigkeit des Teams geschaffen werden. Fehlende Teammitglieder bzw. Teamziele können mit Hilfe von Stühlen gestellt werden.

Der Berater fragt wiederum alle Teammitglieder, was sich für sie an diesem neuen Platz verändert hat. Bei diesen Äußerungen ergeben sich wiederum relevante diagnostische Aussagen, die auch ein punktuell vertiefendes Arbeiten mit z.B. zwei Konfliktpartnern während dieser Phase erfordern können. Hier kann z.B. geklärt werden, ob ein mit der Leitung konkurrierendes Teammitglied die Teamleitung grundsätzlich in der Leitungsfunktion und seinen eigenen Platz als Mitarbeiter akzeptieren kann, was die Beteiligten hierfür benötigen oder welche Alternativen noch möglich sind. In dieser Phase kann der Berater diagnostische Hinweise geben, die dem Team helfen, Verständnis für die eigene Situation zu entwickeln.

Schritt 6: Veröffentlichung und Verhandlung der persönlichen Wünsche
In dieser Phase treten alle Teammitglieder einen Schritt aus der Entwicklungsaufstellung zurück und überlegen, welche Wünsche und Bedürfnisse sie für die Umsetzung der stimmigen Option an einzelne Teammitglieder oder an das gesamte Team haben. Jedes Teammitglied kann seine Wünsche äußern, diese werden dann mit Unterstützung des Beraters mit den Angesprochenen verhandelt. Ein Teammitglied wünscht sich beispielsweise, in seiner Rolle als Stellvertreter vom Team akzeptiert zu werden. Nach der Wunschäußerung wird jedes Teammitglied vom Moderator um eine Antwort gebeten. Diese Antwort kann positiv ausfallen, ein „Nein" oder Bedingungen enthalten, unter denen eine Rollenakzeptanz möglich ist. Der Moderator unterstützt diese Verhandlung und gibt Feedback bei vorschnellen Antworten bzw. wenig

tragfähigen Vereinbarungen. In dieser Phase kann es auch um ganz pragmatische Wünsche gehen, zum Beispiel um eine zeitnahe Einbindung in den Informationsfluss.

Jeder, der seinen Wunsch verhandelt hat, geht wieder einen Schritt nach vorne an seinen neuen Platz in der Entwicklungsaufstellung. Diese Verhandlung stellt eine wichtige Grundlage für das spätere Vereinbaren von Spielregeln zum Umgang im Team dar.

Schritt 7: Verankern und Reflexion des Prozesses
Abschließend richtet sich das Team noch einmal in der neuen Entwicklungsaufstellung aus und schaut sich gegenseitig an und um. Ziel ist, das neue Bild vom Team innerlich zu verankern und mitzunehmen.

Im Anschluss wird der Prozess der „Skulpturarbeit" reflektiert. Hierbei ist es wichtig, auf einer Prozessebene zu bleiben und nicht auf eine Inhaltsebene zu rutschen, um wichtige Effekte nicht zu zerreden. Es geht vielmehr darum, die Teilnehmer dort abzuholen, wo sie nach diesem Prozess stehen und den Prozess gut abzuschließen.

Am effektivsten ist dieses Tool, wenn der Workshop-Tag mit diesem Schritt endet, das Team einen gemeinsamen Abend erlebt und am nächsten Tag an konkreten Vereinbarungen arbeitet. Die Bilder der Teilnehmer werden nicht im Fotoprotokoll aufgenommen, es geht ja darum, das Entwicklungsbild und nicht das Problembild zu verankern.

Voraussetzungen/ Kenntnisse

Eine fundierte Ausbildung und Erfahrung in der Arbeit mit Organisationsaufstellungen ist zwingend erforderlich für den Einsatz dieses Tools. Es können sowohl gruppendynamische als auch intrapsychische Prozesse ablaufen, für deren professionelle Auf- und Bearbeitung fundierte psychologische Kenntnisse notwendig sind.

Kommentar/ Erfahrungen

Die Intensität des gleichzeitig diagnostischen und veränderungswirksamen Arbeitens auf emotionaler Ebene und auf Erfahrungsebene macht den besonderen Reiz der Arbeit mit diesem Tool aus. Die Teammitglieder schauen sich einen brisanten Aspekt ihrer Teamdiagnose an und sind gleichzeitig in einem geschützten, wertschätzenden Setting, welches ressourcenvolle und zielorientierte Veränderungen ermöglicht. Der Schutz der einzelnen Teammitglieder und des gesamten Teams hat oberste Priorität!

Wichtig für die Durchführung ist, dass der/die Berater entscheiden, mit welcher Teamgröße sie sich die Durchführung dieses Tools zutrauen (z.B. maximal 12 Teilnehmer) und dass sichergestellt ist, dass alle Teammitglieder während der Durchführung bleiben können (z.B. niemand Bereitschaftsdienst hat und zwischendurch das Setting verlässt).

In der Auftragsklärung für den Team-Workshop sollte dieses Tool angesprochen werden und sowohl von der Teamleitung als auch vom Team akzeptiert werden.

Technische Hinweise

Räumliche Voraussetzungen:
- Großer, störungsfreier Raum

Ausstattung:
- Pinwand, Moderationsstifte, Nadeln
- DIN-A4-Papier

Quellen/ Weiterführende Literatur

Dieses Tool basiert auf der Grundlage von Organisationsaufstellungen. Es orientiert sich an der Arbeitsweise von A. Glöckner, G. Weber, F. Simon und R. Mratz und wurde für die Arbeit mit Live-Teams in Team-Workshops weiterentwickelt.

- Gunthard Weber (Herausgeber) (2000). Praxis der Organisationsaufstellungen. Heidelberg, Carl-Auer-Verlag.

Triadische Inszenierung

Von Dr. Andreas Kannicht

Anwärmen	Orientieren	Bearbeiten	Abschließen

Kurzbeschreibung

Die „Triadische Inszenierung" wurde vom Autor in Anlehnung an die Methode des „triadischen Fragens" entwickelt. Dieses Vorgehen stellt eine ritualisierte Form der Aussprache dar, die sich insbesondere bei Polarisierungen oder Spaltungen in Teams anbietet, z.B. bei Blockbildungen, definierten Außenseitern oder Konflikten zwischen Team und Leitung.

Dauer

Je nach Größe des Teams etwa drei Stunden.

Anwendungsbereiche

In der Teamberatung ist die „Triadische Inszenierung" ein geeignetes Mittel, um polarisierte und aufgeladene Konflikte zwischen zwei Parteien (Leitung und Team, zwei Parteien im Team, Team und Außenseiter) in Szene zu setzen, auf konstruktive Weise auszutragen und nach Lösungsansätzen zu suchen.

In Teamentwicklungsprozessen, in denen über wechselseitiges Feedback die Zusammenarbeit bilanziert werden soll, erzeugt die „Triadische Inszenierung" eine spielerisch-kreative Atmosphäre, in der Raum für ein besseres Verständnis und wechselseitige Offenheit entsteht.

Zielsetzung/Nutzen

Durch die triadische Form der Bearbeitung werden gewohnte Denk- und Handlungsmuster unterbrochen. Erwartungshaltungen und vorbereitete Vorwurfsmuster werden verstört und durch eine überraschende Form der Perspektivenverschränkung ersetzt. Entgegen den Erwartungen der Teilnehmer wird das wechselseitige Feedback dadurch gegeben, dass sich jede Partei zunächst in die Perspektive der anderen versetzt.

Dadurch wird erreicht, dass ...
- Erwartungsmuster durchkreuzt werden. Statt bereits zurechtgelegte Anschuldigungen und Vorwürfe vorzubringen, muss man sich in die vermuteten Vorwürfe des Gegenübers eindenken.
- auf analoger Ebene eine neue Beziehungserfahrung gemacht wird: man hört, wie sich das Gegenüber in die eigene Perspektive versetzt, obwohl man dachte, dies wäre schon längst nicht mehr möglich.
- man häufig erlebt, dass die tatsächlich existierenden Vorbehalte des Gegenübers geringer sind als vermutet.
- neben den Vorbehalten auch auf möglicherweise vergessene Kompetenzen und Ressourcen fokussiert werden kann.

Durch die besondere Form der Inszenierung fallen die von beiden Seiten erwarteten, gegenseitigen Vorwürfe meist weniger drastisch als befürchtet aus. Dies entspannt die Situation und schafft Raum für die Suche nach Lösungen.

Ausführliche Beschreibung

Bevor man mit der „Triadischen Inszenierung" beginnen kann, sollte das Anliegen des Teams geklärt sein. Bewährt hat sich das Einstimmen auf das Ziel durch die Frage: *„Angenommen, die heutige Sitzung wäre für Sie hilfreich, woran würden Sie dies nach der Sitzung merken?"* Das Erarbeiten einer Zielvision erleichtert allen Beteiligten, sich bei der Durchführung der „Triadischen Inszenierung" auf zieldienliche Beiträge zu fokussieren.

Die „Triadische Inszenierung" bietet sich als Methode an, wenn im Team ein Feedback gewünscht wird und zugleich eine Scheu oder Hemmung vor offener Rückmeldung besteht. Besonders hilfreich ist die Methode in Situationen, in denen eine große Spannung spürbar ist und bei einem offenen Feedback mit Vorwurfstiraden oder verletzenden Angriffen zu rechnen wäre.

Oft ergibt sich der Einsatz der „Triadischen Inszenierung" erst aus dem Prozess. Teams wenden sich häufig an Berater mit dem Anliegen, die Kommunikation und die Effektivität zu verbessern. Erst im Laufe der Zusammenarbeit und bei entstandenem Vertrauen wagen es einzelne Teammitglieder, die Störungen auf der Beziehungsebene zu thematisieren. In diesen Fällen kann man die „Triadische Inszenierung" als eine Form der Konfliktbearbeitung anbieten, die den Beteiligten ein hohes Maß an Schutz gewährleistet.

Im Folgenden wird ein Konflikt zwischen einem Team und seinem Teamleiter gewählt. Ursprünglich wurde der Teamberater gerufen, um einen Prozess zu moderieren, in dem die Zuständigkeiten der einzelnen Teammitglieder geklärt werden sollten. Bei dem dritten Treffen äußerte ein Teammitglied, dass es bei Abwesenheit des Teamleiters im Team immer wieder zu Beschwerden kommt, weil der Teamleiter als zu wenig klar und Orientierung gebend erlebt wird.

Schritt 1: Ankündigung des Vorgehens

An dieser Stelle wurde dem Team das Vorgehen bei der „Triadischen Inszenierung" kurz erläutert und um Zustimmung gebeten (Beachte: Nichtzustimmung kann als Ausdruck von Kooperation interpretiert und als Einladung zur gemeinsamen Suche nach einer kontextspezifisch passenderen Form verstanden werden).

Da in der „Triadischen Inszenierung" Rückmeldungen gegeben werden, die eventuell noch nie ausgesprochen wurden, hat es sich bewährt, die Teilnehmer darauf hinzuweisen, dass es keinen Selbstzweck darstellt, alles zu äußern, was einem auf der Seele liegt und man bisher nicht zu sagen wagte, sondern dass sich jeder danach steuern sollte, das auszusprechen, was er für bedeutsam hält, um eine wesentliche Verbesserung der Atmosphäre und der Arbeitsfähigkeit des Teams zu erreichen. So wurde auch in dem vorliegenden Fall darauf verwiesen, dass sich jeder danach steuern soll, nur das auszusprechen, was ihm als zieldienlich im Sinne der gemeinsamen Vision erscheint.

Vor Beginn der Inszenierung wurde der Beratungsraum in zwei Bereiche geteilt: ein Teil des Raumes ist die „Bühne", auf der jeweils die einzelnen Inszenierungen stattfinden, der andere Teil des Raumes ist der „Zuschauerraum". Die Zuschauer wurden darauf hingewiesen, dass sie in das Geschehen auf der Bühne nicht eingreifen dürfen.

Schritt 2: Die eine Partei wird über die andere befragt (... und umgekehrt)

Der Berater entschloss sich in diesem Team, mit dem Teamleiter zu beginnen. Es ist nicht willkürlich, mit wem begonnen wird. Steht eine Person (Führungskraft, Außenseiter) im Kreuzfeuer, empfiehlt es sich, mit dieser den Anfang zu machen.

Wird – wie in diesem Fall – mit der Führungskraft begonnen, hat dies den Vorteil, dass die Führungskraft als Erste das Niveau definieren kann, auf dem Konflikte offen gelegt werden sollen. Sie definiert gleichsam den „Level", auf welchem das Feedback gestaltet werden soll. Dies gibt den übrigen Teammitgliedern Orientierung und Sicherheit, was auf den Prozess sehr fördernd wirken kann.

Der Berater interviewt den Teamleiter entlang folgender Fragen:
- *Welche Veränderung bzw. Verbesserung könnten sich die Teammitglieder von ihm als Leiter wünschen?*
- *Was könnten die Teammitglieder an ihm als Teamleiter schätzen?*

Auch hier ist die Wahl, mit welcher Frage eingestiegen wird, nicht beliebig. Bei vorsichtig-ängstlicher Stimmung empfiehlt es sich, zunächst die zweite Frage zu stellen, bei eskaliert-aufgeheizter Stimmung ist der Einstieg über die erste Frage vorzuziehen.

Da in dem vorliegenden Beispiel das Vorhandensein von Vorbehalten bereits offen angesprochen war, wurde der Einstieg über die Seite der Vorbehalte gewählt.

Der Berater achtet bei den Aussagen der Akteure darauf, dass die Antworten konkret gegeben werden und positiv formuliert sind. Wird auf der Bühne in allgemeinen Floskeln gesprochen (z.B.: „Die Mitarbeiter könnten sich wünschen, dass ich verbindlicher bin"), fragt der Berater stets nach, woran man dieses bemerken würde (*„Angenommen, ich würde Ihre Mitarbeiter fragen, was Sie anderes tun würden, wenn Sie mehr Verbindlichkeit zeigten, was würden mir Ihre Mitarbeiter wohl antworten?"*).

Werden auf der Bühne Aussagen negativ formuliert (z.B.: „Die Mitarbeiter würden sich wünschen, dass ich mich nicht mehr so viel in mein Büro zurückziehe"), fragt der Berater stets nach der positiven Formulierung für das gewünschte Verhalten: *„Was sollten Sie im Sinne der Wünsche Ihrer Mitarbeiter stattdessen tun?"* Dadurch entstehen im Raum konkrete Szenarien für alternative Verhaltens- und Vorgehensweisen.

Wenn die Befragung beendet ist, werden die Rollen getauscht. Der Teamleiter nimmt wieder im „Zuschauerraum" Platz. Der Berater bittet nun die Teammitglieder auf die Bühne und befragt sie in gleicher Weise:
- *Was könnte der Teamleiter an dem Team schätzen?*
- *Welche Veränderung bzw. Verbesserung könnte sich der Teamleiter von dem Team wünschen?*

Während des Interviews sprechen die Befragten immer zum Berater und nicht zu den Zuschauern. Der Berater stellt sicher, dass die Zuschauer das Gespräch auf der Bühne weder durch Fragen noch durch Kommentare unterbrechen.

Schritt 3: Auflösungen durch die beiden Parteien
Der Berater interviewt nun zunächst den Teamleiter, ob seine Einschätzung der Fremdeinschätzung durch das Team entspricht. Es geht also um die Frage, was der Teamleiter tatsächlich gerne an seinem Team ändern möchte und was er an ihm schätzt.

- *Welche der Vermutungen des Teams bezüglich der Haltungen des Teamleiters treffen zu und welche nicht?*
- *Welche Wünsche bzw. wertschätzende Haltungen möchte er relativieren oder ergänzend hinzufügen?*

Anschließend werden wieder die Rollen getauscht und der Berater befragt das Team:

- *Entspricht die eigene Sichtweise der Fremdeinschätzung durch den Teamleiter? Oder wäre die eigene Antwort ganz anders ausgefallen?*
- *Welche Verhaltensweisen des Teamleiters möchte das Team tatsächlich ändern?*
- *Was schätzt es an ihm?*
- *Welche der Vermutungen des Teamleiters bezüglich der Haltungen des Teams treffen zu, und welche nicht?*
- *Welche Wünsche bzw. wertschätzende Haltungen möchte es relativieren oder ergänzend hinzufügen?*

Auch in dieser Phase achtet der Berater stets darauf, dass die Angaben konkret und positiv formuliert werden.

Schritt 4: Reaktionen und erste Veränderungen
Der Berater interviewt den Teamleiter,

- *ob es Überraschendes bei den Wünschen bzw. Anerkennungen von Seiten des Teams gibt und*
- *ob der Teamleiter die eine oder andere Aussage des Teams gerne besser verstehen würde bzw. welche Rückfragen er ggf. hat,*
- *ob es bereits jetzt eine erste Vorstellung gibt, wo bzw. wie der Teamleiter den Wünschen des Teams entgegenkommen könnte. Wie würde ggf. ein erster kleiner Schritt aussehen?*

Auch in dieser Phase sind Rückfragen an die andere Partei nicht erlaubt. Das Sammeln der Rückfragen dient in dieser Phase der Vorbereitung des nächsten Schrittes.

Nach einem erneuten Rollentausch interviewt der Berater das Team in gleicher Weise.

- *Gab es Überraschendes bei den Wünschen bzw. Anerkennungen von Seiten des Teamleiters?*
- *Möchte das Team die eine oder andere Aussage des Teamleiters gerne besser verstehen bzw. welche Rückfragen gibt es?*
- *Gibt es bereits jetzt erste Vorstellungen, was das Team bzw. einzelne Teammitglieder tun könnten, um den Wünschen des Teamleiters entgegenzukommen? Wie würde ggf. ein erster kleiner Schritt aussehen?*

Es kann vorab sinnvoll sein darauf hinzuweisen, dass im Rahmen der Teamberatung keine Beschlüsse gefasst werden, es sich insofern um erste Willensbekundungen handelt, die noch unverbindlich sind und ggf. in einer der nächsten Teamsitzungen zu beschließen sind. Dies betont den Charakter der Teamberatung als einen Raum zur Entwicklung von Optionen und nicht zum Abfassen von Beschlüssen. Die Unverbindlichkeit entlastet und erhöht die Bereitschaft, neue und eventuell auch unkonventionelle Möglichkeiten zu entwickeln.

Schritt 5: Offene Auswertung

Hiermit ist die Inszenierung auf unterschiedlichen Bühnen beendet. Der Berater fordert alle Anwesenden auf, sich in einen Kreis (besonders günstig ist ein Stuhlkreis ohne Tische) zu setzen, wodurch er markiert, dass jetzt eine offene Reflexion der gemachten Erfahrungen im Plenum beginnt. Meist ist die Atmosphäre entspannt und es wird in einem deutlich veränderten Klima miteinander gesprochen. Diese Abschlussrunde dient lediglich dazu, eventuell noch offene Fragen auszutauschen und Kommentare über das eigene Befinden nach der Erfahrung der „Triadischen Inszenierung" auszutauschen. Hier sind die Akteure in direktem Kontakt. Der Berater achtet sorgfältig darauf, dass tatsächlich nur Fragen gestellt und möglichst keine bewertenden Kommentare abgegeben werden. Es geht um einen Abgleich unterschiedlicher Wahrnehmungen und um gegenseitiges Verstehen und nicht darum, „Recht" zu haben. Es hat sich bewährt, diesen Schritt eher knapp zu halten und die Auswirkungen und Konsequenzen aus der gemachten Erfahrung auf den Folgetermin zu verschieben.

Voraussetzungen/ Kenntnisse

Die „Triadische Inszenierung" muss vom Teamentwickler eingeübt werden, am besten in kollegialen Lernzirkeln. Obwohl das Vorgehen sehr einfach wirkt, erzeugt die triadische Struktur des Fragens Verwirrung, die leicht auch den Berater erfassen kann. Wenn er die Abfolge bereits mehrfach erprobt hat, gelingt es ihm leichter, den jeweiligen Fokus zu halten.

Kommentar/ Erfahrungen

Alleine die Tatsache, dass eine Seite zunächst sich in die Gedanken der anderen Seite einfühlen muss, erzeugt eine völlig unerwartete Dynamik. Anstatt die eigenen zurechtgelegten Vorwürfe „abzuspulen", muss sich jede Partei über die Vorwürfe und die möglicherweise vergessene Wertschätzung der anderen Partei Gedanken machen.

In der Regel sind alle beteiligten Parteien bei diesem Vorgehen sehr aufmerksam, weil der eine Part gerade redet und der andere gespannt zuhört und sich die Frage stellt, ob die eigene Sichtweise korrekt erfasst wird.

Die „Triadische Inszenierung" ist insbesondere mit der Metaphernarbeit sehr gut kombinierbar. So kann jede Partei aufgefordert werden, ein Bild, ein Symbol oder eine Theaterszene zu beschreiben, die für die Verbesserungsbereiche und für die vorhandenen Fähigkeiten stehen. Durch diese Metaphern wird der Veränderungswunsch deutlicher verankert.

Der Autor hat mit dieser Methode auch schon in Großgruppen gearbeitet. Moderiert wurde beispielsweise ein Feedback zwischen Mitarbeitern und Führungsteam einer Institution, die mehr als 50 Mitarbeiter umfasste. Das Verfahren wurde analog dem oben beschriebenen Modell durchgeführt mit der einzigen Variation, dass auf der Bühne einmal die Führungsebene der Organisation (vier Personen) und danach eine repräsentative Auswahl (nach Berufsgruppen, Alter, Geschlecht, Betriebszugehörigkeit) von Mitarbeitern vertreten waren (acht Frauen und Männer). Die übrige Belegschaft hörte nur zu und konnte am Ende der Befragung – wie ein griechischer Chor – zusätzliche Kommentare auf die Bühne rufen. Die Erarbeitung von ersten Verbesserungsideen wurde anschließend von allen Mitarbeitern in Kleingruppen mit jeweils sieben Teilnehmern vorgenommen. Jeweils ein Repräsentant der Kleingruppe kam danach auf die Bühne und präsentierte die Ergebnisse. Danach präsentierte das Leitungsteam seine Überlegungen.

Technische Hinweise

Für die Durchführung sind keine Materialien erforderlich. Der Raum muss groß genug sein, um jeweils eine „Bühne" und einen „Zuschauerraum" zu simulieren.

Phase 4

Abschließen

Die Tools im Überblick:

	Projektarbeit	Problemlösung	Visions-/Zielfindung	Strategieentwicklung	Strategieumsetzung	Prozessoptimierung	Strukturentwicklung	Arbeit an der Unternehmenskultur	Teamentwicklung	Konfliktklärung
Entzauberung von Latenzen		●	●	●		●		●	●	■
Feedback 3. und 4. Ordnung						●	●			
Das fraktale Feedback	●	●	●	●	●	●	●	●	●	
Denkhüte-Feedback	●	●	●	●	●	●	●	●	●	●
Teameinstimmung durch die Logischen Ebenen	●				●	●			●	
Was für's Herz	●	●	●	●				●	■	●
Gast-Interview			●	●	■	●	●			
Paradoxe Verschreibung		●				●		●	●	●
Unternehmen abBILDen			■					●	●	

● = Anwendungsmöglichkeit(en)
■ = bevorzugter Kontext des Autors

Die *„Entzauberung von Latenzen"* greift die zu Beginn eines Workshops abgefragten Erwartungen und Befürchtungen in der Schlussphase nochmals auf. Prof. Dr. Thomas Bartscher und Werner Büning zeigen, wie diese Themen bezüglich ihres Fortbestehens und ihrer Wirksamkeit in der Zukunft systematisch bewertet werden können.

Dieter Kannenberg beschreibt ein Tool zur Unterstützung des Praxistransfers vereinbarter Veränderungsmaßnahmen. Das *„Feedback 3. und 4. Ordnung"* ermittelt Chancen und Risiken, beschreibt deren mögliche Auswirkungen und generiert erste Ideen, wie den Störgrößen im Falle ihres Auftretens wirkungsvoll begegnet werden kann.

Katja Vittinghoff stellt *„Das fraktale Feedback"* vor, das am Ende eines Workshops dafür sorgt, dass unterschiedliche und gemeinsame Wahrnehmungen sichtbar werden. Mit Paargesprächen beginnend bis hin zum kollektiven Austausch im Plenum, unterhalten sich die Teilnehmer in immer größer werdenden Gruppen wiederholt zu ein und derselben Fragestellung.

Amelie Funcke beschreibt, wie Edward de Bonos „Hutwechselmethode" als Schlussintervention für Workshops inszeniert werden kann. Das *„Denkhüte-Feedback"* erhebt ein differenziertes Feedback aus unterschiedlichen Perspektiven und gibt dabei ausdrücklich auch den Emotionen Raum.

Eva Havenith zeigt, wie Teams ganzheitlich auf die Bewältigung herausfordernder Situationen vorbereitet werden können. Mithilfe der *„Teameinstimmung durch die Logischen Ebenen"* werden die vorhandenen Ressourcen zielorientiert gebündelt und „verankert".

„Was für's Herz" dient der emotionalen Transfersicherung. Dr. Peter Röhrig beschreibt eine Inszenierung wertschätzenden Feedbacks, die Teilnehmern überraschende Selbst-Einsichten beschert und für eine nachhaltige Motivation zur gemeinsamen Umsetzung von Vereinbarungen sorgt.

Beim *„Gast-Interview"* erhalten die Teilnehmer am Ende eines Change-Workshops Gelegenheit, offene Fragen an einen verantwortlichen Entscheider zu adressieren. Die von Dr. Susanne Klein vorgestellte Methode schafft Transparenz in der Sache und fördert die Akzeptanz des Veränderungsvorhabens.

Melanie Frowein und Alexander Höhn präsentieren eine humorvoll-verrückte Abschlussintervention. Anstelle der im Workshop erarbeiteten, erwünschten Lösung verordnet die *„Paradoxe Verschreibung"* den Teilnehmern das genaue Gegenteil, nämlich die bewusste Herstellung des beklagten, unerwünschten Zustands.

Elke Schlimbach beschreibt eine künstlerische Abschlussintervention, in der die Teilnehmer die im Rahmen eines Workshops definierten Werte/Leitsätze sprachlich und visuell ausgestalten. *„Unternehmen abBILDen"* macht Werte rational und emotional erlebbar und sorgt für einen außergewöhnlichen Transfer ins Unternehmen.

Entzauberung von Latenzen

Von Prof. Dr. Thomas Bartscher und Werner Büning

Anwärmen	Orientieren	Bearbeiten	Abschließen

Kurzbeschreibung

Zu Beginn eines Workshops werden Befürchtungen, Ängste, kritische Punkte und Vorurteile bezüglich des Workshop-Themas abgefragt und visualisiert. Diese „kritischen Punkte" bleiben während des Workshops sichtbar (laufen im Hintergrund mit). In der Abschlussphase des Workshops werden sie aus dem Hintergrund wieder in den Vordergrund geholt und hinsichtlich ihres Fortbestehens bzw. ihrer Wirksamkeit für die Zukunft bewertet.

Dauer

Die Anwendung der Methode dauert durchschnittlich 1,5 Stunden.

Anwendungsbereiche

Das Tool kommt in der Abschlussphase zum Einsatz. Es knüpft an den Einstieg in einen themenbezogenen Workshop an. Insbesondere eignet es sich für konfliktträchtige Themenstellungen, die in einem Workshop behandelt werden sollen (Konfliktmoderation). Typische Anwendungsfelder sind Restrukturierungen, Zusammenlegung von Bereichen, Neukonzeptionierung von Wertschöpfungsketten/Prozessabläufen und insbesondere die Verbesserung der Zusammenarbeit zwischen Bereichen. Generell kann diese Methodik dort angewandt werden, wo unterschiedliche Teilnehmererwartungen bzw. unterschiedliche Sichtweisen zur Themenstellung des Workshops erwartet werden können.

Zielsetzung/Nutzen

In Veränderungsprozessen gilt es gerade zu Beginn, Widerständen, berechtigten Vorurteilen (auf Grund schlechter Erfahrungen) oder schlicht (Interessens-)Konflikten eine Plattform zu bieten, auf der sie artikuliert werden können. Bleiben die Konfliktthemen latent, das heißt, werden sie nicht mehr oder weniger öffentlich thematisiert, können sie langfristig wie „schleichendes Gift" wirken. Man ignoriert sie zunächst, leugnet sie oder spielt sie herunter. Wenn sie langsam wirksam werden, kann man ihre destruktive Wirkung auf den Veränderungsprozess kaum mehr verhindern. Das hier skizzierte Tool dient vorwiegend dem Bewusstwerden und Thematisieren offensichtlicher, aber auch unterschwelliger Konflikte und daraus resultierender Widerstände.

Die Teilnehmer können zu Beginn des Workshops ihre Bedenken und ihre Einschätzungen zu etwaigen Konfliktpotenzialen äußern. Dies versetzt sie in die Lage, mögliches „vermintes Gelände" vorsichtiger und wachsamer zu betreten. Erst indem potenzielle Konfliktlinien sichtbar thematisiert werden, werden die Grenzen des Machbaren mit Blick auf die Themenstellung und in Bezug auf die notwendigen Handlungs-/Erarbeitungsfelder deutlich. Mit der Veröffentlichung von Konfliktlinien wird die „Macht des Latenten" eingedämmt.

Ausführliche Beschreibung

Das Tool schlägt am Ende des Workshops einen Bogen zum Anfang und schließt damit einen thematischen Kreislauf. Es führt vor Augen, wie die Teilnehmer des Workshops gestartet sind, welchen Ballast sie „im Rucksack" mitbrachten, was während des Workshops behandelbar wurde und was schließlich einer zukünftigen Bearbeitung harrt.

Die Wirksamkeit dieses Tools in der Abschlussphase hängt direkt von der Qualität der Abfrage und Visualisierung der latenten Konfliktthemen am Beginn des Workshops ab.

Schritt 1: Ermittlung latenter Konfliktpotenziale
Nach einer klassischen Stimmungsabfrage zu Beginn des Workshops (z.B. durch ein „Blitzlicht") und einer ersten vertrauensbildenden Symbolik (z.B. in Form von „Murmel-Gruppen") sollte mittels einer paradoxen Fragestellung etwa abgefragt werden:
- *Was lässt diese Veranstaltung mit Sicherheit scheitern?*
- *Wie kann ich den Erfolg dieses Workshops torpedieren?*
- *Worüber dürfen wir nicht sprechen, um das eigentliche Thema des Workshops nicht bearbeiten zu müssen?*

Alle Beteiligten erhalten in ausreichendem Umfang Moderationskarten. Jeder kann jedes Thema niederschreiben. Es findet keine Zensur statt. Nach ungefähr zehn Minuten werden die Karten vom Moderator eingesammelt, gemischt, vorgelesen und an eine Pinwand geheftet. Bei etwaigen Unklarheiten wird nachgefragt (sowohl vom Moderator als auch von den Teilnehmern).

Bereits beim Verlesen „clustert" der Moderator die Karten intuitiv, um thematisch ähnliche Karten zusammenzuführen. Sind alle Karten veröffentlicht, werden die Cluster von den Teilnehmern eventuell nochmals verändert und anschließend mit prägnanten Überschriften versehen. Dann bittet der Moderator die Teilnehmer, das Ergebnis dieses Arbeitsschrittes zu kommentieren. Während die Teilnehmer das jetzt „Offensichtliche" interpretieren und bewerten, schreibt der Moderator die Statements für alle sichtbar auf einem Flip-Chart mit. Nach fünf bis zehn Minuten beschließt der Moderator die Meinungsabfrage. Insgesamt dauert die Ermittlung der Konfliktpotenziale meist ca. 30 Minuten.

Die Veröffentlichung von kritischen und konfliktären Themen löst üblicherweise zweierlei Emotionen aus: Einerseits Betroffenheit, andererseits aber auch Erleichterung darüber, dass bislang vielleicht nicht Ausgesprochenes endlich einmal gesagt wurde. Aufbauend auf dieser letztlich öffnenden Grundhaltung der Teilnehmer kann der Moderator dann den geplanten Workshop-Verlauf fortführen. Er erhält einerseits nochmals die notwendige Bestätigung, inwieweit er sich im Rahmen der Auftragsklärung alle relevanten Informationen hat erarbeiten können. Zum anderen erhält der Moderator oftmals zusätzliche Informationen, worauf er im Rahmen seiner Konfliktmoderation bzw. im Rahmen des Workshops achten muss. Zum Abschluss dieser Phase beschriftet der Moderator sowohl das Flip-Chart als auch die Pinwand mit der Überschrift *„Was wir beachten müssen!"*.

Der Moderator stellt die Pinwand und das Flip-Chart an einen für alle Teilnehmer sichtbaren Platz im Seminarraum, so dass die Teilnehmer im Hintergrund immer wieder die zu Beginn benannten Themen einsehen können. Der Platz sollte allerdings so gewählt werden, dass die Äußerungen eher im Hintergrund als im Vordergrund stehen. (Zu gegebener Zeit dokumentiert der Moderator die Meinungsäußerungen und genannten Konfliktpunkte mittels Digitalkamera).

Schritt 2: Ermittlung und Diskussion veränderter Einschätzungen
Der Workshop neigt sich seinem Ende zu. Die Bearbeitung der offiziellen Tagesordnungspunkte ist abgeschlossen. Die weitere Vorgehensweise im betrieblichen Alltag ist in Form eines detaillierten Maßnahmenplans mit eindeutigen Zuständigkeiten dokumentiert.

Zum Abschluss geht es jetzt darum, einen Rückblick auf den Verlauf des Workshops zu nehmen. Außerdem werden die konfliktären Themenbereiche, die innerhalb des Workshops nicht bearbeitet wurden, nochmals strukturiert aufgegriffen. Die Teilnehmer haben Gelegenheit, den Bedeutungsgehalt der Themen bzw. ihre Wichtigkeit in zukünftigen Arbeits-/Workshop-Situationen einzuschätzen und Möglichkeiten ihrer Bearbeitung auszuloten. Dieser Prozess dauert ungefähr eine Stunde.

Die Teilnehmer sitzen im Stuhlkreis. Die Pinwand und das Flip-Chart werden jetzt aus dem „Hintergrund" in den „Vordergrund" gestellt. Der Moderator lässt den Teilnehmern Zeit, das zu Beginn des Workshops Niedergeschriebene nochmals zu lesen und auf sich wirken zu lassen. Ausgehend von den Kommentaren auf dem Flip-Chart stellt er die Frage, in welchem Ausmaß die hier dokumentierten Meinungsäußerungen aus Sicht der einzelnen Teilnehmer aktuell noch Bedeutung haben.

Hierzu wird wieder auf die Methode der Blitzlichtabfrage zurückgegriffen. Es wird eine Skala von 0-100 % an einer Achse abgetragen. Daneben steht die Aussage: *„Den von der Gruppe zu Beginn des Workshops formulierten Eindrücken stimme ich zum Schluss des Workshops noch mit ... % zu."* Die Teilnehmer kleben entlang der Skala auf den Prozentsatz einen Klebepunkt, der ihre Meinung/ihr aktuelles Befinden zum Ausdruck bringt.

Haben alle Teilnehmer ihren Klebepunkt gesetzt, diskutiert der Moderator das visualisierte Bewertungsergebnis für die Gruppe: *„Wie bewerten Sie das Gesamtergebnis?"*

Danach fragt der Moderator bei einzelnen Teilnehmern nach: *„Was hat Sie bewogen, Ihren Punkt da zu setzen wo Sie ihn gesetzt haben?"*

Insbesondere fragt der Moderator bei den Extrembewertungen nach (extrem hohe bzw. extrem niedrige Prozentsätze). Der Moderator schreibt einzelne Aussagen auf Karten und heftet diese an die entsprechenden Stellen im Blitzlichtbarometer.

Schritt 3: Persönliche Statements: „Was lasse ich hier?"
Nachdem die Blitzabfrage eingehend diskutiert ist, werden die Teilnehmer aufgefordert, diejenigen von ihnen persönlich geschriebenen Moderationskarten abzuhängen, die für sie am Ende des Workshops keine weitere Bedeutung haben. Die Teilnehmer behalten die abgenommenen Karten in der Hand und nehmen zunächst wieder auf ihrem Stuhl Platz.

Im nächsten Schritt geht es nun darum, dass sich die Teilnehmer in einem symbolisch bedeutsamen Akt gegenseitig zum Ausdruck bringen, dass sich einige ihrer Befürchtungen vom Beginn des Workshops entweder nicht bestätigt haben oder aber haben auflösen lassen. Hierzu wird in der Mitte des Stuhlkreises ein Gefäß (z.B. Glasschale) aufgestellt, in das die Teilnehmer ihre Karten legen. Auf dem Gefäß steht: *„Das lasse ich getrost hier!"*

Schritt 4: Vereinbarungen zum Umgang mit den verbleibenden Themen

Nun wird die Aufmerksamkeit auf die verbliebenen Moderationskarten gelenkt (falls noch welche an der Pinwand hängen). So weit möglich werden die restlichen Themen nochmals geclustert und mit einem geeigneten Oberbegriff versehen. Danach erhalten die Teilnehmer Klebepunkte (Anzahl der Oberbegriffe geteilt durch zwei, plus eins) mit der Möglichkeit, ihre Bewertungspunkte auf die verbliebenen Cluster-Themen zu verteilen. Sie können kumulieren, je Thema einen Punkt vergeben, oder aber sie verzichten gänzlich auf die Vergabe von Bewertungspunkten.

Nachdem nun die Bedeutung der verbliebenen Konflikt-/Widerstandslinien offensichtlich sind, die auch für zukünftige Bearbeitungsschritte bzw. -prozesse von Bedeutung sind, werden die Oberthemen auf eine separate Pinwand entsprechend ihrer Bedeutung übertragen (das Themenfeld mit der höchsten Bewertung zuerst, danach in absteigender Bedeutung die weiteren Themenfelder). Nachdem in der ersten Spalte die Themenfelder benannt sind, wird in einer zweiten Spalte hinter den Begriffen nochmals kurz erläutert, was hiermit gemeint ist. Die erste Spalte ist mit *„Themenfeld"* überschrieben, die zweite Spalte mit *„Beschreibung"*, die dritte Spalte ist nun überschrieben mit dem Thema *„Wer kümmert sich um Abhilfe?"*. In diese dritte Spalte werden nun Teilnehmernamen aufgelistet. Der Moderator fragt, wer übernimmt es, dass der angesprochene Konfliktbereich bearbeitet werden kann.

Sind die Verantwortlichen für die weitere Bearbeitung/Behandlung von konfliktären Themenfeldern benannt, schließt sich von Seiten des Moderators eine klassische Abmoderation des Workshops an.

Der Moderator dokumentiert wiederum die Ergebnisse der letzten Prozessschritte:

- „Das lasse ich hier"
- Gewichtete Themencluster
- Übersicht der noch zu bearbeitenden konfliktären Themenfelder mit den Verantwortlichen, die sich um eine entsprechende Bearbeitung bemühen wollen.

Den Teilnehmern werden die Ergebnisse dieser Prozessschritte zugeleitet. Das letzte Themen-Chart nimmt der Moderator mit für einen sich eventuell anschließenden weiteren Workshop mit der Gruppe.

Voraussetzungen/ Kenntnisse

Die Durchführung des Tools „Entzauberung von Latenzen" erfordert eine hohe Routine in der Moderation von Gruppenprozessen und von konfliktären Workshop-Verläufen. Erfahrungen mit Konfliktmanagement und ein sensibles Gespür für den Umgang mit „verdeckten" Botschaften sind unabdingbar.

Kommentar/ Erfahrungen

Das Tool ist in viererlei Hinsicht funktional:

1. Es zeigt die Grenzen des „Machbaren" auf. Die Themen, die zu Beginn des Workshops benannt werden, sind so etwas wie „Warn-/Stopp-Schilder", an denen sich der Verlauf des Workshops zu orientieren hat. Nicht alles, was benannt wird, ist letztlich von Bedeutung für den Verlauf des Workshops. Andererseits darf auch davon ausgegangen werden, dass nicht alles, was für den Verlauf des Workshops von Relevanz wäre, zu Beginn benannt werden wird. Im Zusammenspiel mit einer zuvor durchgeführten Auftragsklärung mit dem Auftraggeber erhält der Moderator hier zusätzliche Informationen, auf Basis welcher Hypothesen er die Durchführung des gesamten Workshops bzw. etwaiger nachfolgender Maßnahmen „aufsetzen" kann.

2. Den Teilnehmern und dem Moderator wird deutlich, wie viel konstruktive, aber auch wie viel destruktive Energie im Raume versammelt ist.

3. Indem zum Schluss der Veranstaltung auf Ergebnisse zurückgegriffen werden kann, die zu Beginn der Veranstaltung im Raum standen, wird den Teilnehmern sowohl der Blick zurück als auch der Blick nach vorne eröffnet. Es wird nochmals sichtbar, welche Themen rückblickend betrachtet bearbeitbar waren und welche Themenfelder noch einer zukünftigen Bearbeitung „harren". Das Instrument ermöglicht somit eine zeitnahe Evaluation und Reflexion.

4. Mit den beiden Elementen des Tools zu Beginn und am Ende der Veranstaltung schafft man ein „Abrunden" des Prozesses. Der Moderator bedenkt schon zu Beginn der Veranstaltung auch ihr Ende. Für die Teilnehmer wird darüber hinaus ersichtlich, dass sie zwar

einen ersten wichtigen Schritt gegangen sind, dass sich aber im Sinne einer prozesshaften Weiterentwicklung Nachfolgeaktivitäten anschließen werden.

Insgesamt ist festzuhalten, dass die Teilnehmer bereits das Offenlegen von latent wirksamen Themenfeldern (Konflikten) als entlastend wahrnehmen. Wichtig ist allerdings dann auch, dass zumindest einige der formulierten Themen bearbeitet werden. Kritisch wäre in diesem Zusammenhang zu bewerten, wenn die Vielfalt der benannten Themen dazu führt, dass die Teilnehmer wie „gelähmt" in der Ausgangssituation verharren und letztlich beschließen, ohne einen Bearbeitungsfortschritt auseinander zu gehen. Gelingt es hingegen, auch nur ein Thema von der Gruppe bearbeiten zu lasssen, wirkt dies „energetisierend" und macht Mut für weitere nächste Schritte (Konfliktlösung und/oder Bearbeitung der „eigentlichen" Themenstellung).

Technische Hinweise

Ausstattung:
- Moderatorenkoffer
- Mehrere Pinwände (bespannt mit Packpapier)
- Flip-Chart
- Glasschale
- Digitale Kamera

Räumliche Voraussetzung:
Generell sollten Konfliktmoderationen in einem störungsfreien Umfeld durchgeführt werden. Da diese Arbeit im Plenum erfolgt, bedarf es eines großzügigen Seminarraumes, möglichst hell, mit Tageslicht und idealerweise mit einem Zugang in einen Garten.

Vorbereitung:
- Visualisierungen/Arbeitsblätter:
  - Formulierung der Einstiegsfrage (Schritt 1)
  - Vorbereitung Pinwand mit der Überschrift „Was wir beachten müssen!"
  - Vorbereitung des Flip-Charts mit der Überschrift „Was wir (noch) beachten müssen!"
  - Blitzlichtabfrage (Schritt 2)
  - Gefäß mit Aufschrift: „Das lasse ich getrost hier!" (Schritt 3)
  - Vorbereitung Pinwand (Schritt 4)
- Ausreichend Moderationsmaterial
- Digitale Kamera zur Dokumentation der Teilschritte

Quellen/ Weiterführende Literatur

- Peter Höher/Friederike Höher (2. Auflage, 2002). Konfliktmanagement – Konflikte kompetent erkennen und lösen. Rudolf Haufe Verlag.
- Susanne Motamedi (2. Auflage, 1999). Konfliktmanagement – Vom Konfliktvermeider zum Konfliktmanager. Offenbach: GABAL Verlag.
- Alexander Redlich/Jens R. Elling (1. Auflage, 2000). Potential: Konflikte. Hamburg: Windmühle Verlag.

Feedback 3. und 4. Ordnung

Von Dieter Kannenberg

Anwärmen	Orientieren	Bearbeiten	**Abschließen**

Kurzbeschreibung

Das „Feedback 3. Ordnung" dient der Beschreibung konkreter Wirkungen, möglicher weiterer Effekte sowie der Chancen und der Risiken von vereinbarten Veränderungsmaßnahmen. Das „Feedback 4. Ordnung" unternimmt die Einflussanalyse möglicher Fehler im Verlauf der Umsetzung der Maßnahmen, um die Umsetzer auf mögliche Stolpersteine hinzuweisen.

Dauer

Feedback 3. Ordnung: 10-15 Minuten.
Feedback 4. Ordnung: 15-20 Minuten.

Anwendungsbereiche

Üblicherweise finden Feedbacks zum Abschluss von Veränderungs-Workshops zu zwei Aspekten statt, die beide vergangenheitsbezogen sind – zur Zufriedenheit der Teilnehmer mit dem Workshop-Verlauf und dem Workshop-Inhalt bzw. den Ergebnissen (= Feedback 1. bzw. 2. Ordnung). Vernachlässigt werden meistens Feedbacks zu zwei weiteren – zukunftsorientierten – Ebenen: den Transferbedingungen und -chancen sowie den Auswirkungen und ihren Risiken.

Wird die Kritik (im Sinne eines Unterscheidens und Urteilens) zu diesen beiden Aspekten durch die an der Planung beteiligten Personen als nützlich angesehen, so trägt das „Feedback 3. und 4. Ordnung" deren Einschätzungen auf effektive Weise zusammen.

Zielsetzung/Nutzen

Mit diesen beiden Tools wird ein Feedback ermöglicht, das nicht nur über die üblichen Feedbacks hinausgeht, sondern zudem den Umsetzern Tipps für die Realisierung der Veränderungen mit auf den Weg gibt. Durch die Intuitionen und Analysen der Teilnehmer erfolgt eine kritische Würdigung der beschlossenen Veränderungsmaßnahmen, ohne dass diese nochmals diskutiert werden können und dürfen.

Ausführliche Beschreibung

Diskussionen, Planungen, Analysen, Ideenfindungen, ... in solchen Phasen ist im Vorfeld intensiv gearbeitet worden. Das „Feedback 3. und 4. Ordnung" wird nun eingesetzt, wenn eigentlich alles schon gelaufen ist. Daher sitzt bei diesem Instrument auch niemand mehr – das hat auch den Vorteil, dass es dadurch schneller geht. Es wird sozusagen „ausgestanden".

Schritt 1 (Feedback 3. Ordnung): Effekte beschreiben

Die vereinbarten Maßnahmen hängen für alle sichtbar im Raum. Im Raum sind Flip-Charts verteilt (pro 3-4 Personen jeweils ein Flip-Chart). Auf jedem Flip-Chart stehen die beiden unvollständigen Sätze:

- *Was wir mit den Maßnahmen konkret bewirken werden ...*
- *Was wir noch mit diesen Maßnahmen auslösen werden ...*

Der Moderator bittet die Teilnehmer, ihre Ideen und Meinungen zu den beiden Sätzen auf die vorbereiteten Flip-Charts zu schreiben. Der Prozess hat den Charakter eines Brainstormings und soll zügig ablaufen. (nicht mehr als ein Flip-Chart-Papier pro Gruppe, nicht mehr als fünf Minuten Dauer). Es finden keine vertiefenden Diskussionen statt.

Schritt 2 (Feedback 3. Ordnung): Chancen und Risiken bewerten

Die beschriebenen Flip-Charts werden im Halbkreis gruppiert – in der Mitte zwischen ihnen steht eine Pinwand. Auf der wird nun ein geteiltes MindMapping erstellt, mit der Leitfrage: *„Welche Chancen und welche Risiken sind mit den Maßnahmen verbunden?"*

Die Antworten auf diese Frage notiert der Moderator auf Zuruf aus dem Teilnehmerkreis. Das MindMapping wird abgebrochen, wenn die Pinwandseite voll und/oder unübersichtlich ist. Dann werden die Hauptäste des MindMapping mit Überschriften versehen und optisch hervorgehoben. Mit der Einschätzung aus dem MindMapping, das ungefähr fünf bis zehn Minuten dauern sollte, erhalten die Umsetzer der vereinbarten Maßnahmen eine Übersicht zu den vermutlichen Licht- und Schattenseiten der Veränderung.

Schritt 3 (Feedback 4. Ordnung):
Stolpersteine und Konsequenzen erfassen
Zu jeder der vereinbarten Maßnahmen wird im Plenum durch eine Kurzabfrage abgerufen, was bei der jeweiligen Maßnahme eventuell misslingen kann (Regel: maximal drei Anworten, dann weiter zur nächsten Maßnahme). Die Antworten werden vom Moderator auf Zuruf in einer Tabelle notiert (siehe Beispiel). Es sollten höchstens sieben Maßnahmen auf diese Weise bearbeitet werden. Gibt es deutlich mehr Themen, so werden nur die zeitnah zur Umsetzung anstehenden Maßnahmen bearbeitet.

Zu jedem der Stolpersteine wird nun abgefragt, welche Haupt-Konsequenz ein Misslingen hat. Auch diese Antwort wird in die Tabelle eingetragen. Für diesen Schritt gelten erneut die Brainstorming-Regeln, wonach gesammelt, aber nicht diskutiert wird. Mit zügiger Moderation nimmt er zehn bis fünfzehn Minuten in Anspruch.

Schritt 4 (Feedback 4. Ordnung):
Stolpersteine und Konsequenzen bewerten
Die notierten Stolpersteine und Konsequenzen werden nun gemeinsam bewertet:

- Für die Stolpersteine wird die Frage *Wie wahrscheinlich ist es, dass dieser Stolperstein auftritt?* auf einer Skala von 1 (unwahrscheinlich) bis 5 (hoch) eingeschätzt.
- Die Frage nach der Bedeutung der Folgen lautet: *Wie schwer wiegt die Konsequenz eines Misslingens?* – hier erfolgt ebenfalls eine Einschätzung auf einer Skala von 1 (keine Folgen) bis 5 (schwerwiegende Folgen).

Für die Bewertung erhält jeder Teilnehmer einen grünen und einen roten Klebepunkt pro formuliertem Stolperstein. Mit dem grünen kennzeichnet er die Wahrscheinlichkeit, mit dem roten die Bedeutung der Folgen. Dieser Schritt beansprucht ca. fünf Minuten.

Aus den in einer Zeile verteilten grünen bzw. roten Punkten wird dann vom Moderator der „Augenschein-Mittelwert" ermittelt – das ist die Zahl, bei der auf den ersten Blick (also ohne genaue Berechnung) das arithmetische Mittel zu sein scheint.

Maßnahme	Stolperstein	Konsequenz	Wahrscheinlichkeit des Auftretens					Bedeutung der Folgen					Risikozahl 1 = W × R
			1	2	3	4	5	1	2	3	4	5	
Zustimmung des Betriebsrats einholen	Betriebsrat lehnt ab	Veränderung nicht möglich	X									X	5
	Betriebsrat geht in Verhandlungen	verzögerte/ abweichende Einführung				X					X		16

Abb.1: Beispiel

Die durch Multiplikation aus Wahrscheinlichkeit und Bedeutung resultierende Risikozahl zeigt an, wie sehr der jeweilige Stolperstein und mit ihm die entsprechende Maßnahme zur Sollbruchstelle im Veränderungsprozess werden kann. Sie stellt einen recht verlässlichen Indikator für den Aufwand an Zeit, Personal, Budget und weiteren Ressourcen für die jeweilige Maßnahme dar.

Schritt 5 (Feedback 4. Ordnung):
Tipps für die Umsetzung geben

Der Moderator hebt die fünf Stolpersteine mit den höchsten Risikozahlen farbig hervor. Dann beendet er den Workshop offiziell und bittet abschließend die Teilnehmer um ihre „Risiko-Vorsorge-Vorschläge“. Dazu werden drei Post-it-Zettel (A7-Größe) zügig an jeden Teilnehmer verteilt – die konkrete Aufforderung an die Teilnehmer lautet: *„Notieren Sie bitte auf jeden Post-it-Zettel einen konkreten Vorschlag, durch den das Eintreten eines der farbig hervorgehobenen Stolpersteine unwahrscheinlicher wird. Kleben Sie den Vorschlag an den dazugehörenden Stolperstein. Vielen Dank.“*

Dieser Schritt geschieht „im Herausgehen“, mit ihm endet der Workshop. Die Post-it-Zettel fließen in die Workshop-Dokumentation ein. Gibt es eine solche nicht, dann nehmen diejenigen Personen die Post-it-Zettel mit, die für die Umsetzung der entsprechenden Maßnahme zuständig sind.

Voraussetzungen/ Kenntnisse

Der Moderator benötigt Routine in der Moderation von Gruppenprozessen und eine hohe Affinität zum sehr systematischen Vorgehen beim „Feedback 4. Ordnung".

Kommentar/ Erfahrungen

Es ist für die meisten Teilnehmer – und auch Moderatoren – ungewohnt, nach dem „eigentlichen Ende" (den Feedbacks 1. und 2. Ordnung) nochmals aufgefordert zu werden, Stellung zu beziehen. Die Verwirrung steigt meistens noch, wenn die vermeintlich paradoxe Aufforderung kommt, eine inhaltliche Stellungnahme abzugeben, über die dann nicht mehr diskutiert wird. Daher sollte der Moderator den Nutzen dieses Instruments („Tipps für die Umsetzer aus der Intuition und Analyse der Beteiligten heraus") vorab besonders betonen.

Gerade beim „Feedback 3. Ordnung" kann es passieren, dass einige Inhalte aus den vorhergehenden Workshop-Phasen wiederholt werden. Das ist aber kein Nachteil, sondern dient der Bündelung wichtiger Botschaften aus diesen Phasen.

Die beiden Feedback-Instrumente wurden in diesem Beitrag gemeinsam vorgestellt – sie können selbstverständlich auch einzeln eingesetzt werden. Soll nur ein „Feedback 3. Ordnung" erfolgen, so folgt nach den ersten beiden Schritten abschließend eine „Post-it-Runde". Jeder Teilnehmer erhält drei Post-it-Zettel (A7-Größe), auf denen er jeweils einen Vorschlag schreibt, mit dem eine Chance besser genutzt oder ein Risiko verringert werden kann. Das Post-it wird auf das MindMapping zur entsprechenden Chance bzw. zum Risiko geklebt. Dieser Schritt geschieht „im Herausgehen", mit ihm endet dann der Workshop. Die Post-it-Informationen geben den Umsetzern wertvolle Hinweise zum Umgang mit den beschriebenen Chancen und Risiken.

Technische Hinweise

Ausstattung:
- Moderatorenkoffer
- Flip-Charts (ein Flip-Chart je drei bis vier Teilnehmer)
- Post-it-Zettel (A7-Größe) – 3 pro Teilnehmer

Vorbereitung:
- Flip-Charts mit den beiden unvollständigen Sätzen vorbereiten (Feedback 3. Ordnung)
- Tabelle für Stolpersteine, Konsequenzen und deren Bewertung vorbereiten (Feedback 4. Ordnung)

Quellen/ Weiterführende Literatur

Der Feedback-Ordnung liegen die vier Ebenen der Evaluation nach D.L. Kirkpatrick zu Grunde.

- Vgl. Herbert Einsiedler u.a. (2003). Organisation der Personalentwicklung: Strategisch ausrichten – zielgenau planen – effektiv steuern. Neuwied: Luchterhand. S. 235-246.

Die Einflussanalyse geht auf die Fehlermöglichkeits- und -einflussanalyse (FMEA) zurück, einer formalisierten Methode zur systematischen Erfassung möglicher Probleme und ihrer Folgen bereits während der Planung einer Veränderung.

- Vgl. Günter Kersten (1994). Fehlermöglichkeits- und -einflussanalyse (FMEA). In: Walter Masing (Herausgeber). Handbuch Qualitätsmanagement. München: Hanser. S. 469-490.

Das fraktale Feedback

Von Katja Vittinghoff

Anwärmen	Orientieren	Bearbeiten	Abschließen

Abb. 1: Fraktale Strukturen

Kurzbeschreibung

Durch eine innovative Form der Vernetzung vertiefen die Teilnehmer ihre Erkenntnisse und Impressionen des Workshops. Beginnend mit einem privat anmutenden Zweiergespräch bis hin zum öffentlichen Austausch im Plenum wird interaktiv und kollektiv das „verdaut", was während der Veranstaltung auf dem (Speise-)Plan stand.

Dauer

Je nach gewünschter Tiefe und Differenzierung kann „das fraktale Feedback" in einem Umfang von 20 Minuten bis zu zwei Stunden eingesetzt werden.

Anwendungsbereiche

Während der Abschlussrunde wird es noch einmal laut und lebendig im Raum. Den Anwesenden wird deutlich, worin sich die Sichtweisen zu erreichten Zielen und gelebten Werten ähneln – eine gute Grundlage dafür, die gemeinsame Arbeit wertschätzend zu verfestigen und angenehm ausklingen zu lassen.

„Das fraktale Feedback" eignet sich besonders gut, um ...
- eine erfrischende Abwechslung zum allseits bekannten Blitzlicht zu erleben,
- einen Teil des Praxistransfers in den Workshop vorzuverlegen,
- in Gruppen ab ca. 20 Personen ein Extrakt der gemeinsamen Arbeit zu ziehen, Eindrücke zu verdichten und Fäden zusammenzuführen,

- oder schlicht, wenn Sie genug mit der linken Hirnhälfte gearbeitet haben und sich mit der Gruppe eine stimmungsvolle Abrundung gönnen möchten.

Zielsetzung/Nutzen

„Das fraktale Feedback" zeichnet sich durch zwei Besonderheiten aus: Zum einen wird der oft inoffizielle Austausch, der sonst im Auto auf der Heimreise, abends mit der Familie oder am nächsten Tag im Büro stattfindet, zu einem gewissen Teil in den Workshop vorverlegt. Die Erkenntnisse und Erlebnisse sind hier noch frisch, die „Workshop-Trance" noch intakt, so dass dieser fruchtbare Boden zur Verankerung und Vertiefung des Erreichten optimal genutzt werden kann.

Der zweite Aspekt besteht in der iterativen, sich wiederholenden Struktur des Feedbacks: Anhand ein und derselben Fragestellung sind die Teilnehmer eingeladen, sich wiederholt in einer jeweils größeren Gruppe auszutauschen, sich dabei durch die anderen Sichtweisen anregen zu lassen und Kernthemen herauszuhören. Auf diese Weise ergänzen sich die Einzelperspektiven, und parallel dazu lassen sich zentrale Aspekte herausfiltern, die relativ unbeeinflusst von gruppendynamischen Einflüssen sind.

Wenn es in der Anmoderation gelingt, die Gruppe auf sich wiederholende Kernthemen auszurichten, erhöhen Sie mit diesem Feedback den Austausch und reduzieren gleichzeitig die Komplexität. Nach ereignisreichen Workshops mit viel Inhalt und Informationen kann diese Erfahrung sehr erholsam sein!

Handelt es sich bei dem Workshop nicht um eine Einzelveranstaltung, sondern um einen Baustein eines begleiteten Gesamtprozesses, birgt dieses Format für den Prozessbegleiter einen zusätzlichen Nutzen: Die iterative, sich wiederkehrend auf sich selbst beziehende Struktur dieses Formats bringt in komprimierter Form Kulturmuster zu Tage. Das heißt: Man erkennt, wie die Gruppe, vielleicht sogar das ganze Unternehmen, „tickt". Die wiederkehrenden Aussagen der Teilnehmer können quasi als Hinweise zu unternehmensspezifischen Verhaltensmustern und Werten dienen – aus mehren persönlichen Meinungen werden Organisationsmerkmale. Die Kenntnis hierüber kann wertvolle Dienste leisten, wenn Sie maßgeschneiderte Interventionsformen für Ihre Kunden entwickeln.

Ausführliche Beschreibung

Schritt 1: „Die Guten ins Töpfchen"
Einführend erklären Sie, dass die inhaltliche Arbeit des Workshops nun beendet sei. Jetzt ginge es lediglich darum, sich in einer lockeren, wenn auch konzentrierten Form über die wichtigsten Ereignisse auszutauschen und auf diese Weise die Vielfalt des Erreichten noch einmal gemeinsam zu erleben. Einleitungen dieser Art suggerieren „Wir haben es geschafft!" Jetzt gilt es „nur" noch, das Erreichte gemeinsam wertzuschätzen. Diese Unterscheidung ist wichtig, denn in diesem Abschlussformat sollen keine inhaltlichen „Fässer" mehr aufgemacht werden. Vielmehr geht es darum, eine gemeinschaftliche Abrundung zu erleben.

Dementsprechend wichtig ist die Fragestellung. Hierbei hat es sich bewährt, ausschließlich lösungsorientierte Fragen zu verwenden, die den Blick auf das Vorhandene richten. Mögliche Fragestellungen können sein:

- *Was war für mich in diesem Workshop wichtig oder interessant?*
- *Welche (neuen) Aspekte und Perspektiven sind für mich persönlich besonders wichtig?*
- *Wie sind wir während unseres Workshops miteinander umgegangen? Was ist jetzt an der Art, wie wir miteinander reden, anders?*

Weniger geeignet sind Fragestellungen, die die Teilnehmer dazu auffordern, ihre nächsten Maßnahmen zu entwickeln. Dieses sollte zu einem früheren Zeitpunkt bereits geschehen sein.

In einem Vertriebs-Workshop eines mittelständischen Unternehmens ging es zum Beispiel darum, die neue Vertriebsstrategie zu vermitteln und in konkrete Maßnahmen münden zu lassen. Zwei Tage lang entwickelten mehr als 40 Außendienstmitarbeiter und 16 Innendienstmitarbeiter ihre Szenarien und konkrete Umsetzungsschritte, so dass am zweiten Nachmittag die vereinbarten Ergebnisse die Wände schmückten. Nun galt es durch das Moderationsteam eine Fragestellung für „das fraktale Feedback" zu benennen, die gut zum Verlauf und zur Arbeitsatmosphäre passte. In dieser Gruppe wurde rasch deutlich, wie wichtig das partnerschaftliche Zusammenspiel des Innen- und Außendienstes für die erfolgreiche Umsetzung der gemeinsamen Ziele ist. So bot sich eine Fragestellung an, die es den Anwesenden möglich machte, ihre gegenseitige Wertschätzung zu äußern und schrittweise öffentlich zu machen. Die Gruppen diskutierten also die Frage: *„Was haben wir hier als hilfreich in unserer Zusammenarbeit erlebt?"*

Nachdem die Fragestellung klar ist, bitten Sie die Gruppe, sich jeweils mit einem Partner zusammenzusetzen. Achten Sie darauf, dass es wirklich nur Zweierteams und im Idealfall höchstens eine Dreiergruppe gibt. Wichtig ist, dass alle Beteiligten im Raum bleiben. Was eine ungefähre Gleichverteilung der zur Verfügung stehenden Zeit angeht, können Sie entweder schon in der Anmoderation darum bitten, dass die Redeanteile möglichst gleich verteilt werden, oder nach der Halbzeit ein kurzes akustisches Signal ankündigen oder es der Gruppenkultur überlassen, wer sich wie lange äußert.

In unserem Vertriebs-Workshop war es schön zu beobachten, wie sich bereits die meisten der Dyaden aus beiden Teams zusammensetzten. Wäre das nicht der Fall, könnten die Teilnehmer auch explizit gebeten werden, sich bereits zu Beginn funktionsübergreifend zusammenzusetzen.

Schritt 2: Zwei Duos machen ein Quartett
Nach 5 bis 15 Minuten moderieren Sie die nächste Runde an und bitten jedes Duo, sich ein anderes Duo zur Gründung eines kollegialen Quartetts zu suchen. Noch bevor die Teilnehmer aufstehen, sollten Sie deutlich machen, dass auch die neuen Vierergruppen entlang der bereits bekannten Frage diskutieren werden und es spannend sein kann, wie ähnlich oder auch wie unterschiedlich sich die Eindrücke der Kollegen darstellen.

Für einige Gruppen kann es hilfreich sein, sie daran zu erinnern, sich zum Abschluss der Veranstaltung nicht „noch mal eben schnell" gegenseitig überzeugen zu wollen, sondern dass es darauf ankommt, einfach neugierig die Vielfalt zu genießen und die sich herauskristallisierenden Kernthemen zu entdecken.

Nach weiteren 10 bis 20 Minuten lösen Sie erneut diese Konstellationen auf und bilden, je nach Gesamtgruppengröße Gesprächsrunden bestehend aus acht oder zwölf Personen. Diese Abfolge kann so lange fortgesetzt werden, bis es nunmehr drei Gruppen gibt, die sich austauschen, bevor die abschließende Plenumsrunde eingeläutet wird.

Je größer die Gruppen werden, desto stärker wird verallgemeinert und oft plakativ berichtet. Umso wichtiger ist es dann, dass sich die Gruppen an der proaktiven Ausrichtung der Fragestellung orientieren und nicht das Fehlende, sondern das Erreichte betrachten. Um diese konsequente Lösungsorientierung zu sichern, bietet es sich an, zumindest kurz in die Gruppen ab acht Personen reinzuhören und ggf. zu intervenieren.

In unserem Beispiel begann sich der Fokus einer Achtergruppe zu verschieben. Die Teilnehmer begannen zunehmend die Dinge zu benennen, die noch zu einem perfekten Zusammenspiel fehlten. In diesem Fall war es vollkommen ausreichend, freundlich an die Fragestellung und das „halb volle Glas" zu erinnern und schon verfestigte sich erneut die Freude über die gemeinsame Zusammenarbeit.

Schritt 3: Ende gut – alles gut
Die Abschlussrunde im Plenum ist die Abrundung des „Fraktalen Feedbacks". Je nach Wunsch und zeitlichen Möglichkeiten kann das Mischungsverhältnis von Bewusstwerdung über die wiederkehrenden (fraktalen) Muster einerseits und einer bloßen und wertschätzenden Verabschiedung andererseits situativ gewählt werden. Beide Varianten seien hier kurz in Reinform erwähnt – mixen Sie selbst!

Erste Variante: Wir verabschieden uns
Sie moderieren ab, indem Sie selbst ein bis zwei Kernthemen der Gesprächsrunden benennen und formulieren einige Komplimente für die Gruppe. Dann leiten Sie über zum Gastgeber oder Auftraggeber, so dass die Veranstaltung beendet werden kann.

Je nach Zeit empfiehlt es sich, zu Beginn einige Teilnehmer berichten zu lassen, welche Themen sie denn häufiger hören konnten. Doch hier beginnt bereits der Übergang zur zweiten Variante.

Zweite Variante: Wir werden uns unserer wiederkehrenden Themen bewusst
Sie fragen die Gruppe, welche Themen wiederkehrend benannt wurden. Vertiefen Sie hierbei besonders Themen, die sich auf die Zukunft und die wahrgenommenen Stärken der Organisation und der Gruppe beziehen. Tipp: Falls eine Mehrzahl an harten Themen genannt wird und Sie gerne auch weiche Faktoren bewusst machen möchten, eignen sich „Warum-Fragen" hervorragend.

Beispiel:
Moderator: *„Welche wichtigen Themen haben Sie denn öfter in Ihren Gesprächen gehört?"*
Gruppe: *„Es war gut, die Umsatzziele zu erfahren."*
Moderator: *„Und warum war Ihnen oder Ihrer Gruppe das so wichtig?"*
Gruppe: *„Es ist gut zu wissen, wohin die Reise gehen soll und auch gefragt zu werden. Die persönlichen Gespräche waren wirklich nötig und gut!"*

Diese „Warum-Kaskade" kann beliebig fortgesetzt werden, um zunehmend mehr werteorientierte und weiche Aspekte der genannten Themen ans Tageslicht zu bringen und emotional zu vertiefen.

„Warum-Fragen" wirken, wenn die lösungsorientierte Ausrichtung gesichert ist (!), wie eine Verstärkung emotionaler Komponenten sachlicher Themen. Beachten Sie daher die Regel: *„Begleite das Kundensystem zunächst in einen ressourcenvollen Zustand und nutze erst dann die ‚Warum-Fragen', um Deine Kunden eine entsprechende emotionale Tiefe zu ihren Themen erleben zu lassen (siehe Abb. 2)."*

Abb. 2: Vertiefung von Lösungen

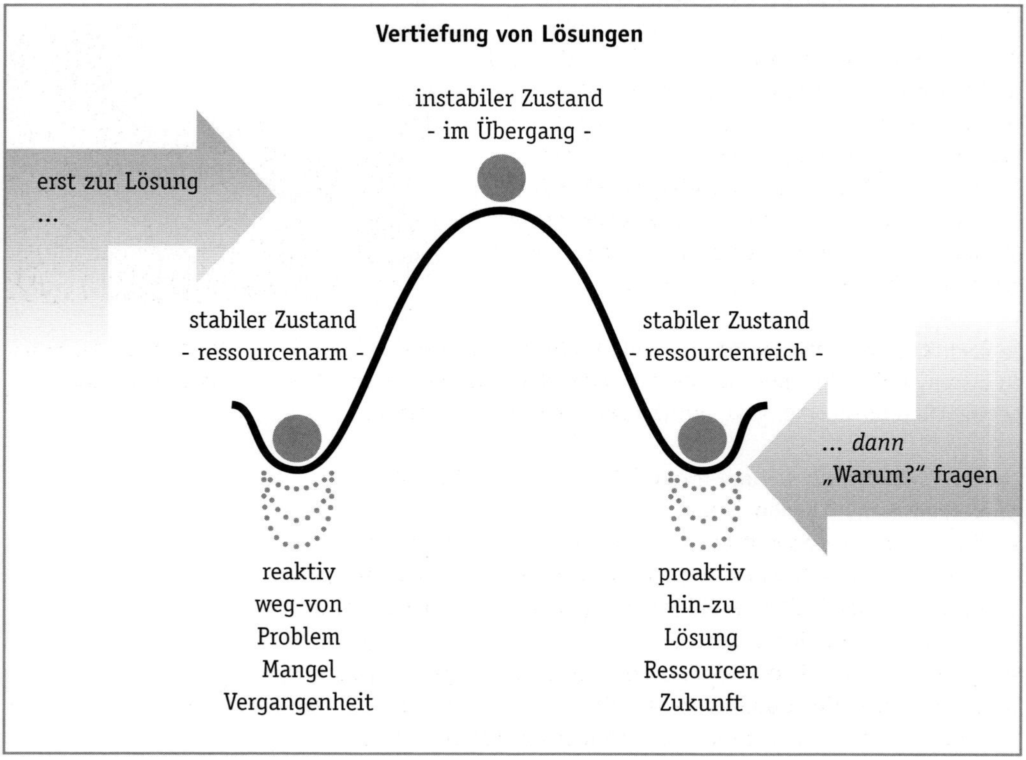

Voraussetzungen/ Kenntnisse

„Das fraktale Feedback" kann mit den gängigen Grundkenntnissen über Gruppen und Prozessabläufe gut durchgeführt werden. Deshalb sei an dieser Stelle nur ein kleiner Exkurs für Chaosliebhaber gestattet, die Spaß daran haben, einen Schritt weiter zu denken.

Hintergrund:
Inwieweit ist es für die Prozessbegleitung und die Moderation nützlich, fraktale Strukturen einer Gruppe zu erkennen und was ist an dieser

Feedback-Form so fraktal? „Fraktal" bedeutet gebrochen und meint die Brechung mathematischer Dimensionen bei Rechenvorgängen, die sich wiederkehrend auf sich selbst beziehen. Der Prozess bleibt hierbei im Prinzip gleich, die Ergebnisse hingegen ändern sich stetig. Das klingt komplizierter als es ist und heißt lediglich, dass Prozessergebnisse wieder in den Prozess eingesteuert werden.

Das „Stille Post"-Spiel unserer Kindertage ist ein gutes Beispiel für eine Entsprechung in der Kommunikation: Hier wandert ein komplexer Satz von einem Kind zum anderen und durchläuft im Zuge der jeweils subjektiven Verkürzungen kreativste Veränderungen.

Der Clou iterativer Prozesse besteht darin, dass sich hochkomplexe Strukturen in gewissen Ordnungen zeigen. Fraktale sind Regelmäßigkeiten im Chaos. Diese Muster sind nicht immer leicht zu erkennen. In grafischen Darstellungen mathematischer Fraktale braucht es eine große Anzahl von Rechenvorgängen, bis aus ungeordneten Strukturen Regelmäßigleiten erkennbar sind (siehe Abb. 3).

Abb 3: Regelmäßigkeiten werden erkennbar.

In Gruppenprozessen braucht es ebenfalls einen geeigneten Rahmen, der die Beteiligten so miteinander vernetzt, dass sich die für sie typischen Verhaltensmuster und Kernthemen herauskristallisieren.

„Das fraktale Feedback" kombiniert dabei folgende Faktoren, die diese Mustererkennung ermöglichen:

- Eine iterative Prozessstruktur, die es ermöglicht, ihre Ergebnisse wiederholt in sich selbst einzuspeisen. Im fraktalen Feedback ist dies die gleich bleibende Fragestellung und der kaskadenförmige Ablauf der Gesprächsrunden.
- Die verbindliche Regel, die Kernthemen der jeweiligen Vorrunde mit zu berücksichtigen und in die jeweils größere Runde einzubringen.
- Genügend Zeit, so dass die Beteiligten schon während ihrer Gesprächsrunden die Kernthemen heraushören können.

Werden Fraktale sichtbar, setzt ein heilsamer psychologischer Prozess ein: Wir beginnen Wälder statt eines Haufens einzelner Bäume zu sehen oder anders gesagt, die Fähigkeit, Fraktale wahrnehmen zu können, rettet uns vor dem Ertrinken in Komplexität.

Fraktale Strukturen halten noch etwas Wertvolles für uns bereit: Kenntnisse einer Teilstruktur geben Hinweise auf die Gesamtstruktur. So überrascht es nicht, wenn wir etwa in einem Vertriebs-Workshop nicht nur die für dieses Teilsystem typischen Muster wahrnehmen, sondern auch Rückschlüsse bezüglich der gesamten Unternehmenskultur ziehen können. Diese Transferleistung setzt allerdings eine entsprechend gut entwickelte Fähigkeit zur Mustererkennung in Gruppenprozessen und etwas Erfahrung voraus.

Kommentar/ Erfahrungen

Fehler sind wie Rohdiamanten, die nur darauf warten, geschliffen und in die Sammlung wertvoller Erfahrungen eingereiht zu werden.
Die Top-Ten meiner Lieblingsfehler im „Fraktalen Feedback" sind ...

- statt thematisch abzuschließen, die Teilnehmer erneut Karten schreiben zu lassen, die später visualisiert werden.
- den Teilnehmern freizustellen, ihre Gespräche außerhalb des Plenumsraumes zu führen.
- in der Anmoderation sämtliche Schritte vorab anzukündigen.
- die Frage nicht zu visualisieren.
- es zu versäumen auf die genaue Einhaltung der Gruppengrößen zu achten. Wenn es etwa zu Beginn schon mehrere Dreiergruppen gibt, kommen Einzelne kaum dazu, in der ersten Runde etwas zu sagen.
- Redundanz als pure Wiederholungen abzutun und sie nicht als Indikator für die typischen Muster der Gruppe oder gar des Unternehmens zu nutzen. Dies ist ein wichtiger Punkt und sollte klar nachvollzogen sein: Sich wiederholende Beiträge sind kein Grund, den entsprechenden Redebeitrag zu ignorieren. Ganz im Gegenteil: Redundanzen sind in iterativen Prozessen unsere Hinweisschilder für gruppenspezifische Muster. Und wir tun gut daran, unsere Ohren zu spitzen, und nach diesen Wegweisern Ausschau zu halten. Worin hier der Nutzen liegt? Ganz einfach: Wenn es uns gelingt, unsere Interventionen zur Veränderung an den organisationstypischen Mustern auszurichten, erreichen wir mit kleinen Impulsen oft große Wirkung.
- sich als Moderator selbst an den Gesprächen zu beteiligen.
- zu wenig Zeit einzuplanen.
- die Kernthemen im Plenum zu sehr zu analysieren und damit die Emotionalität zu dämpfen.
- die Redebeiträge als persönliche Meinungsäußerungen zu kommentieren und damit den Blick auf das große Ganze zu erschweren. Vielmehr ist es ratsam, die sich wiederholenden Aussagen als Stimmen einer Gesamtgruppe wahrzunehmen. Sie können es auch auf

die Spitze treiben und im Plenum die Gruppe nur noch als ein einziges System ansprechen.

Wird eine Veranstaltung mit dem „Fraktalen Feedback“ beendet, freuen sich die Beteiligten sichtlich über diese Gelegenheit, ihre Eindrücke „sacken lassen“ zu können. Denn, wie häufig berichten uns Workshop-Teilnehmer, dass sie die vielen Eindrücke und neuen Erkenntnisse erst einmal „verdauen“ möchten? Wie oft können wir als Moderatoren das Bedürfnis der Gruppen beobachten, die Erlebnisse mit Kollegen auszutauschen, im persönlichen Gespräch einzuordnen und dadurch für sich zu verankern? Je komplexer sich die Inhalte und je herausfordernder sich die Gruppenkonstellationen zeigen, desto wichtiger werden die Pausen. Formate wie der „Open Space“ oder das „World Café“ nutzen dieses Bedürfnis aktiv und im Sinne der inhaltlichen Ziele. Ähnlich wie beim „Fraktalen Feedback“ bekommen hier die Teilnehmer schon während der Veranstaltung Gelegenheit, ihre Eindrücke zu verarbeiten und durch eine Art kollektiven Gestaltschluss zu verankern.

Technische Hinweise

Räumliche Voraussetzungen:
Mobile Stühle (keine feste Verankerung) sind wichtig, damit sich die Beteiligten einfach umsetzen können. Allerdings können Kurzvarianten des „Fraktalen Feedbacks“ auch im Stehen durchgeführt werden.

Hilfsmittel:
Hilfreich ist es, entweder über eine gut trainierte Stimme oder ein funktionierendes Headset zu verfügen. Klingende Utensilien, mit denen Sie prompt die Aufmerksamkeit einer lebhaften Gruppe auf sich lenken können, erfüllen ebenfalls diesen Zweck.

Quellen/ Weiterführende Literatur

- Heinz-Otto Peitgen/Hartmut Jürgens/Dietmar Saupe (1992). Bausteine des Chaos. Fraktale. Berlin: Klett-Cotta/Springer-Verlag.
- Katja Vittinghoff (2001). Zehn Gebote für Beratung. In: Doering/Doering: Von der Sensorischen Integration zur Entwicklungsbegleitung. Dortmund: Borgmann Publishing. S. 210-233.

Denkhüte-Feedback

Von Amelie Funcke

Anwärmen	Orientieren	Bearbeiten	Abschließen

Kurzbeschreibung

Mit dem „Denkhüte-Feedback" kann aus unterschiedlichen Perspektiven ein differenziertes Feedback erhoben werden. Einzelne oder Kleingruppen blicken nacheinander oder parallel von mehreren Betrachtungsebenen auf den Prozess und die Ergebnisse. Dabei bekommen nicht nur die Sachaspekte, sondern auch die Emotionen Raum.

Dauer

Etwa 30-90 Minuten. Die benötigte Zeit hängt vor allem davon ab, ob und wie mit den Ergebnissen weitergearbeitet wird.

Anwendungsbereiche

Die Methode lässt sich variabel verwenden und gut an unterschiedliche Situationen anpassen. Sie passt vorzugsweise in die Phase „Abschließen", kann aber in länger andauernden Prozessen auch als Zwischenerhebung oder -auswertung eingesetzt werden. Sie dient in erster Linie der Prozessreflexion und der Ergebnissicherung. Es ist auch möglich, mit ihrer Hilfe den zu leistenden Transfer zu erarbeiten. Besonders sinnvoll und ergiebig ist die Methode:

- als Abschluss von längeren, intensiveren Prozessen,
- immer dann, wenn der Moderator spürt, dass, wie es in Veränderungsprozessen häufig geschieht, verschiedene Ebenen des Denkens bzw. der Kommunikation durcheinander geraten und es sinnvoll erscheint, diese auseinander zu sortieren und zu trennen,
- dann, wenn ein Team viel miteinander erlebt, erarbeitet und durchlitten hat und der Moderator diese Vielfalt herausstellen und würdigen möchte.

Zielsetzung/Nutzen

Viele Veränderungsprozesse sind nicht nur von Sachthemen, sondern auch von starken Emotionen geprägt. Häufig sind die Mitarbeiter hin und her gerissen zwischen den Anforderungen und Notwendigkeiten einerseits, und divergierenden Empfindungen wie Angst und Neugierde, Festhaltenwollen und Lust auf Neues andererseits.

Das „Denkhüte-Feedback" ermöglicht es dem Moderator, Veranstaltungen oder Prozesse umfassend zu reflektieren und auszuwerten – und dabei gleichzeitig auf genial einfache Weise die unterschiedlichen Ebenen und Perspektiven zu berücksichtigen.

Die Grundidee für diese Methode liefert das Modell der sechs Denkhüte von Edward de Bono. Die „six thinking hats" wurden ursprünglich erdacht, um Kommunikation klar zu strukturieren. Sie stehen für die grundlegenden Formen des Denkens. Ihr Einsatz ermöglicht es, dass eine Gruppe eine Fragestellung nicht länger, wie sonst häufig praktiziert, auf verschiedenen Ebenen kreuz und quer diskutiert. Stattdessen fördern die Hüte das parallele Denken: Alle Beteiligten haben nämlich symbolhaft den gleichen Hut auf – und denken damit in die gleiche Richtung. Die Vorteile: Diskussionen werden so versachlicht, Themenbearbeitungen, Ideen- und Lösungsfindungen beschleunigt und erleichtert. Auch die Arbeitsatmosphäre zeigt sich weniger anfällig für Störungen, da sie sich wie automatisch konzentriert und intensiviert. Durch das Aufsetzen eines weiteren, anderen Hutes nehmen alle Beteiligten immer wieder gemeinsam einen Perspektivwechsel vor. Auf diese Weise können bis zu sechs unterschiedliche Hüte und damit Blickrichtungen zum Einsatz kommen.

Ausführliche Beschreibung

In etwas zweckentfremdeter Form können die Denkhüte in der Schlussphase von Change-Workshops eingesetzt werden. Nicht so sehr der Aspekt des parallelen Denkens soll hier genutzt werden, sondern die mögliche Vielfalt durch die unterschiedlichen Denkebenen.

Beispiel: In einem länger andauernden Veränderungsprozess, zu dem ein Kick-off-Workshop und zwei etwas kürzere Follow-ups gehörten, hatten die Teilnehmenden auf vielen verschiedenen Ebenen miteinander gearbeitet: die Situation war analysiert, Ziele definiert, Problembereiche herausgearbeitet, Ängste benannt worden. Ebenso hatte man Vorhaben entwickelt und Verabredungen getroffen, hinsichtlich der Zusammenarbeit oder der notwendigen organisatorischen und arbeitstechnischen Veränderungen. Auch die Beziehungen untereinander, Einstellungen und Glaubenssätze waren thematisiert, Strategien entwickelt worden, etwa zum zukünftigen Umgang miteinander und mit den Kunden. Für die Auswertung am Ende der letzten Etappe schien es eine gute und zweckmäßige Idee, das gemeinsam Erlebte und Erarbeitete Revue passieren zu lassen, um das Geschehene möglichst in seiner ganzen Vielfalt noch einmal zu erinnern, zu würdigen und zu bewerten – bei gleichzeitigem Blick in die Zukunft. So kam das „Denkhüte-Feedback" zum Einsatz.

Schritt 1: Einführung in das Modell der sechs Denkhüte
Zunächst werden die Idee und die Besonderheiten der sechs Denkhüte erklärt: *„Zur Auswertung unseres Workshops bedienen wir uns einer kreativen Methode, die von Edward de Bono entwickelt wurde. Er nutzt sechs Hüte in verschiedenen Farben, um damit sechs unterschiedliche Denkperspektiven zu symbolisieren:*

- *Der weiße Hut steht für die objektive Information. Mit ihm trägt man die Fakten zusammen, z.B. über die Ist-Situation.*
- *Der rote Hut richtet die Aufmerksamkeit nach innen – auf die Gefühle und die Intuition.*
- *Der gelbe Hut weist auf Vorteile und den Nutzen sowie auf neue Möglichkeiten, von dem Nutzen Gebrauch zu machen.*
- *Der schwarze Hut steht für die Vorsicht: Wer ihn trägt, blickt aus der Perspektive des Richters und Kritikers. Er wägt ab, warnt vor Risiken und Gefahren und wendet damit Schaden ab.*
- *Der grüne Hut fordert Kreativität. Mit ihm werden Vorschläge und Ideen entwickelt und nach Alternativen gesucht.*
- *Der blaue Hut: Mit ihm blickt man von außen auf das Geschehen, behält den Überblick und moderiert beispielsweise den Ablauf."*

Es empfiehlt sich, die sechs Farben und den jeweiligen Focus der einzelnen Denkhüte zu visualisieren und das Bild jederzeit sichtbar im Raum zu platzieren.

Schritt 2: Reflexion in Kleingruppen
Es werden Kleingruppen à 2-5 Personen gebildet. Die Gruppen erhalten je einen Hut aus Pappe oder ersatzweise farbige Kärtchen mit einer (schriftlichen!) „Denkanweisung". Jede Kleingruppe bekommt einen andersfarbigen Hut.

Die „Denkanweisungen" für die sechs Hüte beinhalten folgende Leitfragen:

Weißer Hut:
- *Welche Inhalte gab es?*
- *Wie war der Ablauf, wie wurde vorgegangen?*
- *Welches waren die für Sie wichtigsten Erkenntnisse und Ergebnisse?*

Abb.1: Die sechs Denkhüte nach de Bono

Roter Hut:

- *Welche verschiedenen Gefühle haben Sie im Verlauf des Prozesses wahrgenommen/waren zu beobachten?*
- *Durch welche Gefühle sind wohl die Einzelnen/die Gruppe gegangen?*
- *Wie haben sie sich ausgedrückt?*
- *Wie war die Entwicklung?*
- *Wie ist es jetzt?*

Gelber Hut:

- *Was war/ist erfreulich an dem, wie alles gelaufen ist?*
- *Was hat Ihnen besonders gefallen?*

- *Welche Vorteile/welchen Nutzen sehen Sie?*
  - *Für das Unternehmen?*
  - *Für das Team?*
  - *Für Sie selbst?*

Schwarzer Hut:
- *Was war schwierig an dem, wie alles gelaufen ist?*
- *Was hat Ihnen nicht so gut gefallen?*
- *Welche Nachteile sehen Sie?*
- *Welche Stolpersteine werden vermutlich auf Sie zukommen/gilt es zu meistern?*

Grüner Hut:
- *Welche weiterführenden Ideen haben Sie?*
- *Welche Alternativen fallen Ihnen ein?*
- *Was sollte jetzt als Nächstes geschehen?*

Blauer Hut:
- *Wenn jemand von außen zugesehen hätte, wie würde sich diese Person äußern?*
  - *Über den Prozess?*
  - *Über das Team?*
  - *Über den Moderator?*

Alle Kleingruppen erhalten nun die folgende Aufgabe: *„Bitte erinnern Sie sich und tragen Sie alles zusammen, was Ihnen in Bezug auf die gemeinsamen Workshops bzw. den Change-Prozess zu den Fragestellungen einfällt, die Sie auf Ihren ‚Denkanweisungen' finden. Sie haben zehn Minuten Zeit, Ihre Antworten zu notieren. Verwenden Sie hierzu Moderationskarten in den Farben Ihres Hutes. (Schwarzer Hut: graue Moderationskarten). Beachten Sie bitte die Regel: nur ein Aspekt pro Karte."*

Schritt 3: Präsentation der Ergebnisse
Nacheinander stellen die Kleingruppen ihre Ergebnisse (und evtl. den Entstehungsprozess) kurz vor und pinnen ihre Karten an zwei bis sechs Moderationswände. Die Reihenfolge der Präsentationen kann zufällig erfolgen, oder aber vom Moderator bewusst vorgegeben werden. Eine interessante Reihenfolge wäre: weiß (für die Fakten), rot (als Kontrast dazu), schwarz (für das Schwierige), gelb (als positiver Kontrast dazu), grün (für das Nach-vorne-Denken), blau (als Abschluss schön, weil oft witzige, humorvolle, kreative Karten entstehen). Zum Schluss können Verständnisfragen geklärt und Ergänzungen nachgetragen werden.

Anschließend besteht die Möglichkeit ...

- das Ergebnis als „Gesamtschau" zu würdigen und so stehen zu lassen. Der Workshop und der gemeinsame Prozess werden damit abgeschlossen. Der Moderator verabschiedet sich, die Pinwände werden fotografiert und die Fotos den TN als Erinnerung zur Verfügung gestellt. Schön ist auch ein abschließendes Gruppenfoto vor den Pinwänden.
- den einen oder anderen Aspekt in einem Gespräch zur Förderung eines gemeinsamen Verständnisses noch einmal zu vertiefen und anschließend den Prozess zu beenden (s.o.)
- in einer Abschlussrunde noch einmal jede Person einzeln zu Wort kommen zu lassen. Diese gibt ihr persönliches Feedback zum gesamten Change-Prozess und bezieht sich dabei auf die für sie wichtigsten und/oder zutreffendsten Aussagen zu jedem Hut. Am schönsten ist dabei diese Reihenfolge: blau (weil am weitesten weg), weiß (für die Fakten), schwarz (für das Schwierige), gelb (als positiven Kontrast), grün (für das persönliche Vorhaben), rot (als emotionales Schluss-Statement).

Evtl. Schritt 4: Praxistransfer sichern

Eine weitere Möglichkeit ist es, sich noch einmal besonders dem Nutzen (gelber Hut), den Stolpersteinen (schwarzer Hut) und den weiterführenden Ideen (grüner Hut) zuzuwenden und auf dieser Basis in die Erarbeitung eines Transferfahrplans einzusteigen. Dabei kann so vorgegangen werden:

Jeweils zwei Personen tun sich zusammen und bilden eine „Transferpartnerschaft". Die Paare werden gebeten, sich die Moderationskarten (vor allem zum gelben, schwarzen und grünen Hut) noch einmal mit Blick auf die Zukunft anzusehen und dann die folgenden Fragen miteinander zu besprechen:

- *Was bedeuten die Ergebnisse und Erfahrungen dieses Prozesses für mich persönlich?*
- *Was ist mir in Zukunft besonders wichtig?*
- *Was nehme ich mir für die Zukunft besonders vor – wofür setze ich mir persönlich ‚den Hut auf'?*
  - *Wie kann ich das Team besonders fördern?*
  - *Was will ich bei mir selbst bearbeiten oder verändern?*
- *Evtl: Wann und wie mache ich den ersten Schritt?*

Der Austausch zu zweit kann auch während eines gemeinsamen Spaziergangs erfolgen. Nach etwa 30 Minuten Besprechungszeit kommen alle wieder im Sitzkreis zusammen. Abschließend wird reihum (bei großen Gruppen beispielhaft) kurz das Wichtigste aus den Transferpartnerschaften berichtet.

Voraussetzungen/ Kenntnisse

Hilfreich sind Erfahrungen mit den gängigen Moderationsmedien. Der Berater sollte etwas über die Herkunft, die Idee und den Nutzen der sechs Denkhüte wissen. Darüber hinaus sind keine speziellen Kenntnisse erforderlich.

Kommentar/ Erfahrungen

Diese assoziative, auf eine Denkrichtung pro Kleingruppe fokussierte Vorgehensweise aktiviert die Teilnehmenden, macht Spaß und führt im Gesamtergebnis zu einer zügigen, interessanten und recht vollständigen Erhebung der prozessbestimmenden, -tragenden und -begleitenden Aspekte.

Bei der Inszenierung der Methode hat der Moderator (über die in der Beschreibung schon angesprochenen Varianten hinaus) vielfältige Variationsmöglichkeiten:

- Statt zugeteilt können die Hüte auch ausgelost werden.
- Oder die Kleingruppen bilden sich (nach kurzer Vorstellung der Denkrichtungen) nach Interesse um die Hüte herum. Auf diese Weise können Neigungen oder Stimmungen Einzelner aufgegriffen werden. Wem nach kritisieren (schwarz) ist, der darf kritisieren, wer lieber nach vorne denkt (grün), kann auch das tun. Achten Sie aber darauf, dass alle (Ihnen wichtige) Perspektiven abgedeckt werden.
- Es ist auch möglich, jedem Team zwei bis drei verschiedene Denkrichtungen zuzuteilen.
- Oder der Moderator lässt die Hüte rotieren. Allerdings ist es nicht ratsam, jedem Team jeden Hut aufzusetzen. Es kostet zu viel Zeit und – viel schlimmer – es verdirbt die Spannung und wird langweilig. Also, nur Mut zur Lücke, in der Zusammenschau ergibt sich meist ein recht vollständiges Bild.
- Erfahrungsgemäß erweisen sich die Hüte als unterschiedlich ergiebig. Ein etwa gleichzeitiges Ende der Gruppenarbeitszeit kann dadurch herbeigeführt werden, dass einer Kleingruppe, die sehr früh fertig ist, ein weiterer Hut zugeteilt wird.
- Statt Moderationskarten zu nutzen, können die Hüte auch auf einzelne Flipchartbögen geklebt und mit einer Fragestellung versehen

werden. Die Bögen werden im Raum aufgehängt, die Teilnehmenden gehen herum und schreiben ihre Kommentare auf die Flipchart. In einer anschließenden Runde kann auf die Äußerungen nochmals eingegangen werden (siehe Abb. 2).

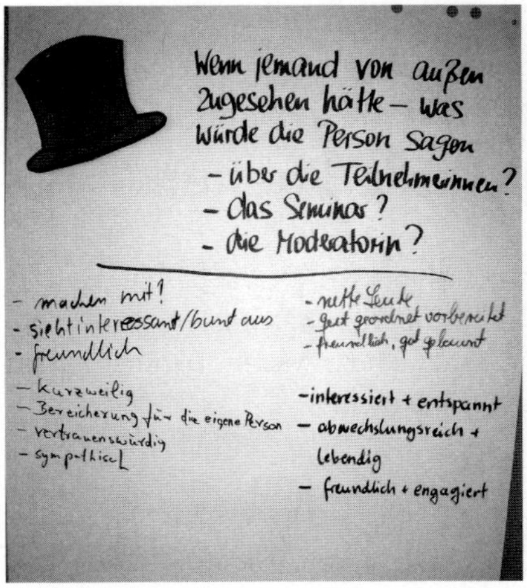

Abb. 2: Fragestellung mit Teilnehmerkommentaren – hier für den blauen Hut.

Technische Hinweise

Ausstattung:

- Mehrere Pinwände
- Reichlich Moderationskarten in den sechs Hutfarben (grau für den schwarzen Hut)
- Pro Teilnehmer ein Faserschreiber (möglichst gleiche Farbe, schwarz oder blau)
- Digitale Kamera

Vorbereitung:

- Farbige Hüte – echt oder aus Pappe, vorzugsweise in Originalgröße. Es können auch Moderationskarten als Hüte zurechtgeschnitten werden
- Visualisierte Denkanweisungen für jeden Hut
- Visualisierung und kurze Beschreibung der sechs Denkhüte (siehe Abb. 1)

Quellen/ Weiterführende Literatur

- Edward de Bono (1990). Six Thinking Hats. London: Penguin.

Teameinstimmung durch die Logischen Ebenen

Von Eva Havenith

Anwärmen	Orientieren	Bearbeiten	Abschließen

Kurzbeschreibung

Nachdem eine Gruppe Inhalte, Methoden und Strategien für eine anstehende gemeinsame Aktion erarbeitet hat, dient die Arbeit mit den „Logischen Ebenen" dazu, die vorhandenen Kräfte zu bündeln und sich als Team für die Herausforderung gut aufzustellen. Zu diesem Zweck durchschreiten die Teammitglieder unter Anleitung differenzierend und ressourcenorientiert verschiedene „psycho"-logische Ebenen der Veränderung.

Dauer

Etwa 45-60 Minuten.

Anwendungsbereiche

Das Tool kommt in einer Teamentwicklung oder einem Change-Workshop in der Phase „Abschließen" zur Anwendung. Der Einsatz der Methode ist dann sinnvoll, wenn das Team zwar sachlich gut vorbereitet und ambitioniert ist, gleichzeitig aber noch Unsicherheit spürbar wird, ob Einzelne oder das Team der Situation gewachsen sind. Die „Teameinstimmung durch die Logischen Ebenen" ist besonders wirkungsvoll, wenn sie sich auf ein konkretes Ereignis bezieht, das mit Sicherheit eintreten wird.

Zielsetzung/Nutzen

Das Persönlichkeitsmodell der „Logischen Ebenen" betrachtet den Menschen als ein kybernetisches System. Um sich der Vielschichtigkeit und Vielfältigkeit von Menschen und Systemen anzunähern, unterscheidet das Modell sechs verschiedene Ebenen: „Umwelt/Umgebung", „Verhalten", „Fähigkeiten", „Glauben und Werte", „Identität", „Sinn/Spiritualität". Die Ebenen werden als aufeinander aufbauend verstanden. Eine Veränderung auf höherer Ebene schließt unmittelbar die niedrigeren ein. Wenn beispielsweise jemand seine Fähigkeit, Konzepte und Strategien vor Publikum zu präsentieren, gezielt trainiert, so wird sich das auch auf den Ebenen Verhalten und Umwelt/Umgebung auswirken. Die Person wird dann bei Präsentationen wahrscheinlich auch entspannter auftreten und die Umgebung anders als zuvor wahrnehmen oder diese zu ihren Gunsten bewusst gestalten.

Anschließend an die inhaltliche Themenbearbeitung dient das gemeinsame Durchschreiten der sechs Ebenen der sachlichen und emotionalen Ergebnissicherung, indem eine persönliche wie auch eine gemeinsame Stärkung im Hinblick auf das anstehende Ereignis erfolgt.

Die unterschiedlichen Kräfte, die auf den einzeln Ebenen aktiviert werden, können durch ihre Wirkkraft „top down" vorhandene Ressourcen im Team stabilisieren. Die Teammitglieder verankern gemeinsam die positive Erfahrung, um sie in der eigentlichen Herausforderung reaktivieren zu können. Die aufbauend differenzierende Betrachtung einer Situation aus den einzelnen Ebenen heraus ermöglicht eine ganzheitlich wirksame Vorbereitung.

Ausführliche Beschreibung

Beispielsituation: Ein Projektteam aus dem IT-Bereich hat auf Grund einer gesetzlichen Veränderung eine neue computergesteuerte Bearbeitung eines Vorganges entwickelt. Damit verbunden ist nicht nur die Einführung einer neuen Software, sondern auch die Implementierung einer neuen Ablauforganisation. Die erarbeitete Vorgehensweise soll nun dem Vorstand in einer Präsentation vorgestellt werden. Zwar ist man überzeugt von der Sache, auch wurde eine Präsentationsstrategie erarbeitet, dennoch sind die Teammitglieder sich ihrer selbst und gegenüber dem Vorstand nicht sicher. Der Moderator entscheidet sich, das Team zum Abschluss des Workshops im Hinblick auf diese konkrete Situation durch die „Logischen Ebenen" zu führen.

Schritt 1: Vorbereitung und Einführung

Auf dem Boden des Seminarraumes werden die „Logischen Ebenen" mithilfe von Kreppband so markiert, dass die einzelnen Felder klar voneinander abgegrenzt sind. Beschriftete Moderationskarten kennzeichnen die einzelnen Ebenen:

Abb. 1: Vorbereitung der „Aktionsfläche“

Umwelt/Umgebung
Verhalten
Fähigkeiten
Werte/Glauben
Identität
Sinn/Spiritualität

Den Teammitgliedern wird zunächst nur erklärt, dass sie, unter Anleitung und bezogen auf die anstehende Situation, gemeinsam die so genannten „Logischen Ebenen“ durchlaufen werden. Das werde ihnen helfen, die Präsentation vor dem Vorstand gut „auf die Reihe zu bringen“. Während es die Aufgabe der Moderation sei, die einzelnen Ebenen kurz einzuführen, würden die Teilnehmenden angeregt, die Assoziationen zu der jeweiligen Ebene auszusprechen. Durch das, was andere sagen, könnten sich die Teammitglieder dann gegenseitig anregen, ergänzen und Ideen erweitern.

Die Moderation sollte an dieser Stelle zum Miteinander einladen und Bereitschaft zum Experimentieren wecken, aber nicht zu viel erläutern. Die „Logischen Ebenen“ werden erst im Tun erklärt. Wichtig ist jedoch, dass sich alle über die anstehende Situation, die im Folgenden betrachtet werden soll, einig sind! (Hier: Präsentation vor dem Vorstand)

Die eigentliche Übung besteht immer aus zwei wesentlichen, aufeinander folgenden Teilen:

- Die „Logischen Ebenen“ werden rückwärts von unten nach oben durchlaufen.
- Die „Logischen Ebenen“ werden vorwärts von oben nach unten durchlaufen.

Schritt 2: Ressourcen aktivieren – rückwärts durch die „Logischen Ebenen“
Die Teilnehmenden durchschreiten nach Anleitung zunächst rückwärts Feld für Feld die „Logischen Ebenen“, von „Umwelt/Umgebung“ auf-

bauend bis zur Ebene „Sinn/Spiritualität". Auf jeder der sechs Ebenen geschehen die folgenden Schritte:

1. Der Moderator führt jeweils mit einer kurzen Erklärung in die Bedeutung der gerade beschrittenen Ebene ein.
2. Er stellt Fragen und induziert so – immer bezogen auf die konkret zu betrachtende Situation – eine kleine Trance, die den Teilnehmenden hilft, ihre Ressourcen auf den verschiedenen Ebenen zu vergegenwärtigen.
3. Er ermuntert die Gruppe, ihre Einfälle, Ideen und Bilder zu benennen.
4. Er wiederholt die wesentlichen Inhalte der genannten Assoziationen, um sie zu festigen.
5. Er bittet die Teilnehmenden, gemeinsam die nächste Ebene zu betreten.

Der Moderator bittet die Teilnehmenden, sich oberhalb des Feldes „Umwelt/Umgebung" nebeneinander aufzustellen und dieses dann gemeinsam mit einem Rückwärtsschritt zu betreten.

Die erste Ebene: Umwelt/Umgebung

1. Erklärung: *„Die Position ‚Umwelt/Umgebung' meint den Kontext, die äußeren Umstände und Rahmenbedingungen, die in der konkreten Situation vorgefunden werden. Bitte denken Sie sich in die anstehende Vorstands-Präsentation hinein und vergegenwärtigen Sie sich, was Sie auf der Ebene ‚Umwelt/Umgebung' erleben."*
2. Leitfragen: *„Wo genau wird die Sache stattfinden? Wann? Wer wird dabei sein? Wer noch? Mit wem werden Sie da sein? Wie nehmen Sie die Umgebung wahr? Was gibt es zu sehen, hören, fühlen, schmecken, riechen?"*
3. Der Moderator regt an: *„Nennen Sie bitte alle Ideen, Bilder und Assoziationen, die Ihnen dazu einfallen."*
4. Der Moderator wiederholt die wesentlichen Inhalte.
5. Die Teammitglieder werden aufgefordert: *„Bitte treten Sie gemeinsam einen Schritt zurück auf die Ebene ‚Verhalten'."*

Die zweite Ebene: Verhalten

1. Erklärung: *„Auf dieser Position geht es darum, wie Sie sich während der Präsentation verhalten werden, damit sie gelingt: Im Blickpunkt sind also Ihre Handlungen und Ihr Tun durch Worte, Stimme/n, Gestik, Bewegungen, Atmung usw. Verhalten ist all das, was Sie von außen, wie durch eine Videokamera aufgenommen, wahrnehmen*

können." (Hinweis für die Moderation: den Fokus immer auf das GELINGEN der anstehenden Situation richten!)
2. Leitfragen: *„Was genau tun Sie? Was sagen Sie? Wie sprechen Sie? Was sehen, was hören Sie? Wie fühlt es sich an? Was gibt es zum Verhalten noch zu beschreiben?"*
3. Wie oben
4. Wie oben
5. *„Bitte treten Sie gemeinsam einen Schritt zurück auf die Ebene ‚Fähigkeiten'."*

Die dritte Ebene: Fähigkeiten
1. Erklärung: *„Diese Position dient dazu, sich zu vergegenwärtigen, was Sie können, welche Fähigkeiten Sie haben und welche Strategien Sie aktivieren, um sich wie oben beschrieben zu verhalten."*
2. Leitfragen: *„Wie werden Sie das genannte Verhalten ausführen? Welche Fähigkeiten brauchen Sie, um die Verhaltensweisen an diesem Ort, zu dieser Zeit zu verwirklichen? Welche Ressourcen und Potenziale haben Sie, die Sie nutzen können? Wie tun Sie etwas in dieser Situation am besten?"*
3. Wie oben
4. Wie oben
5. *„Bitte treten Sie gemeinsam einen Schritt zurück auf die Ebene ‚Glauben und Werte'."*

Die vierte Ebene: Glauben und Werte
Wie vorhandene Fähigkeiten eingesetzt werden, hängt entscheidend davon ab, wie wir etwas angehen und von welchen Einstellungen und Werten wir uns leiten lassen. Werte sind wesentliche Motivatoren.
1. Erklärung: *„Auf dieser Position geht es darum, sich bewusst zu machen, wovon Sie überzeugt sein müssen, um über die genannten Fähigkeiten zu verfügen."*
2. Leitfragen: *„Warum und wofür aktivieren Sie gerade diese Fähigkeiten? Was ist Ihnen daran wichtig? Wovon müssen Sie überzeugt sein, damit Sie Ihre Fähigkeiten für die Situation entfalten und das gewünschte Verhalten zeigen können? Was motiviert Sie?"*
3. Wie oben
4. Wie oben
5. *„Bitte treten Sie gemeinsam einen Schritt zurück auf die Ebene ‚Identität'."*

Die fünfte Ebene: Identität
Die Identität als Selbstbild und Selbstwert beschreibt alles, was wir über uns als Person oder auch über das „Wir" im Team glauben.

1. Erklärung: *„Auf dieser Ebene werden Sie überlegen, welches Bild Sie von sich selbst und/oder von Ihnen als Team in der anstehenden Situation haben."*
2. Leitfragen: *„Bitte finden Sie eine ressourcevolle Metapher/ein Bild/ein Symbol ..., das Ihre Glaubenssätze, Werte, Fähigkeiten und Verhaltensweisen prägnant zum Ausdruck bringt. Als wer oder was werden Sie in dieser Situation mit Ihren Werten, Fähigkeiten und Verhaltensweisen da sein? Welches Bild haben Sie von sich als Person bzw. von sich als Gruppe?"*
3. Wie oben
4. Wie oben
5. *„Bitte treten Sie gemeinsam einen Schritt zurück auf die Ebene ‚Sinn/Spiritualität'."*

Die sechste Ebene: Sinn/Spiritualität
Neben der Zugehörigkeit als Teil eines größeren Systems, sind hier auch Vision, Mission oder Berufung, denen die „Identität" dient, gemeint. In einem pragmatischen Sinn kann das bedeuten, aufgehoben zu sein in einem Unternehmen, bzw. in einem „Wir". Übergeordnet verbinden Menschen damit aber auch, Zugehörigkeit in einem gemeinsamen Sinnverständnis, Teil einer geistigen Gemeinschaft, einer Vision und/oder Spiritualität zu sein.

1. Erklärung: *„Es geht auf dieser Position um Ihre Zugehörigkeit als Teil eines größeren Systems."*
2. Leitfragen: *„Welchem größeren Zusammenhang fühlen Sie sich als Person bzw. als Team zugehörig? Was gibt Ihnen Sinn? Was ist Sinn und Zweck Ihres Teams in Ihrer Unternehmung? Was ist es, dem sie dienen? Was ist der höhere Kontext?"*
3. Wie oben
4. Wie oben

Schritt 3: Ressourcen verankern – vorwärts durch die „Logischen Ebenen"
Das Ziel des folgenden Schrittes ist es, die bis zur höchsten Ebene angereicherten Erfahrungen bis zur untersten Ebene mitzunehmen. Dazu ist es nötig, den erreichten Zustand auf der letzten Ebene bei den Teilnehmenden zu verankern. (Ankern ist die Verknüpfung eines inneren Gefühlszustandes mit einem äußeren Reiz mit dem Ziel, durch diesen externalen Stimulus den positiv verankerten Bewusstseinszustand auch zu einem anderen Zeitpunkt wieder auszulösen zu können.) Das Ankern kann durch den Moderator akustisch (klicken eines Kulis, Schnalzen, Summton ...) oder durch eine Bewegung (für alle sichtbare Armbewegung, die den Schritt nach vorne begleitet) erfolgen. Erfolg-

reicher im Sinne der gemeinsamen Stabilisierung ist es, wenn das Team angeregt werden kann, eine gemeinsame Bewegung als kinästhetisch wirksame Aktion auszuführen.

Während die Gruppe sich also noch auf der Position „Sinn/Spiritualität" befindet, fragt der Moderator: *„Welches Gefühl kommt in Ihnen auf, wenn Sie sich klarmachen, welchem größeren Ganzen Sie angehören? Bitte spüren Sie nach und lassen Sie dieses Gefühl in sich ausbreiten (...) Finden Sie nun miteinander eine Bewegung, die dieses Empfinden beinhaltet (...) Führen Sie die Bewegung gemeinsam aus und nehmen Sie so viel wie möglich von diesem guten Gefühl, dem Bewusstsein des größeren Ganzen, von dem Sie ein Teil sind, mit nach vorn auf die Ebene ‚Identität'."*

Die Gruppe kehrt jetzt vorwärtsgerichtet, Schritt für Schritt und angereichert mit den Erfahrungen und Erkenntnissen aus den höheren Ebenen von „Sinn/Spiritualität" bis „Umwelt/Umgebung" wieder zurück.

Bei jedem der folgenden Schritte gilt:

- der Moderator fordert die Teilnehmenden auf, Veränderungen wahrzunehmen und die Erfahrungen der höheren Ebene zu repräsentieren. Er zitiert erneut die wesentlichen Assoziationen, die die Teammitglieder auf der jeweiligen Ebene genannt haben.
- zwischen den Fragen, bzw. Aufforderungen lässt der Moderator der Gruppe ausreichend Zeit zum Nachspüren.
- während der Moderator nun die Gruppe auffordert, mit der angereicherten Erfahrung einen Schritt zur vorhergehenden Ebene zu tun, wird der „Anker gesetzt".

Identität

„Spüren Sie aufmerksam nach, ob sich etwas verändert hat. Vielleicht entdecken Sie Neues, was dazugekommen ist? Was macht Sie aus als Person – als ganzes Team in dieser Situation? Nehmen Sie – mit der gemeinsamen Bewegung – so viel wie möglich von der Erfahrung, wer oder wie sie sind, mit nach vorn auf die nächste Position."

Glaube und Werte

„Nehmen Sie wahr, ob und was sich verändert hat. Entdecken Sie Neues, was dazugekommen ist. Welche Überzeugungen werden vielleicht bedeutsam? Gibt es etwas Zusätzliches, was Sie motiviert? Nehmen Sie wahr, wie Ihre Einstellungen und Werte verstärkt und bereichert werden. Bringen Sie – in der gemeinsamen Bewegung – Ihre Gefühle und Überzeugungen mit nach vorn auf die nächste Ebene."

Fähigkeiten
„Seien Sie aufmerksam dafür, wie sich die Fähigkeiten, die Sie erleben, verstärken, verändern oder bereichern. Welche neuen Fähigkeiten werden Ihnen jetzt bewusst, über die Sie noch verfügen? Nehmen Sie wieder viel von diesen Erfahrungen, Gefühlen und Fähigkeiten mit und gehen Sie – in der gemeinsamen Bewegung – nach vorn in die nächste Position."

Verhalten
„Seien Sie aufmerksam und machen Sie sich klar, ob sich etwas verändert hat. Erkennen Sie etwas Neues, was dazugekommen ist? Nehmen Sie wahr, was Sie tun, wie Sie sich verhalten. Nehmen Sie wiederum so viel wie möglich von dem Gefühl und von diesem Verhalten mit und gehen Sie – in der gemeinsamen Bewegung – nach vorn auf die nächste Position."

Umwelt/Umgebung
„Vergegenwärtigen Sie sich, was Sie jetzt auf dieser Position erleben. Erleben Sie gemeinsam wie dieser erste Platz verwandelt und bereichert wird ... Treten Sie nun – in der gemeinsamen Bewegung – aus den Feldern der Logischen Ebenen heraus."

Schritt 4: Betrachtung aus der Meta-Ebene und Sorge für die Zukunft
Nach Verlassen der „Logischen Ebenen" schauen sich die Teammitglieder die Sache von außen an und äußern sich blitzlichtartig zu den Erfahrungen. Keine Diskussion zulassen! Gemeinsam sollte nun geklärt werden, wie die Gruppe dafür Sorge trägt, in der vorbereiteten Situation die verankerten Ressourcen zu aktivieren. Dabei geht es nicht mehr um eine „kopfgesteuerte" Analyse der Übung im Detail. Vielmehr aktiviert der Moderator die transfersichernden Ressourcen der Gruppe:

- *Welche herausragenden Fähigkeiten Ihres Teams werden sicherstellen, dass Sie Ihre Ressourcen bei Bedarf jederzeit aktivieren können?*
- *Welche Möglichkeiten sehen Sie, die gemeinsam gefundene Bewegung vor der Präsentation auszuführen, um die jetzt spürbaren Ressourcen in der dann anstehenden Herausforderung miteinander verfügbar zu machen?*

Voraussetzungen/ Kenntnisse

Der Moderator sollte die „Logischen Ebenen" zumindest von der Idee her kennen. Besser ist es, wenn er über Erfahrung durch eigenes Erleben verfügt. Wer sich aber in die Betrachtungsweise aus den verschiedenen Ebenen gut hineindenken kann und moderationserfahren ist, wird das Tool auch anwenden können.

Kommentar/ Erfahrungen

Diese „ressourcenorientierte Anreicherung“ schlägt sich in einer guten, aktivierenden Stimmung bei den Beteiligten nieder. Wenn es gelingt, eine gemeinsame Bewegung zur Verankerung der Erfahrungen zu initiieren, entsteht so etwas wie ein Gruppentanz durch die Ebenen. Dieser lustvoll erlebte Gleichklang in einer Gruppe sichert das Zusammenspiel und Miteinander in einer schwierigen Situation auf besondere Weise.

Die Methode bedarf einer motivierten, der anstehenden Situation gegenüber positiven Grundstimmung, die es aktiv zu festigen bzw. auszubauen gilt. Überwiegen dagegen Skepsis und ein problemorientierter Fokus auf das Ereignis, wird es schwierig sein, die Ressourcen der Gruppe zu aktivieren. Da die Situation bei einer Gruppe schnell zu komplex wird, lässt sich dann, anders als bei der Anwendung des Tools im Einzelcoaching, nicht so gut der Blick auf die Stärken fördern.

Variationsmöglichkeiten:

- Bei einer Gruppe von mehr als acht Personen hat sich eine spiralförmig angelegte Reihung der Ebenen bewährt. Die beschrifteten Moderationskarten werden dann in einer großen Spirale ausgelegt, die Gruppe durchläuft die Ebenen nicht parallel aufgereiht, sondern eher wie eine Small Talk haltende Runde. Ansonsten gelten die gleichen Regeln.
- Man kann mit der Ebene „Identität“ enden und von dort aus den Rückweg von oben nach unten initiieren. Ich persönlich halte es aber im wahrsten Sinne des Wortes für „sinn-voll“ die Ebene „Sinn“ mit einzubeziehen.

Technische Hinweise

Räumliche Voraussetzungen:

Im Raum muss es eine großzügig bemessene Freifläche geben, die es ermöglicht, dass alle Teilnehmenden nebeneinander stehend sechs Schritte rückwärts gehen können.

Ausstattung:

- Moderationskarten, die mit den Themen der einzelnen Ebenen Umwelt/Umgebung, Verhalten usw. ... beschriftet sind
- Evtl. Kreppband, um die „Logischen Ebenen“ auf dem Fußboden zu markieren

Quellen/ Weiterführende Literatur

Das Persönlichkeitsmodell der „Logischen Ebenen" wurde von Robert Dilts, aufbauend auf den vier logischen Typen des Lernens von Gregory Bateson, entwickelt. Robert Dilts gehört zu den bedeutendsten Mitentwicklern des Neuro-Linguistischen Programmierens (NLP).

- Robert Dilts (1993). Die Veränderung von Glaubenssystemen. NLP & Glaubensarbeit. Paderborn: Junfermann.
- Alexa Mohl (2006). Der große Zauberlehrling Teil 1 + 2. Das NLP-Arbeitsbuch für Lernende und Anwender. Paderborn: Junfermann.

Was für's Herz

Von Dr. Peter Röhrig

Anwärmen	Orientieren	Bearbeiten	Abschließen

Kurzbeschreibung

Das Tool ist eine hochwertige emotionale Ergänzung zu Transferübungen auf der kognitiven Ebene. Die Übung verschafft den Teilnehmern überraschende Selbst-Einsichten. „Was für's Herz" macht individuelle Ressourcen und Potenziale bewusst und schafft so wichtige Voraussetzungen für eine nachhaltige Motivation zur Umsetzung von Vereinbarungen.

Dauer

Je nach Gruppengröße 15 bis 30 Minuten.

Anwendungsbereiche

Das Tool kommt in der Phase „Abschließen" zum Einsatz und dient der „emotionalen Transfersicherung". Die Anwendung dieser Methode ist immer dann sinnvoll, wenn im Workshop konkrete Maßnahmen vereinbart wurden und sichergestellt werden soll, dass die praktische Umsetzung motiviert und zielstrebig verfolgt wird.

Zielsetzung/Nutzen

Die Motivation der Mitarbeitenden ist eine der wichtigsten Ressourcen im Betrieb: Einfälle, Initiativen, Beteiligung und Know-how der Mitarbeitenden stiften in jeder Organisation und jedem Unternehmen Nutzen und sorgen für Wertsteigerung. Nur motivierte Mitarbeitende bieten dieses Potenzial. Die Übung dient einerseits dazu, ein Klima gegenseitiger Anerkennung und Wertschätzung aufzubauen bzw. zu fördern. Andererseits verschafft sie den Teilnehmenden des Workshops ein direktes Feedback zu ihren wahrgenommenen Stärken und Ressourcen. Es kann allerdings kein Ersatz für ein umfassendes Feedback sein, da es sich auf den positiven Teil der Wahrnehmungen konzentriert.

Ausführliche Beschreibung

Die Übung wird am Ende eines Workshops eingesetzt, nach der Sammlung und Sicherung von Vereinbarungen für die weitere Arbeit. Alle helfen mit, den Tagungsraum aufzuräumen und sind damit auf das Ende des Workshops und den Abschied von den anderen Teilnehmenden und dem Moderator eingestimmt.

Schritt 1: Positives Feedback im Stuhlkreis

1. Alle sitzen in einem engen Stuhlkreis - auch der Moderator.
2. Evtl. (je nach Erfahrung der Gruppe mit wertschätzendem Feedback) kurze Erinnerung daran, wie wertvoll positive Rückmeldungen für Motivation und Selbstbewusstsein sein können. (Siehe auch die Erläuterungen zum Tool „Der frühe Blick auf Gelungenes" im Kapitel „Anwärmen".)
3. Jedes Gruppenmitglied - inklusive Moderator - nimmt ein (vorbereitetes) A4-Blatt (liniiert oder kariert).
4. Jeder schreibt deutlich seinen Namen ganz unten auf das Blatt.
5. Jetzt wird das Blatt an die Person weitergegeben, die links neben einem sitzt.
6. Diese Person schreibt ganz oben auf die Seite einen Satz oder einige Worte, die beschreiben, was sie am meisten an der Person schätzt, deren Name unten auf dem Blatt steht. Das kann ganz einfach ein Eigenschaftswort sein oder auch eine Metapher *(wie ein ...)*. Bei der Formulierung können die Regeln für das Feedback hilfreich sein, die (falls noch nicht anderweitig eingeführt) am besten auf einem Flip-Chart zu lesen sein sollten.
   Rückmeldungen sollten
   - konstruktiv sein, d.h., Perspektiven für die Zukunft bieten.
   - beschreibend sein, d.h., Bewertungen und Interpretationen sollten außen vorgelassen werden.
   - konkret sein. Für die Feedback-Nehmer ist es einfacher, das Feedback nachzuvollziehen, wenn die Situation möglichst spezifisch beschrieben wird.
   - subjektiv formuliert sein. Auch das Aussprechen von eigenen Beobachtungen und Eindrücken (und nicht von denen anderer) macht es dem Feedback-Nehmer leichter, die Rückmeldung anzunehmen.
   - echt und authentisch sein. Angemessene Anerkennung ist ehrlich gemeint. Sie entspringt echter Wertschätzung und nicht dem Bedürfnis, freundlich und nett zu sein. Falls jemand also nichts Anerkennendes einfällt, sollte er besser auch nichts schreiben.
7. Dann wird der beschriebene Abschnitt des Blattes oben sauber nach hinten gefaltet, so dass das Geschriebene nicht mehr lesbar ist.

8. Das Blatt wird wieder weitergegeben und die Schritte 6 und 7 werden wiederholt, bis jeder sein Blatt wieder zurück hat.

Schritt 2: Vergleich mit vermutetem Fremdbild

9. Bevor das Blatt aufgefaltet wird, schreibt jeder noch die drei Dinge auf, von denen er vermutet, dass sie in der Liste der eigenen Anerkennungen vorkommen werden. Dadurch erhalten alle die Chance, von anderen Teilnehmenden etwas über die unbewussten Teile ihres Verhaltens zu erfahren, dem so genannten „blinden Fleck" im Selbstbild.
10. Dann wird das Blatt auseinander gefaltet und jeder liest still für sich die Kommentare der anderen, vergleicht sie mit dem Selbstbild und den Erwartungen an das Fremdbild und markiert die Anerkennung, die ihm am besten gefällt. Dabei geht es nicht um die Anerkennung, von der wir denken, dass sie am besten passt oder am ehesten bzw. umfassendsten „stimmt", sondern um die Anregung, die uns am meisten anrührt, die uns „zu Herzen geht".

Schritt 3: Selbst-Verstärkung durch positive Behauptungen

11. Alle stellen sich in einen engen Kreis und nacheinander sagt jeder seine „Lieblingsanerkennung" als Behauptung in der Gegenwartsform, z.B.: „Ich bin souverän und humorvoll im Umgang mit schwierigen Situationen" oder „Ich verkörpere eine einzigartige Mischung aus Lockerheit und Konsequenz". Dazu muss das, was auf dem Blatt steht, in der Regel in diese Form „übersetzt" werden. Jeder Satz darf beklatscht und bejubelt werden – oder einfach still genossen – je nach Stimmung und Kultur der Gruppe.
12. Das Blatt nehmen alle mit und verwahren es an einem Platz, an dem sie es schnell finden, wenn sie es brauchen.

Voraussetzungen/ Kenntnisse

Es ist hilfreich, wenn der Prozessberater/Moderator Erfahrung mit dem Geben und Nehmen echter Wertschätzung hat, um gegebenenfalls als Modell für die Teilnehmenden diese Fähigkeiten zu demonstrieren.

Kommentar/ Erfahrungen

In gelungenen Lernsituationen zeigen Menschen häufig mehr von sich als gewöhnlich. Deshalb haben die meisten Teilnehmenden viel über die guten Seiten der anderen erfahren. Von anderen etwas über die eigenen Qualitäten zu hören und sie uns selbst zuzugestehen, baut unsere Motivation und unser Selbstvertrauen auf.

Die Übung hält wichtige Ergebnisse von Workshops fest, die sich bei einer einseitigen Konzentration auf die Sachvereinbarungen leicht verflüchtigen. Teilnehmende berichten, dass sie die dabei entstandenen „Herzblätter" über Jahre hinweg gut hüten, weil sie sich immer wieder an den Wertschätzungen erwärmen können.

Beim Einführen der Übung ist es hilfreich, eine gelockerte und gleichzeitig konzentrierte Atmosphäre zu schaffen. Das geschieht fast automatisch durch das gemeinsame Aufräumen, was zudem den Vorteil hat, dass der Moderator zum Schluss des Workshops nicht mehr ans Aufräumen denken muss, sondern sich entspannt von den Teilnehmenden verabschieden kann.

In Gruppen, die es nicht gewohnt sind, sich gegenseitig Anerkennung zu geben, entsteht zu Beginn der Übung schon einmal Unruhe. Hier liegt es am Moderator, ruhig und bestimmt bei der Methode zu bleiben, die Gruppe zu einem „Experiment" einzuladen und den Teilnehmenden Mut zu machen, den anderen zum Abschluss des Workshops großzügig ihre Wertschätzung zu schenken. Außerdem kann er die Teilnehmenden bitten, die Übung schweigend durchzuführen, um ihnen größtmögliche Konzentration für diese anspruchsvolle Aufgabe zu verschaffen.

Beim Schreiben und Weitergeben kann es zu dem einen oder anderen „Stau" kommen. Einige Teilnehmende sind immer schneller als andere. Dies regelt sich erfahrungsgemäß von selbst. Langsame Schreiber benötigen in der Regel nur unwesentlich mehr Zeit als die Schnellen. Sie bieten diesen außerdem noch Gelegenheit, ihre Anerkennung noch einmal zu überdenken und gegebenenfalls weiter zu konkretisieren.

Eine interessante Variante dieser Übung lässt die Teilnehmenden ihre Anerkennung auf Kartons schreiben, die am Rücken befestigt sind (z.B. mit Wäscheklammern). Ein Vorteil ist, dass sich die Teilnehmenden dabei bewegen und es zu witzigen Konstellationen kommen kann, wenn z.B. fünf Personen hintereinander stehen und dem Vordermann ihre Kommentare auf den Karton schreiben oder malen. Ein Nachteil dieser Variante liegt darin, dass die Anerkennungen „öffentlich" vergeben werden. Alle Nachfolgenden können lesen, was ihre Vorgänger geschrieben haben und werden dadurch beeinflusst. Außerdem kann es leichter als bei der oben vorgestellten Variante vorkommen, dass einige Teilnehmende sehr viel weniger Kommentare erhalten als andere.

Die Übung funktioniert am besten in Gruppen mit sechs bis zwölf Teilnehmenden. Bei größeren Teilnehmerzahlen empfiehlt sich eine Aufteilung in kleinere Gruppen.

Technische Hinweise

Räumliche Voraussetzungen:
Die Übung wird im Stuhlkreis durchgeführt.

Materialien:
Es werden linierte oder karierte A4-Blätter und Schreibstifte entsprechend der Anzahl der Personen (inkl. Moderator) benötigt.

Quellen/ Weiterführende Literatur

Die Quellen dieser Übung liegen im Dunkeln. Eine Beschreibung eines ähnlichen Vorgehens findet sich bei Nick Heap, Practical Developmental Ideas, www.nickheap.co.uk. Viele gute Hinweise und Arbeitsblätter zum Feedback finden sich auf der Homepage von Werner Stangl (www.stangl-taller.at).

Gast-Interview

Von Dr. Susanne Klein

Anwärmen	Orientieren	Bearbeiten	Abschließen

Kurzbeschreibung

Am Ende eines Change-Workshops erhalten die Teilnehmer Gelegenheit, offene Fragen an einen prozessverantwortlichen Entscheider zu adressieren, der als Gast zur Abschlussphase erscheint. Das Gespräch mit dem Gast schafft Transparenz in der Sache und fördert die Akzeptanz des Veränderungsvorhabens.

Dauer

Die Dauer variiert mit der Anzahl der Personen und Fragen. Da die Zielgruppe bereits intensive Arbeitsphasen hinter sich gebracht hat, sollte die Vorbereitung 30 Minuten, die Präsentation 60 Minuten und das Interview 90 Minuten nicht überschreiten.

Anwendungsbereiche

Das „Gast-Interview" ist vor allem dann eine sinnvolle und überaus effektive Abschlussintervention, wenn drei Bedingungen erfüllt sind:

1. Der Workshop dient der Themensammlung und/oder der Suche nach Lösungsoptionen.
2. Entscheidungen werden nicht getroffen, sondern „nur" vorbereitet.
3. Die Teilnehmer des Workshops sind zwar Beteiligte, sie sind aber nicht die Entscheider im Veränderungsprozess.
4. Die Entscheider selbst nehmen am Workshop nicht teil, mit Ausnahme des Gasts, der jedoch den Workshop lediglich eröffnet und dann erst wieder zur Abschlussphase erscheint.

Im Rahmen größerer Veränderungsprozesse werden häufig Workshops auf mehreren Hierarchie-Ebenen durchgeführt, um eine breite Beteiligung und damit Akzeptanz herzustellen und möglichst viele Sichtweisen in den Prozess zu integrieren. Sinnvoll sind solche Workshops z.B. zu Beginn des Change-Prozesses, wenn es darum geht die prozessrelevanten Themen zu identifizieren. Wenn dabei möglichst viele

Blickwinkel aus allen Ebenen und Bereichen der Organisation berücksichtigt werden, kann eine vollständige, differenzierte und realistische Themenlandschaft erarbeitet werden.

Später im Prozess sind solche Workshops erneut nützlich. Wenn das Management die wesentlichen Entscheidungen zum anstehenden Veränderungsprozess getroffen hat, werden „Umsetzungs-Workshops" initiiert, die den erfolgreichen Transfer der Strategie in den Unternehmensalltag vorbereiten sollen. Wieder erarbeiten die Teilnehmer hauptsächlich Ideen und Vorschläge – die verbindliche Entscheidung über die tatsächliche Umsetzung wird aber weitgehend auf anderer Ebene getroffen.

In den beschriebenen Ausgangssituationen engagieren sich die Teilnehmer also entweder für ein Ziel, von dem sie nur die ungefähre Richtung kennen (z.B. „Prozesse optimieren!") oder das Ziel ist klar vorgegeben und steht im Workshop nicht zur Diskussion. In beiden Fällen werden im Verlauf der Veranstaltung zwangsläufig immer wieder Fragen zum Gesamtkonzept des Prozesses auftauchen, die ein externer Moderator in der Regel nicht oder nur unzureichend beantworten kann. Deshalb sollten die Teilnehmer unbedingt zum Ende des Workshops die Möglichkeit haben, im Rahmen eines „Gast-Interviews" die offenen Themen besprechen und klären zu können. Der Gast ist ein ranghoher Entscheider (idealerweise Mitglied der Geschäftsführung, des Vorstands und/oder des Lenkungsausschusses), der den Veränderungsprozess maßgeblich verantwortet.

Zielsetzung/Nutzen

Das „Gast-Interview" ist eine wirkungsvolle Methode, von der alle Beteiligten profitieren.

Der Nutzen für die Teilnehmer:

- Sie können ihre Fragen direkt an einen zuständigen Entscheider adressieren. Oft handelt es sich um spezielle Fragen, deren Relevanz erst im Verlauf der Veranstaltung durch die gemeinsame Arbeit am Thema sichtbar wurde. Sie erhalten direkt klare und kompetente Antworten.
- Irritationen, Missverständnisse und Unsicherheiten werden beseitigt oder zumindest abgeschwächt.
- Die Teilnehmer entwickeln eine klare Vorstellung vom weiteren Prozessverlauf. Sie erfahren, was die nächsten konkreten Schritte sein werden und in welcher Weise die Arbeitsergebnisse des Workshops in die Entscheidungs- und Umsetzungsprozesse einfließen werden.

- Die Teilnehmer werden in die Lage versetzt, ihren Mitarbeitern oder Kollegen ausführlich und kompetent Rede und Antwort stehen zu können.

Der Nutzen für den Gast:
- Die Fragen, die von Seiten der Teilnehmer adressiert werden, sind für den „Gast" eine unschätzbare Informationsquelle, um den Prozess weiter zu optimieren.
- Das Interview hilft, eventuelle Schwierigkeiten auf sachlicher und psychologischer Ebene vorauszusehen.
- Der Gast kann Hintergründe, Zusammenhänge und strategische Notwendigkeiten erläutern und so über die Abteilungsgrenzen hinweg den Blick auf das Ganze vermitteln. Dadurch wird die Loyalität der Teilnehmer im Hinblick auf die gemeinsame Umsetzung der Strategie gestärkt.
- Er kann klären, welche Erwartungen und Wünsche der Teilnehmer erfüllt werden können und welche definitiv nicht. Diese Klarheit ist oft sehr wichtig, um Gerüchten und Spekulationen entgegenzuwirken und um unfruchtbare Diskussionen frühzeitig zu unterbinden.
- Nicht zuletzt kann er aktive „Beziehungsarbeit" leisten, indem er das Engagement der Teilnehmer authentisch würdigt, eventuelle Sorgen und Ängste verständnisvoll aufnimmt, interessiert nachfragt oder ganz einfach aufmerksam zuhört.

Das Tool dient auch dazu, den Prozess von der Rolle des Moderators zu lösen. Durch das „Gast-Interview" wird der Workshop langsam in den betrieblichen Alltag zurück überführt.

Ausführliche Beschreibung

Wie das „Gast-Interview" konkret inszeniert werden kann, soll nachfolgend am Beispiel eines Workshops zur Strategieumsetzung beschrieben werden. Die Teilnehmer sind Führungskräfte und Mitarbeiter aus verschiedenen Bereichen des Unternehmens. Die neue Unternehmensstrategie ist ihnen bekannt.

Wenn möglich, erscheint der Gast nicht nur zum Ende des Workshops. Idealerweise ist er auch zu Beginn kurz anwesend. Er eröffnet die Veranstaltung, führt den Moderator ein, nennt das Ziel des Workshops und erläutert seine Rolle im anstehenden Veränderungsprozess. Er weist ausdrücklich darauf hin, dass der Workshop nicht dazu dient, die Strategie erneut zu diskutieren und in Frage zu stellen. Erwartet werden hingegen konkrete Ideen und Vorschläge für die praktische Umsetzung.

Dann kündigt er sein Kommen zur Abschlussphase an, verlässt die Veranstaltung und kehrt für die letzten Stunden dann wieder zurück.

In der Zwischenzeit entwickeln die Teilnehmer mit Unterstützung des Moderators konkrete Ideen zur praktischen Umsetzung der neuen Unternehmensstrategie in ihren Bereichen. Nach der Bearbeitungsphase beendet der Moderator offiziell die „eigentliche" Arbeit am Thema, fasst die Arbeitsergebnisse nochmals zusammen und kündigt das abschließende „Gast-Interview" an, in dem die Teilnehmer ihre offenen Fragen direkt an den Vertreter des Managements adressieren können.

Schritt 1: Fragen sammeln
Der Moderator bittet die Teilnehmer nun diejenigen Fragen aufzuschreiben, die im Laufe der Workshop-Arbeit entstanden sind und für die sie noch keine zufriedenstellenden Antworten gefunden haben. Als Regel gibt er vor, alle Fragen lösungsorientiert zu formulieren. Um den Teilnehmern die Umsetzung dieser Vorgabe zu erleichtern, ist es meist sinnvoll, eine Beispielfrage zu präsentieren: *„Fragen Sie bitte nicht: Warum wird die Abteilung Montage so schlecht informiert?, sondern fragen Sie: Wie gestalten wir den Informationsfluss zur Montageabteilung?"* Jeder Teilnehmer schreibt seine Fragen nun einzeln auf Moderationskarten. Alle geschriebenen Karten werden vom Moderator eingesammelt, gemischt und verdeckt in die Mitte des Raumes gelegt.

Schritt 2: Fragen bearbeiten
Nun werden kleine Teams von zwei, drei, maximal vier Personen gebildet, die ein paar verdeckte Karten ziehen und mit in ihre Arbeitsgruppe nehmen. Diese Kleingruppe bearbeitet die Fragen und versucht befriedigende Antworten zu finden. Der Moderator erteilt folgenden Auftrag: *„Bitte bearbeiten Sie nun die Fragen, die Sie auf Ihren Karten finden, in Ihrer Kleingruppe. Sammeln Sie alle Informationen, Hinweise und Ideen, die Sie dem Fragesteller mitgeben können. Ziel ist es, dass Sie möglichst viele Fragen selbst beantworten. Sortieren Sie bitte diejenigen Fragen aus, die Sie definitiv nicht beantworten können. Vermerken Sie auch, wenn Sie zwar Ansätze finden, aber das Gefühl haben, die Frage nur teilweise beantworten zu können."*

Schritt 3: Antworten präsentieren
Nach der Kleingruppenarbeit präsentiert jede Gruppe die Fragen und die gefundenen Antworten. Die Zuhörer werden vom Moderator aufgefordert, gezielt nachzufragen und Unklarheiten zu beseitigen. Gleichzeitig achtet er darauf, dass die Diskussionen nicht ausufern. Alle Fragen, welche die Gruppe nicht klären kann, werden an die „In-

terview-Wand" gehängt, die später dem Gast präsentiert wird. Wenn zu viele Karten an der Wand hängen, hilft der Moderator der Gruppe, eine gemeinsame Wahrnehmung zu entwickeln, was für sie wirklich wichtig ist und was nicht. Er klärt (z.B. mittels Punktabfrage) welche Fragen im Rahmen des „Gast-Interviews" vorrangig bearbeitet werden sollen. Erfahrungsgemäß bleiben aber nur wenige Fragen übrig.

Schritt 4: Gast-Interview

Wenn die Fragensammlung abgeschlossen ist, bittet der Moderator den Gast herein. Er begrüßt ihn kurz und übergibt dann die Gestaltung des weiteren Prozesses an die Gruppe. Nun beginnt die eigentliche Interview-Arbeit. Ein Teilnehmer übernimmt die Rolle des Interviewers und stellt die Fragen in der vereinbarten Reihenfolge. Er hat außerdem die Funktion, nachzufragen und auf Unklarheiten in den Antworten hinzuweisen. Wenn er zufrieden ist mit der Antwort, werden auch die anderen Teilnehmer befragt: *„Klärt diese Antwort, die wir gehört haben Ihre Frage? Gibt es weitere, vertiefende oder flankierende Informationswünsche?"*

Der Gast kann an dieser Stelle zusätzliche Informationen geben, relevante Interna aus dem Prozess berichten und auf bislang noch offene Punkte hinweisen. Am Ende gibt er einen kurzen Überblick zum weiteren Prozessverlauf, bedankt sich für das Engagement der Teilnehmer und würdigt die Qualität der Arbeitsergebnisse.

Der Moderator ist zwar die ganze Zeit präsent, er greift aber nicht mehr ins Geschehen ein – es sei denn, der Verlauf des Interviews erfordert zwischendurch eine strukturierende oder klärende Intervention. Er überlässt es auch den Teilnehmern und ihrem Gast, die Veranstaltung in geeigneter Weise zu beenden. Falls am Ende des Interviews noch unbearbeitete Karten an der Pinwand hängen, treffen die Teilnehmer mit ihrem Gast eine Vereinbarung, wie mit diesen Fragen umgegangen werden soll.

Voraussetzungen/ Kenntnisse

Der Moderator sollte zum Gast, der interviewt werden soll, ein gutes Vertrauensverhältnis aufgebaut haben und in der Lage sein, sich aus einem angeschobenen Prozess zurückzuziehen. Der Moderator sollte über sprachliches Geschick verfügen und Fragen auch umformulieren können, wenn sie eher eine konfrontative als eine klärende Note haben. Es ist außerdem von Vorteil, wenn der Moderator mit einem lösungsorientierten Denkansatz vertraut ist.

Kommentar/ Erfahrungen

Je lösungsorientierter der Workshop aufgebaut ist, desto einfacher gelingt diese Schlussphase. Voraussetzung dafür ist, dass es zu Beginn des Workshops auch die Möglichkeit gab, Unzufriedenheit und Ängste zu formulieren und im möglichen Rahmen zu bearbeiten.

Das „Gast-Interview" bringt die Workshop-Teilnehmer und den Gast in ein konstruktives Gespräch und schafft eine gute Basis für einen erfolgreichen Praxistransfer.

Der Moderator kann die Fragensammlung für das „Gast-Interview" dadurch verkürzen, dass er bereits zu Beginn des Workshops eine Pinwand mit der Überschrift *„Fragen an unseren Gast ..."* gut sichtbar im Raum platziert. Immer wenn im Prozess Fragen auftauchen, die von den Teilnehmern und vom Moderator nicht beantwortet werden können, werden diese sofort auf Karten geschrieben und an die Wand gepinnt. Auch diese Sammlung wird zum Abschluss des Workshops in Kleingruppen bearbeitet.

Die Zielsetzung, die Vorgehensweise und der Focus der Befragung beim „Gast-Interview" unterscheiden sich klar vom „Chef-Interview", das im Kapitel „Anwärmen" von Rolf Balling präsentiert wird. Das „Chef-Interview" zielt darauf ab, die psychologischen Themen, die eine konstruktive Zusammenarbeit behindern könnten, frühzeitig deutlich werden zu lassen. Darüber hinaus soll der Chef mit all' seinen Sorgen, Hoffnungen und Ängsten sichtbar werden. Der Moderator hat bei diesem Tool eine sehr aktive Rolle. Beim „Gast-Interview" handelt es sich dagegen eher um eine Expertenbefragung, die vor allem sachliche Fragen klärt. Der Moderator spielt beim „Gast-Interview" eine strukturierende Rolle.

Technische Hinweise

Materialien:

- Moderationskarten und Stifte
- Mehrere Pinwände

Sitzordnung:

Der Gast soll möglichst in den Teilnehmerkreis integriert werden (Stuhlkreis)

Quellen/ Weiterführende Literatur

Dieses Tool basiert auf praktischen Erfahrungen. Es ist nicht auszuschließen, dass diese Idee an einer mir unbekannten Stelle bereits beschrieben wurde.

Paradoxe Verschreibung

Von Alexander Höhn und Melanie Frowein

Anwärmen	Orientieren	Bearbeiten	Abschließen

Kurzbeschreibung

Die „Paradoxe Verschreibung" ist eine „humorvoll-verrückte" Intervention, die anstelle der erwünschten Lösung, das Gegenteil, nämlich die bewusste Herstellung des unerwünschten Status quo verordnet. Auf diese Weise wird die Wirkungsweise unbewussten Verhaltens für Veränderungsprozesse auf spielerische Weise nutzbar gemacht – nach dem Motto: „Verhaltet euch genau so, dass alles so bleibt, wie es ist!"

Als Steigerung bietet sich darüber hinaus die „paradoxe Verschlimmerung" an – nach dem Motto: „Wie können wir es schaffen, dass sich unser Problem noch verschlimmert? Wer genau müsste was genau dafür tun oder lassen?"

Dauer

60 bis 90 Minuten.

Anwendungsbereiche

Das Tool wird bevorzugt als Abschlussintervention bei Teamentwicklungen, bei Konfliktklärungen und in Change-Workshops eingesetzt. Besonders wirksam sind „Paradoxe Verschreibungen" bei angestrebten Veränderungen tradierter Verhaltensmuster in Gruppen.

Zielsetzungen/ Nutzen

Ein zentraler Gedanke der Systemtheorie besagt: Jedes Verhalten hat eine soziale Funktion innerhalb eines Systems und trägt zu dessen Erhaltung bei – selbst dann, wenn dieses Verhalten von den betroffenen Akteuren als schädlich verurteilt wird und sie enorm darunter leiden. Wenn solche „störenden" Verhaltensweisen wiederholt von den Systemmitgliedern klar identifiziert wurden und konkrete alternative Verhaltensweisen verbindlich vereinbart wurden, die Umsetzung aber nie gelang, dann ist wahrscheinlich, dass die Beibehaltung des schädlichen Verhaltens im Sinne der Stabilisierung des Systems wirksamer ist als das „eigentlich" gewünschte alternative Verhalten. Die Denkhaltung: „Das darf uns nicht mehr passieren", bewirkt dann genau das Gegenteil. Alte Verhaltensweisen werden auf „unbewusster" Ebene eher weiter manifestiert. Die „Paradoxe Verschreibung" verdeutlicht dieses Phänomen.

Die „Paradoxe Verschreibung" nützt in vielerlei Hinsicht:

- Störungen können thematisiert werden, ohne einzelne Personen zu verletzen.
- Das Problem wird in einem lockeren, spielerischen Kontext erfahrbar, regt zum Experimentieren an und unterstützt den gemeinsamen Lernprozess.
- Die Akteure werden sich ihrer eigenen Rolle bewusst. Sie erkennen, in welcher Weise sie selbst zur Aufrechterhaltung der „Störung" beitragen. („Was muss ich tun, um zu stören? Oder angenommen, ich wollte, das Teilnehmer X wütend auf mich wird, was müsste ich dann tun?") Vermeintliche Opfer werden zu Tätern!
- Die Teilnehmer trainieren ihre Fähigkeit, eigenes und fremdes Verhalten differenziert wahrzunehmen und wohlwollend zu reflektieren. Sie erweitern ihr Verständnis für gruppendynamische Prozesse.
- Die Intervention führt allen vor Augen:
  - Nachhaltige Veränderung menschlicher Systeme findet oftmals paradox statt.
  - Je verzweifelter die Anstrengungen, desto unwahrscheinlicher ist die Veränderung.
  - Die Beteiligten haben (leider) einen ganz konkreten Vorteil, wenn sie sich nicht ändern (z.B. darf sich jeder als Opfer fühlen und diesen Zustand lautstark beklagen, ohne in irgendeiner Weise verantwortlich zu sein. Das beschert Bestätigung und Zuwendung gleichermaßen – und zwar dauerhaft garantiert, denn die Zukunft bleibt berechenbar!).
  - Dennoch kann Veränderung gelingen: Wenn etwas gezielt verschlimmert werden kann, bedeutet das, dass eine Steuerung möglich ist. Warum also nicht gezielt verbessern?

Fazit: die „Paradoxe Verschreibung" steigert die Eigenverantwortlichkeit der Akteure, fördert die Veränderungsenergie und öffnet den Blick für neue Handlungsoptionen.

Auch der Berater profitiert von der Intervention: Sie bietet ihm eine elegante Möglichkeit, beim Klienten „liebenswürdig" und doch überaus wirksam den „Finger in die Wunde" zu legen.

Ausführliche Beschreibung

Die Inszenierung der „Paradoxen Verschreibung" soll nachfolgend am Beispiel eines Team-Workshops veranschaulicht werden.

Ein Chef und sein Managementteam haben sich eine Auszeit genommen, um mit Unterstützung eines externen Beraters Missverständnisse, Irritationen und Konflikte innerhalb des Teams und zwischen den einzelnen Zuständigkeitsbereichen zu klären. Im Workshop wird Klartext geredet. Themen sind divergierende Rollenverständnisse, das direktive Führungsverhalten des Chefs und die schlechte Besprechungskultur. Am Ende des Workshops scheint alles Notwendige gesagt zu sein. Es wurde ein Maßnahmenplan erarbeitet, der Verbindlichkeit schaffen soll, was jetzt von wem bis wann zu tun ist, damit sich das Klima wie gewünscht entwickeln kann. Der Chef lobt „die offene Atmosphäre, den konstruktiven Prozess und das professionelle Ergebnis". Er bekennt sich klar zu seiner Verantwortung und hat sich für die Zukunft viel vorgenommen. Auch die anderen Teilnehmer sind sehr zufrieden mit dem Ergebnis und legen sich gedanklich schon mal den Text für ihr Abschluss-Feedback zurecht.

An diesem Punkt wird es für den Berater nochmals anspruchsvoll. Während eines solchen Workshops sind die definierten Themen auf der Inhalts- und Sachebene meist rasch analysiert und in Maßnahmen „übersetzt". Dennoch erleben die Beteiligten später im Alltag häufig den kollektiven Rückfall in die tradierten Verhaltensformen. Um die Chancen auf eine tatsächliche Umsetzung der geplanten Veränderungen zu erhöhen, entscheidet sich der Berater für eine mutige Abschluss-Intervention.

Schritt 1: Briefing des Chefs

Spätestens in der offiziellen Pause nach der Bearbeitungsphase hält der Berater unter vier Augen Rücksprache mit dem Chef und holt sich dessen Erlaubnis ein, im Sinne erfolgreicher Umsetzung ab jetzt paradox agieren zu dürfen. Besteht zwischen beiden ein gutes Vertrauensverhältnis, reicht es meist aus, dem Chef eine „fulminante" Abschlussübung anzukündigen, die richtig Spaß macht, aber schon ein bisschen Mut – speziell vom Chef – erfordert.

Falls seitens des Chefs Zweifel bestehen, ist es wichtig, den Ablauf und die Zielsetzung der Intervention kurz zu erklären und insbesondere deutlich zu machen, dass der Berater konsequent für den Schutz aller Beteiligten sorgen wird. Die Zustimmung des Chefs ist zwingende Voraussetzung für das Gelingen der Intervention.

Schritt 2: Einleitung der Intervention
Der Berater erfragt beim Team, wann die nächste gemeinsame Besprechung ansteht und was die wichtigsten Themen sein werden. Er visualisiert einige der Tagesordnungspunkte auf einem Flip-Chart. Dann sucht er zwei „Freiwillige“, die gerne im Rahmen einer gemeinsamen Übung als Beobachter fungieren möchten. Diese weist er abseits des Geschehens in ihre Aufgabe ein. Sie sollen den folgenden Prozess – die Simulation eines Meetings – genau beobachten und auf einem zweiten Flip-Chart notieren, wer den Prozess durch welche Verhaltensweisen aktiv oder passiv stört. Die Notizen sollen unsichtbar für die anderen Teilnehmer erfolgen und später im Plenum präsentiert werden.

Jetzt erteilt der Berater dem Team den paradoxen Auftrag: *„Sie haben jetzt 30 Minuten Zeit, um genau diese bevorstehende Sitzung mit genau diesen Tagungsordnungspunkten gemeinsam durchzuführen – und zwar in genau den Rollen, die Sie auch sonst einnehmen und genau in der Art und Weise, wie Sie das immer tun! Integrieren Sie ganz bewusst und aktiv sämtliche störenden Verhaltensweisen – jeder auf seine Art. Bitte führen Sie unter gar keinen Umständen eine Verbesserung der Situation herbei.“*

Diese Instruktion sorgt erst für Verwirrung, danach für Erleichterung und erzeugt – ganz wesentlich – eine Ebene von Humor entgegen der „intellektuellen Verbissenheit“, jetzt unbedingt verändern zu müssen.

Schritt 3: Die Inszenierung
Wenn es die Ausstattung und die räumlichen Gegebenheiten der Tagungsstätte zulassen, ist es sinnvoll, den Raum so umzugestalten, dass eine möglichst realistische Umgebung entsteht. Wenn zuvor im Stuhlkreis gearbeitet wurde, sollten die Teilnehmer jetzt möglichst an Tischen sitzen und zwar in der Sitzordnung, die sie aus dem entsprechenden Meeting gewohnt sind.

Die Simulation des Meetings beginnt. Manchmal dauert es eine Weile, bis die Teilnehmer sich auf diesen unvorhergesehenen Prozess einlassen. Spätestens aber, wenn das erste „typische“ störende Verhalten von einem Akteur gezeigt wurde, nehmen auch die anderen die Herausforderung an und finden schnell in ihre Rolle, die ihnen ja durchaus vertraut ist. Jetzt geschieht all das, was im Alltag stört und lähmt:

- Die Diskussion kommt ständig vom Thema ab.
- Die Akteure hören einander nicht zu und fallen sich gegenseitig ins Wort.

- Statt der im Workshop geübten „Ich-Botschaften" werden konsequent „Du-Botschaften" formuliert.
- Statt nach Lösungen wird nach Schuldigen gesucht.
- Der Chef gibt sich demokratisch und fragt sein Führungsteam um Rat, um kurz darauf eine direktive Entscheidung zu treffen.
- usw. ...

Jeder verhält sich wie immer, nur jetzt wie nach unsichtbarem Drehbuch. Die Teilnehmer erkennen die Störungen der anderen ebenso, wie die eigenen „Beiträge". Sie nehmen Veränderungen in der Beziehungs- und Gruppendynamik deutlich wahr – doch nun können sie über die bekannten Phänomene lachen. Entspannung, Humor und Distanz zu sich selbst stellen sich ein – entscheidende Erfolgsfaktoren für das Gelingen von Veränderung.

Vorzugsweise wird nach 20 Minuten kurz gestoppt, damit die Beobachter dem Team ein erstes Feedback geben können: „*Wer stört bislang durch welche Verhaltensweisen den Teamprozess?*" Das Feedback soll kurz und pointiert ausfallen. „Gegenreden" oder gar reflektierende Diskussion unterbindet der Berater sofort. Stattdessen „tratscht" er vielleicht ein wenig mit den Beobachtern, wer denn ihrer Meinung nach noch heftiger stören könnte, um diese Sitzung garantiert „an die Wand zu fahren".

Nach dem Zwischen-Feedback geht es nochmals zehn Minuten weiter – und spätestens jetzt wird aus der „Paradoxen Verschreibung" eine „paradoxe Verschlimmerung".

Anmerkung:
Falls die Inszenierung zu Beginn nicht in die Gänge kommt, kann der Berater nachfragen, ob denn die Sitzungen im Alltag auch immer so pünktlich beginnen wie in diesem Workshop. Wenn die Antwort „Nein" lautet (was sehr wahrscheinlich ist), kann er die notorischen „Zuspätkommer" ermitteln und vor die Tür schicken. Sie bekommen dann den Auftrag zehn Minuten lang durch die geöffnete Tür zu beobachten, was ihre Kollegen üblicherweise in der Zeit tun, bis die Sitzung endlich beginnen kann.

Schritt 4: Kurze Reflexion
Im Anschluss an das simulierte Meeting äußern sich die Teilnehmer zu den gewonnenen Erkenntnissen. Der Berater moderiert den Prozess durch offene und strukturierte Fragen, die er auf Flip-Chart visualisiert hat. Er fragt beispielsweise:

- *Wie hat sich die Atmosphäre während des Meetings entwickelt?*
- *Was waren wiederkehrende Muster?*
- *Was habe ich über meine eigenen Anteile am Problem erfahren?*
- *Gab es gar ‚verbotene' Lösungsversuche?*
- ...

Diese Sequenz sollte zügig ablaufen. Der Berater ermuntert die Teilnehmer zu kurzen persönlichen Statements und achtet darauf, dass es nicht zu „kopflastigen" Analysen kommt – schließlich befindet sich der Workshop in der Abschlussphase.

Schritt 5: „Expertenrunde"
Nach dem Zufallsprinzip werden Kleingruppen von maximal fünf Personen gebildet. Der Berater erteilt den Auftrag: *„Nehmen wir an, Sie hätten als Experten für exzellente Kommunikation dem vorausgegangenen Meeting beigewohnt: Welche drei konkret beobachtbaren Verhaltensweisen würden Sie diesem Team strikt verbieten, um zu verhindern, dass sich die Besprechungskultur verbessert. Formulieren Sie bitte außerdem zwei Verhaltensempfehlungen, die das Team umsetzen muss, damit sich garantiert nichts ändert, also der Status quo erhalten bleibt. Schließlich identifizieren und verordnen Sie eine konkret beobachtbare Verhaltensweise, die geeignet ist, den Kommunikationsprozess zu verschlimmern. Visualisieren Sie Ihre Vorschläge auf Flip-Charts."*

Für diese Übung gibt der Berater maximal zehn Minuten Zeit. Auch hier gilt: Die Teilnehmer sollen aus ihrer „heiter-verstörten" emotionalen Stimmung heraus Ergebnisse produzieren und nicht zu sehr in die analytische Reflexion eintauchen.

Schritt 6: Präsentation, Beraterintervention, Ende
Die Gruppen präsentieren anschließend ihre Ergebnisse im Plenum, beginnend mit den „verbotenen" Verhaltensweisen. Es findet keine Diskussion statt. Die Teilnehmer werden die Empfehlungen aber später im Fotoprotokoll wiederfinden.

Dann erfragt der Berater die Empfehlungen für die Aufrechterhaltung des Problems („Rückfallschleifen"). Danach werden die Ideen vorgestellt, wie die Situation gezielt verschlimmert werden könnte. Eventuell wird die originellste Idee prämiert.

Eventuell „verschreibt" der Berater dem Team abschließend die originellste „Rückfallschleife", indem er die Akteure auffordert, genau dieses Verhalten künftig einmal monatlich in einem Meeting aktiv zu zeigen.

Danach endet der Workshop. Die Teilnehmer nehmen im Stehkreis mit einem Satz oder Wort voneinander Abschied. Eine Auswertungsrunde unterbleibt bewusst. Speziell die Frage, wie denn dieser „seltsame" Abschluss zu verstehen sei, bleibt unbeantwortet.

Voraussetzungen/ Kenntnisse

Diese Arbeit setzt eine routinierte, prozessorientierte Art der Beratung voraus. Erfahrungen mit „systemisch-lösungsorientierter" Moderation sind dabei förderlich. Der Berater benötigt vor allem gute intuitive Fähigkeiten, um im jeweiligen Kontext entscheiden zu können, ob die „Paradoxe Verschreibung" als Abschlussintervention tatsächlich passt.

Kommentar/ Erfahrungen

Das Tool ist eine spannende Abschlussintervention, die Leichtigkeit mit wirkungsvoller Ernsthaftigkeit verbindet. Eine Besonderheit der „Paradoxen Verschreibung" besteht darin, dass sich ihre Anwendung meist nicht bereits im Vorfeld des Workshops planen und mit den Auftraggebern abstimmen lässt. In der Regel muss der Berater situativ im Prozess entscheiden, ob er das Tool einsetzen will. Dies bedeutet, dass er bereit sein muss, sein ursprüngliches Konzept spontan zu verlassen. Es gibt kein Patentrezept für diese Entscheidung. Grundsätzlich können aber folgende Beobachtungen bzw. Überlegungen die Entscheidung erleichtern:

- Je verbissener die Leistungsorientierung der Beteiligten, desto höher die Indikation für eine „Paradoxe Verschreibung".
- Wenn im Verlauf des Workshops (oft in den Pausengesprächen unter vorgehaltener Hand) immer wieder leicht „genervt" über eine Störung gesprochen wird, die „eigentlich" schon längst von allen erkannt wurde und auch die Lösung doch „eigentlich" schon mehrfach (!) erarbeitet und in Maßnahmenplänen dokumentiert wurde und „man eigentlich" das Ganze nur endlich mal umsetzen müsste – dann stehen die Chancen für eine erfolgreiche „Paradoxe Verschreibung" besonders günstig.
- Im Rahmen von Workshops lassen sich vor allem Interaktionsstörungen (z.B. schlechte Feedback-Kultur) leicht inszenieren.
- Die Intervention ist nur dann sinnvoll, wenn alle Beteiligten in irgendeiner Weise von der „Störung" betroffen sind und tatsächlich etwas zu ihrer Aufrechterhaltung oder Beseitigung beitragen können.

Technische Hinweise

Materialien:

- Drei bis vier Flip-Charts oder Pinwände

Räumliche Voraussetzungen:

Es ist nützlich, wenn für die Inszenierung des Meetings Tische bereitstehen. Der eigentliche Workshop findet ohne Tische im Stuhlkreis statt.

Quellen/ Weiterführende Literatur

Die Methode wurde ursprünglich vom Logotherapeuten Viktor Frankl als therapeutische Intervention entwickelt und später von zahlreichen Vertretern der Systemtheorie aufgegriffen, modifiziert und auch unterschiedlich benannt. Geläufig sind die Bezeichnungen „Paradoxe Intervention", „Paradoxe Verschreibung" oder auch „Symptomverschreibung". Die Begriffe verweisen auf den medizinisch-therapeutischen Ursprung: Das störende Symptom wird „verschrieben", so wie ein Arzt seinem Patienten ein Medikament verschreibt.

- P. Watzlawick/J. H. Weakland/R. Fisch. Lösungen – Zur Theorie des menschlichen Wandels. Bern: Huber Verlag.
- M. Selvini Palazzoli/L. Boscolo/G. Cecchin/G. Prata. Paradoxon und Gegenparadoxon. Ein neues Therapiemodell für die Familie mit schizophrener Störung. Stuttgart: Klett-Cotta.

Unternehmen abBILDen

Von Elke Schlimbach

Anwärmen	Orientieren	Bearbeiten	Abschließen

Kurzbeschreibung

Kern der Methode ist, definierte Werte/Leitsätze zu visualisieren, um sie sowohl rational wie auch emotional erlebbar zu machen. Dazu werden die Werte/Leitsätze von den Teilnehmern sprachlich und visuell ausgestaltet. Aus dem Gestalten heraus entsteht ein hoher gemeinschaftlicher, aber auch individueller Erlebniswert – und ein „künstlerisches Produkt", das sich hervorragend für den Transfer ins Unternehmen eignet.

Dauer

„Unternehmen abBILDen" dauert je nach Gruppengröße durchschnittlich zwei bis drei Stunden.

Anwendungsbereiche

„Unternehmen abBILDen" ist ein Transfer-Tool für Change-Prozesse. Die Methode eignet sich besonders als Abschlussintervention eines Visions-Workshops, eines Leitbild-Workshops oder Werte-Workshops. Nachdem die Hard Facts gesammelt und analysiert vorliegen, werden sie über das Bild synthetisch – also in ein Ganzes – eingebunden. Die Teilnehmer tragen ihre Erfahrungen als sichtbare Ergebnisse aus dem Workshop ins Unternehmen und initiieren damit ihre Verankerung.

„Unternehmen abBILDen" lässt sich hervorragend in Großgruppen-Workshops einbauen, da eine hohe Eigendynamik entsteht.

Zielsetzung/Nutzen

Ein entscheidender Faktor für den Erfolg von Veränderungsprozessen ist, möglichst viele Mitarbeiter möglichst schnell über die Veränderung zu informieren und für die „gemeinsame Sache" einzunehmen und zu begeistern. „Unternehmen abBILDen" verfolgt genau dieses Ziel: Der große Reiz der Methode liegt vor allem darin, dass er über den eigentlichen Workshop-Prozess hinausgeht, die Workshop-Teilnehmer – aber eben auch die Menschen im Unternehmen erreicht.

„Unternehmen abBILDen" schließt einen Workshop ganzheitlich auf der analytischen und der synthetischen Ebene ab, indem Detailergebnisse zu einem Gesamtergebnis zusammengefasst werden. Gleichzeitig fördert das Tool die Akzeptanz für Entscheidungen und Arbeitsergebnisse in der gesamten Belegschaft und stärkt die Identifikation auf allen Hierarchieebenen.

Ausführliche Beschreibung

Die Methode wird nachfolgend am Beispiel eines Workshops zur Erarbeitung der elementaren Unternehmenswerte beschrieben. Um die Heterogenität der Organisation möglichst repräsentativ abzubilden, nehmen Stellvertreter aus allen Unternehmensbereichen und Hierarchie-Ebenen an der Veranstaltung teil. Zum Ende der Bearbeitungsphase sind die Werte/Leitsätze ausformuliert. Abschließend geht es darum, mithilfe von „Unternehmen abBILDen" den ganzheitlichen Transfer in die betriebliche Praxis zu verstärken und die gemeinsame Aufbruchsstimmung emotional zu verankern.

Der Einsatz des Tools erfordert bereits im Vorfeld des Workshops relativ viel Vorbereitung. In der Schlussintervention werden Leinwände aus dem Maler- und Künstlerbedarf eingesetzt. Pro Wert ist eine Leinwand erforderlich. Um die Leinwände unternehmensgerecht einzusetzen und gleichzeitig die „Lust" auf die Arbeit zu wecken, empfiehlt sich, die Leinwände nicht weiß zu lassen. Sie sollten in den Haus- oder Logofarben des Unternehmens grundiert werden.

Die Größe der Leinwände sollte auf die Gruppengröße abgestimmt werden. Wichtig ist, dass mehrere Teilnehmer gleichzeitig um die auf einem Tisch liegende Leinwand herum arbeiten können. Besonders gut eignen sich schmale Hochkant-Formate (z.B. 200 cm x 50 cm), die – wenn sie später nebeneinander gestellt oder gehängt werden – den Eindruck eines Bildes erwecken. (Achtung: Eine schmale Seite der Leinwand sollte unbedingt als „oben" kenntlich gemacht werden.)

Um „Unternehmen abBILDen" durchführen zu können, müssen die Räume entsprechend vorbereitet werden. Idealerweise sollte neben einem Plenumssaal pro Wert ein einzelner Raum vorhanden sein. Je nach Platzverhältnissen ist es auch möglich, in Nischen oder Ecken zu arbeiten. Ziel ist das von den Einflüssen der Gesamtgruppe ungestörte Arbeiten der Kleingruppen. Wegen der aufwendigen Vorbereitung ist es notwendig, entweder mit den bereits vorbereiteten Arbeitsräumen in den Workshop zu starten oder zwischen der Bearbeitungsphase und dem Abschluss eine längere Pause einzuplanen (mindestens zwei Stunden). Besonders emotional und wirkungsvoll ist es, die Intervention als Abendevent zu inszenieren. Für den Prozessberater „entspannter", wenn auch in der Wirkung auf Grund der Lichtverhältnisse weniger dynamisch, ist die Variante, gegen Abend die Bearbeitungsphase abzuschließen und am nächsten Vormittag das Ende zu inszenieren.

Der Berater empfängt die Teilnehmer in den sorgfältig umgestalteten Räumen. In der Mitte jedes Arbeitsraumes steht ein mit Folie abgedeckter Tisch, auf dem später die Leinwand bearbeitet wird. An der Seite stehen unterschiedliche Materialen aus dem Künstlerbedarf für die Bearbeitung zur Verfügung. Dazu gehören Acrylfarben, Pinsel, Spachtel, Spachtelmasse, Schwämme, Papiere, Gaze, Scheren, Bildmaterial aus Zeitschriften, gebrauchsfertiger Gips und Kleister etc. wie auch typische Materialen, die im Unternehmen eingesetzt werden – z.B. Briefpapier oder kleinformatiger Produktionsabfall. Des Weiteren befindet sich in jedem Raum ein Flip-Chart und/oder eine Pinwand mit Moderationskarten und -markern.

Je nach vorheriger Arbeitsweise im Workshop bieten sich vorbereitete Wortsammlungen an, die die Teilnehmer nochmals für die Dimension des jeweiligen Wertes öffnen und sensibilisieren. Zum Beispiel Internationalität -> inter = zwischen; Nation = Staat, Land; international = überstaatlich, weltweit, nicht national begrenzt; internationalisieren = die Gebietshoheit eines Staates zu Gunsten mehrerer Staaten beschränken etc. Solche Wortsammlungen lassen sich mithilfe von Wörterbüchern erstellen. Die auf DIN-A4 ausgedruckten Begriffe werden an eine Wäscheleine geklammert und über Eck im Raum aufgehängt.

Schritt 1: Plenumsarbeit – Erklärung durch den Berater (15-20 Minuten)

„Unternehmen abBILDen" beginnt mit der „Ausstellung" der farblich vorgestalteten Leinwände und der Einführung durch den Berater. Die Leinwände stehen an den Wänden des Plenumssaals verteilt. Der jeweilige zu bearbeitende Wert/Leitsatz hängt als Schriftzug/Ausdruck daneben. Es ist hilfreich, wenn der Berater den Teilnehmern neben den formulierten Sätzen auch einige Beispiele für mögliche grafische Darstellungen präsentiert (siehe Abb. 1-4). Die Symbole bilden eine bildhafte Parallele zur Sprache, wodurch die Vorstellungskraft und Fantasie der Teilnehmer angeregt wird. Sowohl die bildhaft Geprägten wie auch die sprachlich Geprägten fühlen sich angesprochen.

Abb. 1
Globales
Engagement

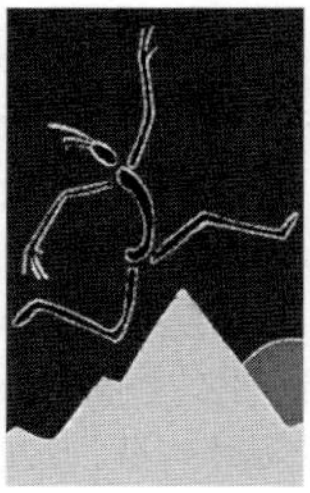

Abb. 2
Spitzenleistung

Abb. 3
Innovation

Abb. 4
Verantwortung

Der Berater erläutert, dass nachfolgend in Gruppenarbeiten jeweils ein Wert/Leitsatz sprachlich und bildlich ausgestaltet wird. Er weist darauf hin, dass später im Plenum jede Gruppe ihre Arbeit vorstellt und erläutert. Er benennt ausdrücklich das Ziel, zum Schluss alle Leinwände zu einem Bild zusammenzusetzen.

Der Berater erläutert im Detail das methodische Vorgehen in den Kleingruppen. Aus Gründen der Verständlichkeit wird nachfolgend auf dieses Vorgehen parallel zu den beschriebenen Arbeitschritten eingegangen.

Die Gruppe teilt sich – gelenkt durch den Berater – in Arbeitsgruppen auf. Die Arbeitsgruppen sammeln sich an ihrer Leinwand und tragen sie anschließend in ihren Arbeitsraum.

Schritt 2: Selbst gesteuerte Kleingruppen-Diskussion – Brainstorming (30 Minuten)
Die erste Handlung der Gruppen besteht darin, drei Rollen zu verteilen: „Moderator", „Präsentator" und „Zeitmanager". Aufgabe des Moderators ist, die Kleingruppe zu steuern und den Gestaltungsprozess voranzutreiben. Dass der Moderator sich dabei in erster Linie methodisch und nicht inhaltlich steuernd einbringen soll, wurde zuvor ausdrücklich im Plenum angesprochen. Der Moderator wird durch den Zeitmanager unterstützt. Er beteiligt sich wie die anderen Gruppenteilnehmer an der Gruppenarbeit – hat aber zusätzlich die Uhr im Auge und sorgt dafür, dass die Gruppe ihre Arbeitsphase pünktlich beendet. Sinnvoll ist, für alle Phasen klare Zeitvorgaben festzulegen, an denen sich der Zeitmanager orientieren kann. Der Präsentator bringt sich während der Gruppenarbeit ebenfalls in die Gruppenarbeit ein. Im Anschluss daran präsentiert er den Arbeitsprozess und das bildhafte Ergebnis im Plenum.

Das Festlegen der Rollen erfordert von der Gruppe, sich Gedanken über die unterschiedlichen Fähigkeiten zu machen, die jeder Rolle zu Grunde liegen. So braucht der Moderator, anders als der Präsentator, nur bedingt die Fähigkeit, sicher und prägnant zu sprechen. Er muss vielmehr die Gruppe zielführend zu einer Einigung bringen. Auch diese Unterschiede sollten in Schritt 1 bereits vom Berater angesprochen werden.

Um die Gruppe sinnvoll zu steuern, möglichst effektiv zu arbeiten und eine Einigung herbeiführen zu können, wird der gestalterischen Phase ein Brainstorming vorgeschaltet. In dieser Phase sammelt die Gruppe Ideen und erarbeitet eine Struktur, die ihrem Bild zu Grunde liegen soll. Jeder Teilnehmer entscheidet sich für einen Begriff der Wortsammlung und teilt der Gruppe seine Assoziationen in Bezug auf den zu bearbeitenden Wert mit. Der Moderator bündelt die Assoziationen und hält sie schriftlich fest. Erste Ideen für das gemeinsame Bild werden abgeleitet – zum Schluss wird über eine grundlegende Gestaltungsidee entschieden. Eine solche Idee könnte z.B. sein, den Wert „Internationalität" als Globus darzustellen. Wichtig ist, dass über die verschiedenen Aspekte, die in dem Bild sichtbar werden sollen, Einigkeit erzielt wird. Widersprüchliches sollte als solches aufgenommen und später im Bild gekennzeichnet werden.

Schritt 3: Gestalterische Phase (60 Minuten)
Die folgende Stunde steht ganz im Zeichen der Visualisierung und kreativen Ausgestaltung des jeweiligen Wertes auf der Leinwand. Dazu nutzen die Teilnehmer aus dem Angebot an Farben und Materialien die Elemente, die sich für ihr Bild eignen. Während der Gestaltungsphase arbeiten die Teilnehmer rund um das Bild herum. Es entsteht ein höchst dynamischer Prozess, in dem einzelne Gruppenmitglieder mit ihrer individuellen Umsetzung starten. Andere Teilnehmer nehmen den begonnenen Gestaltungsprozess auf, ergänzen und modifizieren die entstehenden Formen und Farben. Auf diese Weise entsteht Stück für Stück ein gemeinschaftliches Produkt.

Der Prozessberater geht während dieser Zeit von Raum zu Raum, beantwortet aufgekommene Fragen und unterstützt die Gruppenarbeiten bei Bedarf mit Anregungen. Nach Ablauf der Zeit werden die Workshops durch die Zeitmanager beendet. Die Teams bringen ihre bearbeiteten Leinwände zurück in den Plenumssaal.

Schritt 4: Präsentation im Plenum (60 Minuten)
Die Präsentatoren der Gruppen nehmen ihre „alten" Plätze an den Raumwänden ein. Die übrigen Teilnehmer versammeln sich im Rauminneren. Die Leinwände umrahmen also das Publikum. Nur der Bühnen- bzw. Moderationsbereich bleibt frei.

Der Berater moderiert von der Bühne aus kurz an und übergibt dann namentlich an den Präsentator der Leinwand, die zuerst vorgestellt wird. Die Präsentation beginnt, indem ein Spot auf die erste Leinwand in dem abgedunkelten Raum gerichtet wird. Der Präsentator erläutert, wie seine Gruppe „ihren" Wert interpretiert und umgesetzt hat. Am Ende seiner Präsentation erlischt der Spot und richtet sich auf die nächste Leinwand.

Während der nächste Präsentator die Leinwand seiner Gruppe vorstellt, trägt der Präsentator der ersten Gruppe die erste Leinwand auf die Bühne, wo sie auf einer Stellage platziert wird. Nacheinander wiederholt sich der Ablauf, bis die letzte Leinwand auf die Bühne gebracht worden ist.

Anmerkung:
Da die Leinwände ringsherum im Raum positioniert sind, ist das Publikum aufgefordert, den eigenen Blick immer wieder neu auszurichten. Außerdem wird die Arbeit jeder einzelnen Gruppe durch die direkte Zuwendung des Publikums im wahrsten Sinne des Wortes „WERTgeschätzt".

Schritt 5: Finale (15 Minuten)
Im Finale richtet sich die Konzentration auf den Bühnen- bzw. Moderationsbereich. Dort sind nun alle visualisierten Unternehmenswerte nebeneinander hochformatig aufgestellt, so dass sie ein zusammenhängendes Bild ergeben. Über den Leinwänden sind die Texttafeln angebracht, auf denen die Werte als Schriftzug stehen. Die Arbeitsleistung der Workshop-Teilnehmer wird mit einem Mal als gesamtheitliches Bild sichtbar. Aus vielen Details ist ein großes Ganzes geworden.

Das Finale wird vom Prozessberater zielführend moderiert. Er lässt die Teilnehmer nicht mit der Interpretation des Abends alleine, sondern kommentiert sehr bewusst den Vorgang, wenn aus Einzelbildern ein gemeinsames „Kunstwerk" wird.

Anmerkung:
Besonders wirkungsvoll ist es, wenn die gesamte Präsentation wie auch das Finale musikalisch untermalt wird. Zusätzlich kann mithilfe eines Beamers die ggf. auf ein Motto reduzierte Unternehmensvision („Innovation aus Tradition", „Energien entfalten!", „Für ein Leben in Bewegung", ...) quer über die Leinwände projiziert werden. Sie erscheint dann als das verbindende Glied zwischen den Werten und fließt mit den Werten zusammen.

Voraussetzungen/ Kenntnisse

Erfahrung mit Großgruppen-Prozessen erleichtert den Umgang mit dem Tool „Unternehmen abBILDen". Die Methode ist zwar in der Durchführung „einfach" umzusetzen, erfordert aber eine sehr bewusste Planung aller Details. Als besonders wichtig erweist sich immer wieder eine hohe Sicherheit in der Moderation. Dazu gehört auch, die Teilnehmer kurz und prägnant auf ihre Rollen in den Gruppen einzustimmen.

Um auch die Teilnehmer für die Methode einzunehmen, die vor allem der Gestaltungsphase skeptisch gegenüberstehen, ist es absolut notwendig, den Sinn von Beginn an deutlich zu machen.

Kommentar/ Erfahrungen

Die detailgenaue Inszenierung der Methode wird von den Teilnehmern in aller Regel als sehr wertschätzend wahrgenommen. Sie steigert die Motivation der Teilnehmer und führt zu einem sehr engagierten Arbeiten. Darüber hinaus zeigt der handwerklich-gestalterische Umgang mit den unterschiedlichen Materialien oft völlig überraschende Fähigkeiten der Teilnehmer. Die Teilnehmer lernen sich häufig von einer neuen Seite kennen und schätzen.

„Unternehmen abBILDen" ist eine im wahrsten Sinne des Wortes „schöne" Methode für die Abschlussphase eines Workshops: Auf der einen Seite sind die Ergebnisse in aller Regel überraschend vielfältig und ästhetisch. Auf der anderen Seite fördert das individuelle Arbeiten, gepaart mit dem gemeinschaftlichen Arbeiten, sowie die Mischung aus Sprache und Bild die Erinnerungswirksamkeit des Workshops.

Es empfiehlt sich sehr, die gesamte Aktion in allen Schritten zu fotografieren und in Form einer Ausstellung – etwa im Foyer-Bereich des jeweiligen Unternehmens – zu dokumentieren. Zusammen mit den ebenfalls ausgestellten Leinwänden können die Mitarbeiter, die nicht am Workshop beteiligt waren, die Ergebnisse detailliert nachvollziehen. Diese indirekte Einbindung öffnet die Belegschaft, erleichtert die Akzeptanz und erhöht die Identifikation mit dem Gesamtprozess.

Besonders nachhaltig ist die Wirkung, wenn die Leinwände tatsächlich dauerhaft im Sinne von „Corporate Art" an einem prominenten Ort platziert werden.

„Unternehmen abBILDen" wurde in diesem Beitrag als Abschlusstool vorgestellt. Die Methode eignet sich in einem etwas anderen Setting auch als Bearbeitungstool: Oftmals werden Werte/Leitsätze nicht „basisdemokratisch" erarbeitet, sondern vom Management definiert und top down ins Unternehmen getragen. In diesem Fall ist die Gefahr besonders groß, dass die Belegschaft eher zurückhaltend, vielleicht sogar mit Widerstand reagiert. Um die Mitarbeiter für die neuen Leitsätze zu gewinnen, müssen sie schnell und umfassend informiert werden. Das reicht aber noch nicht aus, um sie auch emotional „mitzunehmen".

Ein mögliches Vorgehen ist, einen Workshop mit einem repräsentativen Teil der Belegschaft durchzuführen. In dieser Veranstaltung bearbeiten die Teilnehmer die Werte/Leitsätze mit der Methode „Unternehmen abBILDen". Auf einer Großveranstaltung werden dann die neuen Werte/ Leitsätze gemeinsam mit den entstandenen „Kunstwerken" präsentiert. Die Vision des Managements vereinigt sich in einem feierlichen, emotionalen Prozess mit den Sinn-Bildern der Mitarbeiter.

Technische Hinweise

Räumliche Voraussetzungen:
Großer Plenumssaal sowie mehrere kleinere Arbeitsräume oder Besprechungsbereiche, in denen die Teilnehmer ungestört ihre Gruppenarbeiten durchführen können. Es empfiehlt sich, den Arbeitsbereich der Räume mit Folien auszulegen, um ihn vor Verschmutzung durch Farbe o. Ä. zu schützen.

Material:
- Leinwände
- Stellagen
- DIN-A4-Ausdrucke der Werte als Schriftzug
- Wortsammlungen
- Ggf. grafisch gestaltete Symbole
- Künstlerbedarf (x-fache gleiche Ausstattung)
- Werkstatt-„Abfall"
- Assoziationsmaterial
- Schutzkleidung, Handschuhe etc.
- Wasser, Lappen, Putzmittel, Seife, Handtücher

Medien:
- Pinwände und/oder Flip-Charts pro Arbeitsraum
- Ggf. Laptop und Beamer

Vorbereitung:
(siehe „Ausführliche Beschreibung")

Autorinnen und Autoren

Susanne Alwart

Susanne Alwart ist Diplomökonomin. Seit 1994 ist sie als Unternehmensberaterin, Trainerin und Coach tätig. In ihrem Hamburger Weiterbildungsinstitut bildet sie Coachs, Trainer, Berater und Führungskräfte in offenen Ausbildungen aus und weiter. Für Unternehmen bietet sie maßgeschneiderte Multiplikatorentrainings, Trainings für Führungskräfte, sowie Coaching- und Beratungsmaßnahmen für Unternehmen mit Veränderungsvorhaben an.

Adresse:

alwart+team
Susanne Alwart
Ditmar-Koel-Str. 23a
D-20459 Hamburg

Tel: 040 - 31793900
Fax: 040 - 31793901
info@alwart-team.de
www.alwart-team.de

Rolf Balling

Jg. 1943, Dipl.-Kfm, 6 Jahre Management-Erfahrung in Controlling und Marketing, 10 Jahre Leiter der Managementtrainings-/Organisationsentwicklungsabteilung eines Konzerns, Lehrsupervisor für Transaktionsanalyse im Bereich Organisation (ITAA), Ausbildungen in Systemischer Organisationsberatung und Gruppendynamik, tätig als Lehrtrainer für Change-Management, als Coach und Organisationsberater.

Adresse:

Professio GmbH, Akademie für
den Bereich Humanressource
Rolf Balling
Hölderlinstr. 25
D-75397 Simmozheim

Tel: 07033 - 303328
Fax: 07033 - 303329
Rolf.Balling@professio.de
www.professio.de
www.balling-coaching.de

Prof. Dr. Thomas Bartscher

Studium BWL Uni. Mannheim; wiss. Mitarb. Lehrstuhl Allg. BWL, Personalwesen und Arbeitswissensch. Uni Mannheim u. Institut für Mittelstandsforschung Uni Lüneburg; versch. personalwirtsch. Funktions- und Verantwortungsbereiche bei Vaillant GmbH, Remscheid; Professor für Betriebswirtschaft, Vizepräsident und Leiter MBA-Weiterbildungsstudiengänge FH Deggendorf; PE-OE-Berater u. Trainer; Kernkompetenzen: Trainings, Schulungen, Strat. Personalmanagement, Change-Management, Coaching für Führungskräfte, Supervision, Krisenmoderation.

Adresse:

managementcenter deggendorf
an der Hochschule Deggendorf
Prof. Dr. Thomas Bartscher
Edlmairstr. 6+8
D-94469 Deggendorf

Tel: 0991 - 3615-345
Fax: 0991 - 3615-81345
thomas.bartscher@mcdeg.de
www.mcdeg.de

Ralf Besser

Hat Spaß am Prozess, am Widerstand und an kreativen Wegen. Integriert NLP, Systemische Beratung, Aufstellungsarbeit und Suggestopädie in seine Arbeit. Seine Spezialitäten sind die Begleitung von (Veränderungs-)Prozessen, Gestaltung von eingebetteten Großveranstaltungen, Teamentwicklungen und Rituale im Management. Betreibt ein eigenes Tagungshaus in Bremen und ist in der Gründungsphase einer Stiftung zum Thema Werte in der Gesellschaft. Buchautor: „Transfer – Damit Seminare Früchte tragen" im BELTZ-Verlag.

Adresse:
- besser wie gut -
Beratung – Training – Tagungshaus
Ralf Besser
Upper Borg 147
D-28357 Bremen

Tel: 0421 - 275840
Fax: 0421 - 27 69 040
mail@besser-wie-gut.de
www.besser-wie-gut.de

Elmar Bissegger

Geboren 1955, pädagogische Ausbildungen. Mehrere Jahre in leitenden Personalentwicklungs-Funktionen in Großunternehmen, Gründung des eigenen Unternehmens mit Dienstleistungen in den Bereichen Führungskultur, Personal- und Organisationsentwicklung. Weiterbildungen in Ausbildungsmanagement (IAP Zürich), Systemische Organisationsentwicklung (MCV Lustenau) und Projektleiterlehrgang (SGMI St. Gallen).

Adresse:
Heureka – Ausbildungsmanagement
Elmar Bissegger
Sonnenhaldenstr. 7
CH-9402 Mörschwil

Tel: 0041 - 71 - 8600436
Fax: 0041 - 71 - 8600435
info@heureka-partner.ch
www.heureka-partner.ch

Ludovica Brachinger-Franke

Beraterin, Trainerin, Coach, Mediatorin, Diplom-Pädagogin, berufstätige Mutter aus Überzeugung, Münchnerin seit 1953. Ihre Arbeit ist geprägt durch die Humanistische Psychologie sowie ihre Ausbildung in Systemischer Familientherapie. Sie ist als Trainerin in Seminaren und als Beraterin in Veränderungsprojekten aktiv. Bei ComTeam als Beraterin und Partnerin seit 1997.

Adresse:
ComTeam AG
Ludovica Brachinger-Franke
Kurstr. 2-8
D-83703 Gmund

Tel: 08022 - 96660
Fax: 08022 - 966696
l.brachinger-franke@comteam-ag.de
www.comteam-ag.de

Werner Büning
Projektleiter für Managemententwicklungsprogramme, Coach von Führungskräften mittelständischer Unternehmen der Deutschen Wirtschaft. Schwerpunkte: Implementierung von Managementsystemen, Teamentwicklung, Führungskräfte-Entwicklungsprogramme, Moderation von Veränderungsprozessen, Begleitung von Führungskräften. Motto: Wertschätzende Begleitung von Menschen und Organisationen in ihren Entwicklungsprozessen.

Adresse:
Büning und Partner
Werner Büning
Holthoffstr. 75
D-45659 Recklinghausen

Tel: 02361 - 183486
Fax: 02361 - 109345
info@bueningundpartner.de
www.bueningundpartner.de

Heike Ewert
Dipl. Sozialarbeiterin (FH), tätig als Systemische Prozessberaterin, Coach und Seminarleiterin, Lehrbeauftragte an der Hochschule Ravensburg-Weingarten für Projektmanagement und Gemeinwesenarbeit. Arbeitsschwerpunkte: Coaching von Führungskräften, Projekt- und Prozessbegleitung im Non-Profit-Bereich, Konzeptentwicklung und Moderation von Konferenzen und Veranstaltungen, insbesondere von partizipativen Verfahren.

Adresse:
Heike Ewert
Prozessbegleitung, Seminare, Coaching
Tulpenstr. 25
D-88250 Weingarten

Tel: 0751 - 5573158
Fax: 0751 - 5573158
info@ewert-psc.de
www.ewert-psc.de

Melanie Frowein, M.Sc. (1965)
Nach dem Studium der Psychologie an der London School of Economics (L.S.E.). Einstieg bei Bertelsmann in Güterloh, verantwortlich für Diagnostik, Rekrutierung und Entwicklung von High Potentials (1994-98). Parallel zu Ausbildungen Systemische Familientherapie und Systemisches Coaching, Systemische Beratung, Systemische Organisationsaufstellungen und Change Manager selbstständig als Coach und Beraterin seit 1999 mit den Schwerpunkten Management Audit/Potenzialdiagnostik, Konfliktmanagement, Führung, Persönlichkeits- und Teamentwicklung sowie Begleitung von Veränderungsprozessen; seit 2001 lebend und arbeitend in Berlin.

Adresse:
Melanie Frowein, M.Sc.
Systemische Beratung und Coaching
Bleibtreustr. 12 A
D-10623 Berlin

Mobil: +49 - 173 - 3083108
mf@melanie-frowein.de
www.melanie-frowein.de

Amelie Funcke
Amelie Funcke ist als Moderatorin, Coach und Trainerin in Unternehmen tätig. Ihre Schwerpunkte sind lebendig und kreativ gestaltete Seminare, Veranstaltungen und Konzepte, Beratung sowie die Moderation von Team- und Changeprozessen. Sie veröffentlichte 2002 das „Rezeptbuch für lebendiges Training" (m. A. Rachow), 2004 den Know-how-Guide „Training mit Theater" (m. M. Havermann-Feye) und 2006 die Methodensammlung „Vorstellbar".

Adresse:
RUNDUM Seminare
Amelie Funcke
Nordstr. 27
D-50733 Köln

Tel: 0221 - 7607741
ameliefuncke@netcologne.de
funcke@rundumseminare.de
www.rundumseminare.de

Wilhelm Geisbauer, MSc
Geb. 1952, Studium der Beratungswissenschaft, Diplompädagoge, System. Managementberater und Coach, Lehrtrainer und Supervisor für reteaming-Coachs. Langjähriger Geschäftsführer eines in Österreich marktführenden Unternehmens. Seit 1997 selbstständiger Organisationsberater im Institut für OE, Scharnstein; internationales Networking, Methodentrainer für reteaming an mehreren Universitäten. Koordinator aller reteaming Ausbildungsaktivitäten für Deutschland, Österreich und die Schweiz im reteaming international institute, Scharnstein.

Adresse:
Wilhelm Geisbauer, MSc & Team
reteaming int. institute (Österreich – Deutschland – Schweiz)
Promenade 9
A-4644 Scharnstein

Tel: 0043 - 7615 - 30283
Fax: 0043 - 7615 - 30233
reteaming@geisbauer.com
www.reteaming.org

Eva Havenith
Eva Havenith arbeitet als Kommunikationsberaterin in Unternehmen. Im Teamcoaching unterstützt sie Gruppen in ihrer Zusammenarbeit. Als Klärungshelferin und Mediatorin begleitet sie Menschen in herausfordernden Konfliktsituationen. In Change-Prozessen bündeln sich diese Erfahrungen und ihre Vermittlungsqualifikationen, indem sie Teamprozesse als Beraterin und Moderatorin begleitet.

Adresse:
Eva Havenith – TeamKompetenz
trainieren . coachen . klären
Auf dem Orth 12
D-51069 Köln

Tel: 0221 - 6804917
Fax: 0221 - 6805596
info@evahavenith.de
www.EvaHavenith.de

Jürgen Hecker
Jahrgang 1956. Er begleitet Change-Projekte, Teamentwicklungen und verschiedenste Workshops, coacht Führungskräfte und arbeitet in firmeninternen Qualifizierungsprojekten. Als Vorstand der ComTeam AG ist er verantwortlich für die kaufmännische Seite und das firmeneigene Tagungshotel. Sein Ziel ist es, möglichst praxisnah und lösungsorientiert zu arbeiten. Dabei leitet ihn der Anspruch, höchste Qualität, hohe Akzeptanz und Stimmigkeit mit Strategie und Kultur zu verbinden.

Adresse:
ComTeam AG
Jürgen Hecker
Kurstr. 2-8
D-83703 Gmund

Tel: 08022 - 96660
Fax: 08022 - 966696
j.hecker@comteam-ag.de
www.comteam-ag.de

Martin Hillebrand
Martin Hillebrand ist geschäftsführender Gesellschafter von KÖNIGSWIESER & NETWORK. Studium der Psychologie, Ausbildung in Gesprächspsychotherapie nach Rogers und Systemische Berater-Langzeitausbildung; Arbeitsschwerpunkte: Gestaltung und Begleitung von komplexen und nachhaltigen Veränderungsprozessen, Entwicklung und Umsetzung von Strategien, Komplementärberatung, Weiterbildung für Veränderungsmanager und Berater. Fachbuchautor.

Adresse:
Königswieser & Network GmbH
Komplementäre Beratung und systemische Entwicklung
Martin Hillebrand
Hofzeile 29
A-1190 Wien

Tel: 0043 - 1 - 3684691
martin.hillebrand@koenigswieser.net
www.koenigswieser.net

Alexander Höhn
Jahrgang 1963, Patchworkfamilie, vier Kinder, Dipl.-Sozialpädagoge (FH), Geschäftsführer der Esther Moser + Alexander Höhn GmbH, Institutsleitung des isa Institut für systemische Ausbildungen GmbH, Systemischer Paar- und Familientherapeut, Coaching-Ausbildung (APU), Managementtrainer, Berater für Personal- und Organisationsentwicklung, langjährige Erfahrung in systemisch orientierter Familientherapie, Buchautor.

Adresse:
Esther Moser + Alexander Höhn GmbH
Alexander Höhn
Hofwilstrasse 20
CH-3053 Münchenbuchsee

Tel: 0049 - 173 - 3658327
Fax: 0049 - 8382 - 2751446
hoehn@moserhoehn.org
www.moserhoehn.org, www.isa-web.ch

Hubert Hölzl
Jahrgang 1963. Nach einer Ausbildung zum Metzgergesellen studierte er BWL. Als Führungskraft war er für die Steuerung eines Profit Centers verantwortlich. Er ist ausgebildet zum Systemischen Organisationsberater und Paar- und Familientherapeuten. Organisationen und deren Führungskräfte herausfordernd zu begleiten, das ist die erklärte Stärke seines Unternehmens. Ob in Entwicklungsprogrammen, Teamentwicklungen, Change-Projekten oder Coachings.

Adresse:
Hölzl & Partner
Hubert Hölzl
Motzacher Weg 6
D-88131 Lindau (B)

Tel: 0170 - 9334843
Fax: 08382 - 27514462
hoelzl@fuehrungstrainer.net
www.fuehrungstrainer.net

Dieter Kannenberg
Studium Pädagogik, Germanistik, Soziologie, lizenzierter Berater für das Power-Potential-Profile® (PPP). Seit 1984 Berater und Trainer für Organisations- und Personalentwicklung für Industrie- und Dienstleistungsunternehmen. Seit 1993 Geschäftsführer der flow consulting gmbh. Schwerpunkte in den Themen Action-Learning, Marketing und Sales, Strategieberatung, Coaching.

Adresse:
flow consulting gmbh
Dieter Kannenberg
Spörckenstr. 89
D-29221 Celle

Tel: 05141 - 740074
Fax: 05141 - 740078
kannenberg@flow.de
www.flow.de

Dr. Andreas Kannicht
Jahrgang 1953. Ausbilder in verschiedenen Curricula im Bereich Systemischer Beratung, Coaching, Teamentwicklung und Therapie. Seit 2001 selbstständig als Coach und Teamentwickler. Zuvor Leiter der Reha-Westpfalz in Landstuhl (Einrichtung mit Sozialpädiatrischem Zentrum, Frühförderung, Heilpädagogischem Kindergarten, privater Sonderschule für Körperbehinderte, Tagesförderstätte, Wohnheimen, ambulantem Dienst).

Adresse:
Dr. Andreas Kannicht
Coaching, Teamentwicklung
und Seminare
Gisperstraße 15
D-67433 Neustadt a. d. Weinstraße

Tel: 06321 - 890045
a.kannicht@system-beratung.net
www.system-beratung.net

Michael Karmann

Diplom-Sozialpädagoge, Diplom-Pädagoge, Projektinitiierung und -management, Veränderungs- und Coachingprozesse, Qualitätsmanagement (TQM), Entwicklung von zielgruppenspezifischen Angebotskonzepten für ehrenamtliche und berufliche Mitarbeiter/innen in Non-Profit-Organisationen.

Adresse:
SKM-Diözesanverein Freiburg e.V.
Michael Karmann
Hildastraße 65
D-79102 Freiburg i. Br.

Tel: 0761 - 37918
Fax: 0761 - 37945
skm@skmdivfreiburg.de
www.skmdivfreiburg.de

Dr. Susanne Klein

Psycholinguistin, Psychologin, seit 1994 selbstständig als Beraterin, Trainerin, Coach und Fachautorin. Schwerpunkte ihrer Arbeit bilden das Führungstraining und -coaching, die Arbeit mit Teams, das Konfliktcoaching, die Mediation und die methodische Ausbildung von Trainern und Coaches. Gemeinsam mit Kollegen begleitet sie Profit- und Non-Profit-Unternehmen bei Change-Prozessen durch strategische Beratung, Workshops und Coaching. Sie lehrt an verschiedenen Hochschulen.

Adresse:
Dr. Susanne Klein
Beratung • Training • Coaching
Martinstraße 86
D-64285 Darmstadt

Tel: 0171 - 3885196
Fax: 06151 - 9506648
info@susanne-klein.net
www.susanne-klein.net

Dr. Roswita Königswieser

Geb. 1943 in Wien. Vorsitzende der GF und Gesellschafterin von KÖNIGSWIESER & NETWORK. Studien der Pädagogik, Tiefenpsychologie, Soziologie und Philosophie, Lehrtrainerin für Gruppendynamik; Kernkompetenz: Komplementäre Beratung in komplexen Veränderungsprozessen in internationalen Unternehmen, Zusammenspiel von Prozess- und Fachberatung, wissenschaftliches Arbeiten und Publikationen, Coaching von Topmanagern, Weiterbildung für Manager und Berater. Fachbuchautorin.

Adresse:
Königswieser & Network GmbH
Komplementäre Beratung und systemische Entwicklung
Dr. Roswita Königswieser
Hofzeile 29
A-1190 Wien

Tel: 0043 - 1 - 3684691
roswita.koenigswieser@koenigswieser.net
www.koenigswieser.net

Ingrid Leinhaas
Dipl. Betriebswirtin (Fachrichtung Datenverarbeitung) BA, seit 1996 selbstständige Unternehmensberaterin, Ausbildung zum Systemischen Coach und Prozessberater, lizenzierte JPP Beraterin. Arbeitsschwerpunkte: Beratung in IT-Projekten, Projektmanagement, Qualitäts- und Testmanagement, Moderation von Workshops, Prozessberatung und Teamentwicklung.

Adresse:
Ingrid Leinhaas
Projektmanagement, Prozess-
beratung, Coaching
Staffordstr. 66
D-63303 Dreieich

Tel: 06103 - 807220
Fax: 06103 - 807221
info@Ingrid-Leinhaas.de
www.Ingrid-Leinhaas.de

Luise Lohkamp
Jahrgang 1966. Dipl.-Psychologin, Lehrberechtigte Transaktionsanalytikerin (O-PTSTA) im Feld Organisation. Zunächst im Personalmanagement eines internationalen Konzerns, danach seit 1994 freiberuflich tätig als Coach, Trainerin, Team- und Organisationsentwicklerin sowie als Ausbilderin für Coaches, Beraterin in Transaktionsanalyse. Branchenerfahrung: Industrie, Handel, Banken, Verwaltung und Dienstleistung.

Adresse:
SL CONSULT GmbH
Luise Lohkamp
Eppendorfer Landstr. 9
D-20249 Hamburg

Tel: 040 - 40195383
Fax: 040 - 40195935
luise.lohkamp@sl-consult.de
www.sl-consult.de

Jörg Meyer
Seit 1998 selbstständiger Berater, Trainer und Coach mit den drei Schwerpunkten: Projektmanagement (Einführung, Optimierung, Standardisierung, Coaching); Prozessberatung (Veränderungsmanagement, Strategie-Entwicklung); Human Resource Management (Führung, Kommunikation, Kooperation, Konfliktverhalten). Je nach Kundenanforderungen werden diese Themen als Seminar, Training, Workshop, Beratungsprozess und/oder Coaching bearbeitet. Die Kunden sind Unternehmen der freien Wirtschaft, des Sozial- und Gesundheitswesens und Verwaltungen und kommen überwiegend aus dem süddeutschen Raum.

Adresse:
Jörg Meyer
Unternehmensentwicklung
Schützenstr. 19
D-88212 Ravensburg

Tel: 0751 - 9771311
contact@joerg-meyer.de
www.joerg-meyer.de

Armin Rohm
ist seit 1994 als selbstständiger Prozessberater, Coach, Trainer und Buchautor tätig. Seine Arbeitsschwerpunkte sind die Begleitung/Moderation von Change-Prozessen, Teamentwicklung, Konfliktklärung sowie die Konzeption und Durchführung von Programmen zur Führungskräfteentwicklung. Armin Rohm bietet außerdem eine zweijährige Ausbildung zum Systemischen Coach und Prozessberater an, die jährlich im Oktober/November startet.

Adresse:
Training & Beratung
Armin Rohm
Haselnussweg 9
D-88436 Eberhardzell-Mühlhausen

Tel: 07355 - 934044
Fax: 07355 - 934045
info@armin-rohm.de
www.armin-rohm.de
www.fuehrung-in-aktion.de

Dr. rer. pol. Peter Röhrig
Jg. 1948, zwei Kinder • Lösungsorientierter Organisationsberater und Führungskräfte-Coach • Ausbildung als Diplom-Kaufmann und Sozialpsychologe • Weiterbildungen in Organisationsberatung und Lösungsorientierter Beratung • Assessor der European Foundation for Quality Management (EFQM) • elf Jahre Geschäftsführer eines Dienstleistungsunternehmens • zahlreiche Veröffentlichungen, vor allem zu den Themen Selbstmanagement, Mitarbeiterführung und Qualitätsmanagement • Mit-Gesellschafter von ConsultContor – Beratung und Coaching in Köln.

Adresse:
ConsultContor
Balthasarstr. 81
D-50670 Köln

Tel: 0228 - 346614
Mobil: 0179 - 5234686
peter.roehrig@consultcontor.de
www.ConsultContor.de

Elke Schlimbach
Geb. 1967. Studium der Sprach- und Literaturwissenschaften an den Universitäten Köln, Perugia, Bristol, Canterbury. Trainerin für Kommunikation und Kooperation. 1998 Gründung von kommunika, Agentur für Kommunikationsmanagement. 2000 Auszeichnung mit dem Meeting Business Award (MBA®) für „herausragende Tagungs-Konzeptionen und innovative Meeting-Impulse". Kernkompetenz: Erlebnisorientierte Kommunikation; Einsatz von Metaphern und Geschichten.

Adresse:
kommunika – Agentur für
Kommunikationsmanagement
Elke Schlimbach
Brougierstr. 44
D-88131 Lindau

Tel: 08382 - 914 802
Fax: 08382 - 914 803
e.schlimbach@kommunika.de
www.kommunika.de

Dr. Bernd Schmid

Dr. phil. Bernd Schmid (Jahrgang 1946) leitet das INSTITUT FÜR SYSTEMISCHE BERATUNG (seit 1984) in Wiesloch, Deutschland. Das ISB-Wiesloch ist auf die Qualifizierung von Professionellen im Organisationsbereich spezialisiert. Im angeschlossenen „Netzwerk Systemische Professionalität" sind ca. 1.800 Absolventen aus allen Bereichen der Gesellschaft organisiert. Bernd Schmid studierte Wirtschaftwissenschaften und promovierte in Erziehungswissenschaften und Psychologie. Interessensschwerpunkt: Systemische Lern-, Professions- und Arbeitskultur, sowie die Arbeit mit Träumen und seelischen Bildern.

Adresse:

Institut für systemische Beratung	Tel: 06222 - 81880
Dr. Bernd Schmid	Fax: 06222 - 51452
Schlosshof 3	schmid@isb-w.de
D-69168 Wiesloch	www.isb-w.de

Prof. Dr. Henning Schulze

Consultant, FFM.; Doz. f. Marketing, Marktpsych., Personalführg., Marmara Uni, Istanbul; FH Deggendorf; Doz. in Management- und PE-/OE-MBA-Studieng.; Lehrb. Transaktionsanalytiker; Vorstandsmitgl. Dt. Gesellsch. f. Transaktionsanalyse; stellv. Hrsg. der Zeitschr. f. Transaktionsanalyse; Lehrsupervisor in der Europ. Ass. for Supervision; seit 1995 Berater, Trainer, Moderator, Supervisor, Coach; div. Vorträge, Workshops; Arbeitsbereiche: PE/OE; Führung, Teamentw., Konfliktmanagement/-moderation, Coaching, Supervision, Strat. Beratung, Visionsfindung, Umsetzung.

Adresse:

SL-Consult GmbH	Tel: 0171 - 6906556
Prof. Dr. Henning Schulze	Fax: 0991 - 285693
Spitlweg 4	henning.schulze@sl-campus.de
D-94469 Deggendorf	www.sl-consult.de

Josef W. Seifert

Als Gründer und Geschäftsführer der Beratungs- und Trainingsgesellschaft „MODERATIO – Moderation & Mediation" mit Sitz in Pörnbach, im Norden Münchens, arbeitet Josef W. Seifert heute als Moderator und Managementcoach für Teamentwicklung und Konfliktklärung in Zweier- und Teambeziehungen. Er ist Berater und Ausbilder für Business- & Konfliktmoderation sowie Dozent an der Fachhochschule Ingolstadt.

Adresse:

MODERATIO GmbH	Tel: 08446 - 9203-0
Josef W. Seifert	Fax: 08446 - 9203-33
Langenbrucker Str. 4	jws@moderatio.com
85309 Pörnbach-Puch	www.MODERATIO.com

Johannes Thönneßen

Geb. 1957. Studium der Psychologie an der Universität Köln, Diplom-Psychologe, 15 Jahre Betriebspsychologe und Personalentwickler bei der Bayer AG mit den Schwerpunkten Potenzialanalyse und Führungsinstrumente, seit 2001 Gesellschafter und Geschäftsführer der MWonline GmbH, Betreiber des Internet-Portals Managementwissen online und Herausgeber des gleichnamigen Newsletters, Autor der Bücher „Macher oder Teammanager, Campus 1996" und „Fit durch Coaching, Hanser 2003".

Adresse:
MWonline GmbH
Johannes Thönneßen
Langemarkstr. 22
D-41539 Dormagen

Tel: 02133 - 536926
Fax: 02133 - 536927
jthoennessen@mwonline.de
www.mwonline.de

Alfred Tschönhens

Jahrgang 1961. Dipl. Betriebswirt (FH), Bankbetriebswirt, Systemischer Organisationsberater und Coach. Geschäftsführender Gesellschafter der Netzwerk Oberschwaben GmbH. Arbeitsschwerpunkte: Begleitung bei Entwicklungs- und Veränderungsprozessen (Gestaltung der Unternehmenskommunikation, Aufbau und Steuerung von internen und externen Netzwerken) sowie Einzelcoaching von Führungskräften (incl. Laufbahn-/Entwicklungsberatung).

Adresse:
Netzwerk Oberschwaben GmbH
Alfred Tschönhens
Hauptstr. 12
D-88339 Bad Waldsee

Tel: 07524 - 976111
Fax: 07524 - 976129
tschoenhens@netzwerk-oberschwaben.de
www.netzwerk-oberschwaben.de

Dr. Heinz Vetter

Dr. phil., dipl. Ing. ETH, Ingenieur und Organisationspsychologe. Seit 1994 selbstständiger Berater mit den Schwerpunkten Change- und Projektmanagement, OE und Coaching, breite Erfahrung in verschiedenartigsten Projekten, auch international. Sehr am Herzen liegt ihm eine effiziente und zielgerichtete Gestaltung von Prozessen, bei denen die Betroffenen auf sinnvolle Weise einbezogen werden.

Adresse:
CORES
Projektmanagement, Organisationsentwicklung, Coaching
Dr. Heinz Vetter
Technikumstrasse 62
CH-8401 Winterthur

Tel: 0041 - 52 - 2134477
heinz.vetter@cores.ch
www.cores.ch

Katja Vittinghoff
Katja Vittinghoff arbeitet seit 1994 als Beraterin und Moderatorin für Veränderungsprozesse. Nach dem Studium der Organisationspsychologie in Bremen und London spezialisierte sie sich auf die praktische Umsetzung der Chaostheorie in das Management. Heute moderiert sie Großgruppen, trainiert Change-Manager und begleitet Unternehmen während Restrukturierungen im In-und Ausland.

Adresse:
kv&p Unternehmensberatung
Katja Vittinghoff
Carl-Schurz-Str. 38
D-28209 Bremen

Tel: 0421 - 2479600
Fax: 0421 - 2479601
info@kvundp.de
www.kvundp.de

Iris Wenck
Iris Wenck ist Change-Management-Beraterin und legt bei der Prozessbegleitung Wert auf die Kombination von harten und weichen Faktoren. Die Diplom-Psychologin war 6 Jahre bei McKinsey tätig und bildete sich in Systemischer Organisationsberatung u.a. bei Wimmer und Doppler weiter. Seit 2002 arbeitet sie selbstständig als Projektleiterin in teilweise internationalen Change-Projekten und bietet umfangreiche Inhouse-Qualifizierungen an.

Adresse:
Wenck Unternehmensberatung
Iris Wenck
Friedrich Karl Str. 92
D-28205 Bremen

Tel: 0421 - 4349539
Fax: 0421 - 4349159
Wenck@nord-com.net
www.wenck-unternehmensberatung.de

Frank Wippermann
Studium Elektrotechnik und Philosophie, lizenzierter Berater für das Power-Potential-Profile® (PPP), zertifizierter EFQM-Assessor (DGQ). Seit 1993 Berater und Trainer für Organisations- und Personalentwicklung für Industrie- und Dienstleistungsunternehmen, Verbände und öffentliche Verwaltungen im In- und Ausland. Schwerpunkte in den Themen Qualitäts- und Strategiemanagement, Führung, Personalwirtschaft und Steuerung von Veränderungsprozessen.

Adresse:
flow consulting gmbh
Frank Wippermann
Spörckenstr. 89
D-29221 Celle

Tel: 05141 - 740074
Fax: 05141 - 740078
wippermann@flow.de
www.flow.de

Hier könnte auch Ihr Porträt stehen ...
Vielleicht hat Sie diese Tool-Sammlung ja dazu inspiriert, Ihre eigene persönliche Lieblings-Intervention zu veröffentlichen. Falls Sie erfolgreich mit einem pfiffigen Workshop-Tool arbeiten, das die bestehende Sammlung wunderbar ergänzen könnte, falls Sie sich außerdem vorstellen können, dieses Werkzeug einem größeren Fachpublikum zu beschreiben und falls Sie den Aufwand nicht scheuen, Ihr Tool ausführlich und klar in der vorgegebenen Struktur der „Change-Tools" aufzubereiten, dann treten Sie doch einmal unverbindlich mit dem Herausgeber Armin Rohm in Kontakt.

info@armin-rohm.de

▶ Anwendungsmöglichkeit(en) = ● ▶ bevorzugter Kontext des Autors = ■	Projektarbeit	Problemlösung	Visions-/Zielfindung	Strategieentwicklung	Strategieumsetzung	Prozessoptimierung	Strukturentwicklung	Arbeit an der UN-Kultur	Teamentwicklung	Konfliktklärung	Seite
Wo, bitte, geht's nach Norden?		●	■	●	●	●	●	●	●	●	15
Magische Dreiecke			●	●	●	●	●	●	●		21
World Café	●	●	●	●	●	●	●	●	●		28
Der frühe Blick auf Gelungenes	●	●		●		●	●		■	●	35
Kaskadengespräch		●						●	●	●	39
Dienstalterpolonaise			■				●	■	●		45
Fast Networking		●	●	●	●		●	●			52
„Kohlköpfe" identifizieren					■	●	●				59
Chef-Interview		●	●	●	●	●	●	●	■	■	65
Die vier Zimmer der Veränderung	●	●			●	●	●	●		●	73
Passungsdialog anh. innerer Bilder	●		●		●	●	●	●	●	●	83
Strategie in dreißig Worten			●	■				●	●		94
Projektumfeldanalyse	■				●	●	●				100
Vom Problem zum Ziel				●	●	●			■	●	108
Qualitätstreiber				■		●	●				114
Erfahrungsorient. Themensammlg.	●			●	●	■	●				121
Trendorient. Themensammlung	●	●	●	●		●	●	●			127
Spiegelbild						●		●	●	■	134
Klartext!			●	●		●	●	●	●	●	139
Dynamic Solution	●		■					●	●	●	147
Hurra, ein Befehl!	●			■							155
Teilprojekt-Initialisierung	■	●				●	●				162
Process Flow	■	●			■						169
Risikoportfolio	■	●			●	●	●				180
Kolleg. Beratung/Reflecting Teams				■		●	●				189
Arbeiten mit Metaphern	●	●					●	●	●	●	196
Visionsarbeit			●	■				●	●		207
Skulpturarbeit mit einem Team									■	■	213
Triadische Inszenierung		●							■	■	220
Entzauberung von Latenzen		●	●	●		●		●	●	■	229
Feedback 3. und 4. Ordnung						●	●				237
Das fraktale Feedback	●	●	●	●	●	●	●	●	●		243
Denkhüte-Feedback	●	●	●	●	●	●	●	●	●	●	252
Teameinstimmg d. Logische Ebenen	●				●	●			●		260
Was für's Herz	●	●	●	●				●	■	●	270
Gast-Interview			●	●	■	●	●				275
Paradoxe Verschreibung		●				●		●	●	●	281
Unternehmen abBILDen			■					●	●		289